高等职业教育**电子信息课程群**系列教材

MySQL

数据库项目式教程

主　编　陈亚峰
副主编　程方玉　乔海霞　杨敬伟　张延玲

中国水利水电出版社
www.waterpub.com.cn
·北京·

内 容 提 要

作为关于 MySQL 数据库基础知识方面的项目式教材，本书详细介绍了安装配置、管理、备份、维护和优化 MySQL 数据库系统的方法。全书以两个软件项目"学生选课管理系统"和"网上商城系统"的数据库设计、操纵和管理为主线划分为 10 个单元，分别为数据库基础知识，MySQL 基础知识，MySQL 表结构的管理，MySQL 表数据操作，单表查询，多表操作，视图与索引，事务与存储过程，函数、触发器及事件，安全管理与备份 MySQL 数据库。

根据职业教育的特点和要求，本书遵循"基于工作过程"的教学原则，采用任务驱动方式编写，其中每个单元都以若干个具体的学习任务为主线，结合两个软件项目，引导学生理解、掌握 MySQL 数据库系统的相关知识，并学会运用 MySQL 数据库相关技能；同时有效融入思政元素，强化学生综合素养。

本书适合 MySQL 数据库初学者，可作为高职高专院校计算机及相关专业学生的教材或教学参考书，也可作为 MySQL 数据库自学者的参考用书。

图书在版编目（ＣＩＰ）数据

MySQL数据库项目式教程 / 陈亚峰主编． -- 北京：
中国水利水电出版社，2023.8
高等职业教育电子信息课程群系列教材
ISBN 978-7-5226-1673-5

Ⅰ．①M… Ⅱ．①陈… Ⅲ．①SQL语言－程序设计－高
等职业教育－教材 Ⅳ．①TP311.132.3

中国国家版本馆CIP数据核字(2023)第140542号

策划编辑：石永峰	责任编辑：玉玉梅	封面设计：梁 燕

书 名	高等职业教育电子信息课程群系列教材 MySQL 数据库项目式教程 MySQL SHUJUKU XIANGMUSHI JIAOCHENG
作 者	主 编 陈亚峰 副主编 程方玉 乔海霞 杨敬伟 张延玲
出版发行	中国水利水电出版社 （北京市海淀区玉渊潭南路 1 号 D 座　100038） 网址：www.waterpub.com.cn E-mail：mchannel@263.net（答疑） 　　　　sales@mwr.gov.cn 电话：（010）68545888（营销中心）、82562819（组稿）
经 售	北京科水图书销售有限公司 电话：（010）68545874、63202643 全国各地新华书店和相关出版物销售网点
排 版	北京万水电子信息有限公司
印 刷	三河市德贤弘印务有限公司
规 格	210mm×285mm　16 开本　16.5 印张　443 千字
版 次	2023 年 8 月第 1 版　2023 年 8 月第 1 次印刷
印 数	0001—3000 册
定 价	49.00 元

凡购买我社图书，如有缺页、倒页、脱页的，本社营销中心负责调换

前　言

依据职业教育"三教改革"要求，本着"三全育人"的原则，本书充分发挥了学校和企业环境、项目、过程、成果的"真、实、活"的优势，借鉴国外"双元制"经验，实践现代学徒制的教学改革要求，充分运用混合式教学模式、诊断式教学评价手段，体现了最新的职业教育教学理念。同时，为了方便教师教学、帮助学生快速理解和学习 MySQL 数据库的相关知识，本书结合高职院校人才培养方案的要求和岗位需求，将 MySQL 数据库的理论与实践融合在一起，采用讲练结合、教学一体的思路。

作为关于 MySQL 数据库基础知识方面的项目式教材，本书详细介绍了安装配置、管理、备份、维护和优化 MySQL 数据库系统的方法。全书以两个软件项目"学生选课管理系统"和"网上商城系统"的数据库设计、操纵和管理为主线划分为 10 个单元，分别为数据库基础知识，MySQL 基础知识，MySQL 表结构的管理，MySQL 表数据操作，单表查询，多表操作，视图与索引，事务与存储过程，函数、触发器及事件，安全管理与备份 MySQL 数据库。

根据职业教育的特点和要求，本书遵循"基于工作过程"的教学原则，采用任务驱动方式编写，其中每个单元都以若干个具体的学习任务为主线，结合两个软件项目，引导学生理解、掌握 MySQL 数据库系统的相关知识，并学会运用 MySQL 数据库相关技能；同时有效融入思政元素，强化学生综合素养。

本书具有以下几方面特色。

1. 内容系统，重点突出

本书包含了 MySQL 数据库所有基础知识，有助于学生提纲挈领地了解 MySQL 数据库。每个单元都由若干个任务、能力拓展、单元小结、单元测验和课后一思环节组成，每个任务都由"任务描述""任务要求""知识链接""任务实施"四部分组成，有助于学生由浅入深地学习，在掌握 MySQL 数据库理论知识的基础上，培养和提高综合能力。

2. 校企深度融合，教学项目与实际岗位无缝对接

本书由专业教师和企业人员共同编写，企业提供了系统、垂直、真实的企业案例项目的执行标准与流程。本书以计算机专业学生的就业为导向，按照岗位工作任务的操作要求，结合职业资格证书的考核标准，创设工作情景并组织学生实际操作，倡导学生在"做"中"学"，在"学"中"做"，激发学生学习兴趣，注重能力的引导性和现实性。"能力拓展"中根据企业真实任务设定任务驱动，学生以岗位角色完成任务，学练结合，注重实践。

3. 章节体例任务驱动化，符合职业教育教学规律

本书在活页笔记、学习资源以及信息化教学平台的支撑下，课前教师发布预习任务；课中教师根据学生课前学习情况，讲解重难点，对学习情况进行总结和讲评等；课后教师发布课后学习任务进行拓展训练。

4. 资源高度集成，教学方法体现以学生为中心的理念

本书聚集融媒体教学资源，依照最新的工作流程和技术标准开发教材，借助智能终端技术，形成实时更新、动态共享的课程教学资源库，开启沉浸式、交互式学习方式。本书提供的项目和任务可供学生随时随地通过融媒体进行课件阅读、视频学习、实战训练，同时由企业导师和任课教师进行在线评价与指导。

5. 理实一体化，强化学习者专业技能和职业能力

本书尽量减少枯燥的系统学科知识的介绍，通过企业案例讲解知识点和技能点，使学生做到能懂会用；强化岗位技能和职业能力的训练，使学生具备岗位实战操作能力。

6. 思政元素有效融入，培养学生的综合素养

本书以立德树人为根本，以习近平新时代中国特色社会主义思想为指导，以党的二十大精神为指引，深度挖掘思政元素。基于产教融合，以"生活意识""职业意识""革命意识""创新意识"四维育人维度为主线，形成思政与专业教学结合的教学体系，达到增强学生专业自豪感、认同感的目的，全面达成素质培养目标。根据每个单元的内容，在"任务描述"环节融入具有时代气息和传统文化特征的优秀作品，使学生在训练中能够继承传统并大胆创新。在"课后一思"环节深入挖掘单元知识点自身所蕴含的哲学思想与思政元素，结合计算机类课程特点，将职业追求、职业精神、职业能力和职业品质的培养融入知识传授和能力培养全过程，引导学生有责任与担当，不断提高辨识能力和社会责任意识。

本书由河南轻工职业学院陈亚峰担任主编并统稿，程方玉、乔海霞、杨敬伟、张延玲担任副主编。陈亚峰编写了单元 1 至单元 3，乔海霞编写了单元 4，程方玉编写了单元 5 和单元 6，杨敬伟编写了单元 7 和单元 8，张延玲编写了单元 9 和单元 10。齐英兰、张素智、马江涛等专家和企业总工给予了指导和帮助，并提出了很多宝贵意见。

本书适合 MySQL 数据库初学者，可作为高职高专院校计算机及相关专业学生的教材或教学参考书，也可作为 MySQL 数据库自学者的参考用书。

在编写本书的过程中，编者参考了大量专家学者的文献，同时得到了中国水利水电出版社的大力支持，在此一并表示衷心感谢。由于 MySQL 数据库的很多理论和方法还处在研究和探索之中，加之编者水平所限，疏漏和不妥之处在所难免，敬请各位读者批评指正，使本书日臻完善。读者可以通过电子邮件（765524628@qq.com）与我们取得联系。

编　者

2023 年 5 月

目　　录

单元 1　数据库基础知识

学习目标

1. 能说出数据库相关的概念和数据管理技术的发展。
2. 能说出数据模型的概念和常见的数据模型。
3. 能描述 E-R 图的设计过程。
4. 能描述关系数据库的规范化。
5. 能说出数据库设计步骤。

1.1　数据库概述

任务描述

数据库技术是现代信息科学与技术的重要组成部分，是计算机数据处理与信息管理系统的核心，是一种计算机辅助管理数据的方法。它主要研究组织和存储数据、高效地获取和处理数据的方法。在系统地学习数据库技术之前，需要了解数据库技术涉及的基本概念，主要包括信息、数据、数据处理、数据库、数据库管理系统及数据库系统。

任务要求

数据库发展前景广阔，数据库管理系统已经成为软件产业的重要组成部分，是信息化过程中较重要的技术基础。在一定程度上，软件产业的规模和效益与数据库系统有很大关系。本任务将着重介绍数据库相关知识点。

知识链接

1.1.1　数据库系统的基本概念

1. 信息

信息（Information）是现实世界事物的存在方式或运动状态的反映，它通过文字、图像等符号和某种含义的动作、光电信号等具体形式呈现给人们。信息具有可感知、可存储、可加工、可再生等自然属性，是各行各业不可或缺的资源。

2. 数据

数据（Data）是用来记录信息的可识别符号，是信息的具体表现形式。在计算机中，数据采用计算机能够识别、存储和处理的方式对现实世界的事物进行描述，其具体表现形式可以是文本、数字、图像、音频、视频等。

3. 数据库

数据库（Database，DB）是用来存放数据的仓库。具体地说，数据库就是按照一定的数据结构来组织、存储和管理数据的集合，具有冗余度较小、独立性和易扩展性较高、可供多用户共享等特点。其具体特性如下。

（1）数据库是具有逻辑关系和确定意义的数据集合。

（2）数据库是针对明确的应用目标而设计、建立和加载的。每个数据库都具有一组用户，并为这些用户的应用需求服务。

（3）一个数据库反映了客观事物的某些方面，而且需要与客观事物的状态始终保持一致。

（4）数据库中存储的数据独立于应用程序。数据的存取操作由数据库管理系统完成，在一定程度上减少了应用程序维护的成本。同时，数据库中的数据可以被新的应用程序使用，增强了数据库的共享性和易扩充性。

（5）数据库集中了各种应用程序的数据，这些数据可以长期存储在计算机的辅助存储器中，用户只有向数据库管理系统提出某些明确请求时，才能对数据库中的数据进行各种操作。

（6）数据库统一存储并集中使用多个应用程序的数据，将数据库中的多个文件组织起来，相互之间建立密切的联系，尽可能避免同一数据的重复存储，减少和控制了数据冗余现象，保证了整个系统数据的一致性。

4. 数据库管理系统

数据库管理系统（Database Management System，DBMS）是操作和管理数据库的软件，介于应用程序与操作系统之间，为应用程序提供访问数据库的方法，具有数据定义、数据操作、数据库运行管理和数据库建立与维护等功能。当前流行的数据库管理系统包括 MySQL、Oracle、SQL Server、Sybase 等。

数据库管理系统功能强大，具体如下。

（1）数据定义功能：数据库管理系统提供数据定义语言（Data Definition Language，DDL）用于描述数据的结构、约束性条件和访问控制条件，为数据库构建数据框架，以便操作和控制数据。

（2）数据操纵功能：数据库管理系统提供数据操纵语言（Data Manipulation Language，DML）用于操纵数据，实现对数据库的增加、删除、更新、查询等基本操作。数据库管理系统确定和优化相应的操作过程。

（3）数据库的运行管理功能：包括多用户环境下的并发控制、安全性检查和存取限制控制，完整性检查和执行，运行日志的组织管理，事务的管理和自动恢复。这些功能确保了数据库系统正常运行。

（4）数据组织、存储与管理功能：数据库管理系统要分类组织、存储和管理各种数据，包括数据字典、用户数据、存取路径等，需确定以何种文件结构和存取方式在存储级别上组织这些数据，以及如何实现数据之间的联系。数据组织和存储的基本目标是提高存储空间利用率，选择合适的存取方法以提高存取效率。

（5）数据库的保护功能：数据库管理系统对数据库的保护通过四个方面实现，即数据库的恢复、数据库的并发控制、数据库的完整性控制、数据库的安全性控制。数据库管理系统的其他保护功能还有系统缓冲区的管理、数据存储的某些自适应调节机制等。

（6）数据库的维护功能：包括数据库的数据载入、转换、转储，数据库的重组织以及性能监控等功能，这些功能由各个实用程序完成。

（7）数据库接口功能：数据库管理系统提供数据库的用户接口，以适应不同用户的不同需要。

5. 数据库系统

数据库系统（Database System，DBS）由软件、数据库和数据库管理员组成。其软件主要包括操作系统、各种宿主语言、数据库应用程序和数据库管理系统。数据库由数据库管理系统统一管理，数据的插入、修改和检索均要通过数据库管理系统进行，数据库管理系统是数据库系统的核心。数据库管理员负责创建、监控和维护整个数据库，使数据能被任何有权使用的人有效使用。

1.1.2 数据管理技术的发展

数据库管理技术的发展

数据库技术的发展可以用"经历""造就""发展""带动"四个词来概括。

自 20 世纪 60 年代中期开始到现在，数据库技术经历了人工管理、文件系统管理和数据库系统管理三个阶段的演变，取得了辉煌的成就；造就了四位图灵奖得主，分别是 Charles Bachman（查尔斯•巴赫曼）、Edgar Frank Codd（埃德加•弗兰克•科德）、James Gray（詹姆斯•格雷）和 Michael Stonebraker（迈克尔•斯通布雷克）；发展了以数据建模和数据库管理系统核心技术为主的一门计算机基础学科，其学科内容涵盖数据库信息管理、决策支持系统、数据仓库、数据挖掘和商务智能等领域；数据库管理系统及其相关工具产品、应用套件和解决方案的广泛应用，带动了数百亿美元的软件产业。据不完全统计，2022 年我国数据库行业市场规模达 403.6 亿元。

随着计算机硬件和互联网技术的飞速发展，数据库技术具备了坚实的理论基础、成熟的商业产品和广泛的应用领域，可以说数据管理无处不需、无处不在，数据库技术和数据库系统已经成为信息基础设施的核心技术和重要基础。未来，数据库技术对信息产业革命的影响还将持续。

数据库技术是随着数据管理任务需求的产生而产生的，管理数据是数据库最核心的任务。数据处理是指对各种数据进行搜集、加工、存储和传播的一系列活动的总和。数据管理则是指对数据进行的分类、组织、编码、存储、检索和维护，它是数据处理的核心问题。

总体来说，数据管理技术的发展经历了人工管理阶段、文件系统阶段、数据库系统阶段。

1. 人工管理阶段

人工管理阶段是指 20 世纪 50 年代中期以前。当时计算机的软硬件技术均不完善，人们主要使用计算机进行科学计算。在硬件方面，存储设备只有磁带、卡片和纸带，没有大容量的外部存储器；在软件方面，没有操作系统和管理数据的软件。人工管理阶段的数据处理方式是批处理，而且基本上依赖人工。人工管理阶段具有如下特点。

（1）数据不能长期保存，用完就删除。当时的计算机主要应用于科学计算，不需要长期保存数据，只要需要时输入数据，完成计算后就可以删除数据。

（2）数据的管理由应用程序完成。当时没有相关的软件来管理数据，数据需要由应用程序自己来管理。应用程序不仅要规定数据的逻辑结构，还要设计数据的物理结构，如存储结构、存取方法等。

（3）数据面向应用，不能共享。数据是面向应用的，一组数据只能对应一个应用程序。当多个应用程序涉及某些相同的数据时，必须各自定义，无法相互利用、相互参照，产生了大量冗余数据。

（4）数据不独立。使用应用程序管理数据，当数据的逻辑结构或物理结构发生变化时，也需修改应用程序。

2. 文件系统阶段

20 世纪 50 年代后期到 60 年代中期，计算机软硬件技术迅速发展。在硬件方面，有了磁盘、磁鼓等可以直接存取的存储设备；在软件方面，操作系统中有了专门管理数据的软件，称为文件系统。数据处理方式上不仅有批处理，而且能够联机实时处理。在该时期，计算机应用范围逐渐扩大，从科学计算领域发展到了数据管理领域。文件系统阶段具有如下特点。

（1）数据实现了长期保存。由于计算机逐步应用于数据管理领域，因此数据能以文件的形式长期保存在外存储器上，以供应用程序进行查询、修改、插入、删除等操作。

（2）由文件系统管理数据。由专门的软件（文件系统）管理数据，文件系统把数据组织成相互独立的数据文件，采用"按文件名访问，按记录存取"的技术对文件进行各种操作。文件系统提供存储方法，负责应用程序与数据之间的转换，使得应用程序与数据之间具有一定的独立性，程序员可以更专注于算法的设计而不必过多地考虑物理细节，而且数据在存储上的改变不一定反映到应用程序上，在很大程度上减少了维护应用程序的工作量。

（3）数据共享率低，冗余度高。在文件系统中，文件仍然是面向应用程序的。当不同的应用程序具有部分相同的数据时，必须要建立各自的文件，由于不能共享相同数据，因此数据的冗余度高。同时，相同数据的重复存储和独立管理极易导致数据的不一致，给数据的修改和维护带来困难。

（4）数据独立性差。文件系统中的文件是为某个特定的应用程序服务的，数据与应用程序之间是相互依赖的关系，要想改变数据的逻辑结构，也要相应地修改应用程序和文件结构的定义。修改应用程序，也会引起文件结构的改变。因此数据与应用程序之间缺乏独立性，文件系统并不能完全反映客观世界事物之间的内在联系。

3.　数据库系统阶段

20 世纪 60 年代后期以来，随着计算机性能的日益提高，其应用领域也日益扩大，数据量急速增长，同时多种应用、多种语言互相交叉地共享数据集合的要求越来越多。在该时期，计算机硬件技术快速发展，大容量磁盘、磁盘阵列等基本数据存储技术日趋成熟并投入使用，同时价格不断下降；在软件方面，编制和维护系统软件及应用程序所需的成本不断增加；在处理方式上，联机实时处理要求更多，人们开始考虑分布式处理。以上因素导致文件系统作为数据管理手段已经不能满足应用的需要。为了满足和解决实际应用中多个用户、多个应用程序共享数据的要求，从而使数据能为尽可能多的应用程序服务，数据库等数据管理技术应运而生。数据库的特点是数据不再只针对某个特定的应用，而是面向全组织，共享性高，冗余度低，程序与数据之间具有一定的独立性，由数据库对数据进行统一控制。数据库系统阶段具有如下特点。

（1）数据结构化。描述数据时，不仅要描述数据本身，还要描述数据之间的联系。数据结构化是数据库的主要特征，也是数据库系统与文件系统的本质区别。

（2）数据共享性高、冗余少且易扩充。数据不再针对某个应用，而是面向整个系统，数据可被多个用户和多个应用共享使用，而且可轻易增加新的应用来共享数据。数据共享可大大减少数据冗余、节省存储空间，并能更好地保证数据的安全性和完整性。

（3）数据独立性高。应用程序与数据库中的数据相互独立，数据的定义从程序中分离出去，数据的存取由数据库管理系统负责，从而简化了应用程序的编制，大大减少了维护和修改应用程序带来的开销。

（4）数据由数据库管理系统统一管理和控制。数据库为多个用户和应用程序所共享，很多时候存取数据库中数据是并发的，即多个用户可以同时存取数据库中的数据，甚至可以同时存取数据库中的同一个数据，为确保数据库数据的正确有效和数据库系统的有效运行，数据库管理系统提供以下几方面的数据控制功能。

一是数据安全性控制：防止由不合法使用造成数据的泄漏和破坏，保证数据的安全性。二是数据完整性控制：系统通过设置一些完整性规则，以确保数据的正确性、有效性和相容性。三是并发控制：当多个用户同时存取、修改数据库时，可能由于相互干扰而给用户提供不正确的数据，并使数据库遭到破坏，因此必须对多用户的并发操作加以控制和协调。四是数据恢复：当数据库被破坏或数据不可靠时，系统有能力将数据库从错误状态恢复到最近某时刻的正确状态。

1.1.3 常用的数据库

常用的数据库

1. 关系型数据库简介

数据存储是计算机的基本功能。随着计算机技术的不断普及，数据存储量越来越大，数据之间的关系也变得越来越复杂。有效管理计算机中的数据成为计算机信息管理的一个重要课题。

在数据库技术发展的历史长河中，人们使用模型反映现实世界中数据之间的联系。1970年，IBM 公司的研究员 Edgar Frank Codd 发表了名为《大型共享数据银行的关系模型》的论文，首次提出了关系模型的概念，为关系型数据库的设计与应用奠定了理论基础。

在关系模型中，实体和实体间的联系均由单一的关系表示。在关系型数据库中，关系就是表，一个关系型数据库就是若干个二维表的集合。自 20 世纪 70 年代以来，关系型数据库管理系统一直是主要的数据库解决方案。

2. 关系型数据库存储结构

关系型数据库是指按关系模型组织数据的数据库，其采用二维表实现数据存储，二维表中的每一行（row）在关系中称为元组（记录，record），每一列（column）在关系中称为属性（字段，field），每个属性都有属性名，属性值是各元组属性的值。

比如"网上商城系统"数据库中 User 表的数据。在该表中有 uid、uname、ugender 等字段，分别代表用户 ID、用户名和性别。表中的每条记录都代表系统中一个具体的 User 对象，例如用户李平、用户张成等。

3. 常见的关系型数据库产品

（1）Oracle。Oracle 是商用关系型数据库管理系统中的典型代表，是甲骨文（Oracle）公司的旗舰产品。Oracle 作为一个通用的数据库管理系统，不仅具有完整的数据管理功能，而且是一个分布式数据库管理系统，支持各种分布式功能。作为一个应用开发环境，Oracle 提供了一套界面友好、功能齐全的数据库开发工具。Oracle 使用 PL/SQL 执行各种操作，具有可开放性、可移植性、可伸缩性等特点。

（2）MySQL。MySQL 是当下非常流行的开源和多线程的关系型数据库管理系统，它具有快速、可靠和易使用的特点。MySQL 具有跨平台的特性，可以在 Windows、UNIX、Linux 和 macOS 等平台上使用。由于其开源免费、运营成本低，因此受到越来越多的公司青睐，雅虎、Google、新浪、网易、百度等企业都使用 MySQL。

（3）SQL Server。SQL Server 是微软公司推出的关系型数据库管理系统，广泛应用于电子商务、银行、电力、教育等行业，它使用 Transact-SQL 语言完成数据操作。随着版本的不断升级，SQL Server 具有高可靠性、可伸缩性、可用性、可管理性等特点，可为用户提供完整的数据库解决方案。

4. 大数据时代的数据库

数据库作为基础软件，是企业应用系统架构中不可或缺的部分。随着云计算、物联网等新一代信息技术的不断发展，在移动计算和社交网络等业务的推动下，企业对海量数据的存储、并发访问和业务扩展提出了更高的要求，传统关系型数据库遵循的 ACID 原则［原子性（Atomicity）、一致性（Consistency）、隔离性（Isolation）、持久性（Durability）］，是关系型数据库处理事务的最基本原则，它可以确保数据库中每个事务的稳定性、安全性和可预测性，但也制约了大数据时代数据处理的性能。在此背景下，基于 NoSQL（Not Only SQL）和 NewSQL 的数据库应运而生。

（1）NoSQL。NoSQL 泛指非关系型数据库，采用键值对（Key-Value）方式存储数据，无须遵循 ACID 原则，只强调数据最终的一致性，主要应用于分布式数据处理环境，用于解决大规模数据集合下数据种类多样性（半结构化、非结构化数据）带来的挑战，尤其是大数据应用的难题。当下流行的 NoSQL 主要有 Redis、MonogoDB、HBase 等。

由于 NoSQL 不保证强一致性，因此其数据访问性能有大幅度提升，但不适合金融、在线游戏、物联网传感器等要求强一致需要的应用场景；同时，不同的 NoSQL 都用自己的 API 操作数据，兼容性也是一大问题。

（2）NewSQL。NewSQL 的提出是为了将传统关系型数据库事务的 ACID 原则与 NoSQL 的高性能和可扩展性进行有机结合，以提升传统关系型数据库在数据分析方面的能力，如 TiDB、VoltDB、MemSQL 等。NewSQL 看似是数据库的完美解决方案，但由于其价格高昂，且需要专门的软件，因此普及应用还需要较长的时间。

从以上可知，在大数据时代，适用于事务处理的传统关系型数据库、适用于高性能应用的 NoSQL 和适用于数据分析应用的 NewSQL 不会单一存在，"多种架构支持多类"应用会成为数据库行业应用的基本思路。

任务实施

数据库是数据管理的技术，是计算机科学的重要分支。作为信息系统核心和基础的数据库技术得到越来越广泛的应用，从小型单项事务处理系统到大型信息系统，从联机事务处理到联机分析处理，从一般企业管理到计算机辅助设计与制造，计算机集成制造系统，电子政务，电子商务地理信息系统等，越来越多的应用领域采用数据库技术来存储和处理信息资源。

数据库系统一般由数据库、数据库管理系统、应用系统和数据库管理员构成。数据库是长期存储在计算机内有组织的大量共享数据的集合。数据库系统使信息系统从以加工数据的程序为中心转向以共享的数据库为中心的新阶段，既便于数据的集中管理，又有利于应用程序的研制和维护，提高了数据的利用率和相容性及决策的可靠性。数据库已成为现代信息系统的重要组成部分。数据库技术是计算机领域中发展较快的技术。在智能时代，对一个单位来说，数据库至关重要。在实际应用中，选用适合的数据库、优化数据库是技术人员需要攻克的难题。要选择正确的存储方案，需要考虑数据结构、查询模式和需要处理的数量或规模等关键性因素。

1.2　E-R　图

任务描述

某学校需要开发一套学生选课管理系统。为了收集数据库需要的信息，设计人员与系统使用人员通过交谈、填写调查表等方式进行了系统的需求调研，得出系统要实现的功能如下：学生可以通过该系统查看所有选修课程的相关信息，包括课程名、学时、学分，然后选择选修课程（一名学生可以选修多门课程，一门课程可以由多名学生选修）；学生可以通过该系统查看相关授课教师的信息，包括教师姓名、性别、学历、职称；教师可以通过该系统查看选修自己课程的学生的信息，包括学号、姓名、性别、出生日期、班级（假定本校一名教师可以教授多门课程，一门课程只能由一名教师任教）；考试结束后，教师可以通过该系统录入学生的考试成绩，学生可以通过该系统查看自己的考试成绩。

要实现数据库管理，必须建立数据模型。在关系型数据库系统中，数据模型用来描述数据库的结构和语义，反映实体与实体之间关系。什么是 E-R 图？画出上述系统涉及 E-R 图的绘制步骤。

任务要求

计算机处理现实问题时，需要完成从现实世界、信息世界到计算机世界的抽象。数据模型是数据库系统的核心与基础，它从抽象层次上描述了系统的静态特征、动态行为和约束条件，为数据库系统的信息表示与操作提供了一个抽象的框架。

知识链接

1.2.1　实体与属性

概念模型也称信息模型，是面向用户的数据模型，是用户容易理解的现实世界特征的数据抽象。概念模型能够方便、准确地表达现实世界中的常用概念，是数据库设计人员与用户交流的语言。

最常用的概念模型是实体-关系模型（Entity-Relationship Model，E-R 模型），概念模型中的主要对象如下。

（1）实体（Entity）：是客观存在的可以相互区分的事物，例如一件商品、一个用户、一名学生等。

（2）属性（Attribute）：每个实体都拥有一系列的特征，每个特征就是实体的一个属性，例如商品的编号、名称、价格，会员的用户名、密码、性别等。

（3）标识符（Identifier）：能够唯一标识实体的属性或属性集，例如可以使用商品编号标识一件商品、用会员 id 标识一个用户等。

（4）实体集（Entity Set）：具有相同属性的实体集合，例如所有商品、所有会员、所有商品类别等。

1.2.2　关系

关系是指多个实体间的相互关联。例如，商品"紫竹洞箫"和商品类别"乐器"之间的关系，该关系指明商品"紫竹洞箫"属于商品类别"乐器"。关系集（Relationship Set）是同类关系的集合，是 n（$n \geq 2$）个实体集中的数学关系。在 E-R 模型中，关系用菱形表示，描述两个实体间的一个关联。关系数据模型主要研究实体间的关系，它是指不同实体集之间的关系。这种关系通常有一对一关系、一对多关系和多对多关系三种。

（1）一对一关系。对于实体集 A 中的每个实体，如果实体集 B 中最多有一个实体与之联系，反之亦然，则称实体集 A 和实体集 B 之间具有一对一的关系，记为 1:1。例如，在学生管理系统中存在着班级实体集和学生实体集，一个班级中只有一名学生作为班长，而一名学生最多能担任一个班级的班长。此时，班级和班长间就可以看作具有一对一关系。

（2）一对多关系。对于实体集 A 中的每个实体，实体集 B 中有 n（$n \geqslant 1$）个实体与之联系；反之，对于实体集 B 中的每个实体，实体集 A 中至多只有一个实体与之联系，则称实体集 A 与实体集 B 之间具有一对多的关系，记为 1:n。例如，在"网上商城系统"中，一个会员可以有多个订单，而一个订单只能属于一个会员。在学生管理系统中，一名学生只属于一个班级，而一个班级可以包含多名学生；一个班级属于某一个专业，而一个专业可以有多个班级。在关系型数据库系统中，一对多关系主要体现在主表和从表的关联上，并用外键来约束实体间的关系。以商品类别和商品实体集为例，每件商品都属于某个商品类别，在商品实体集中都会有用来标识商品所属商品类别的类别 id，也就是说，如果商品类别不存在，那么商品的存在就没有意义。

（3）多对多关系。对于实体集 A 中的每个实体，实体集 B 中有 n（$n \geqslant 1$）个实体与之联系；反之，对于实体集 B 中的每个实体，实体集 A 中也有 m（$m \geqslant 1$）个实体与之联系，则称实体集 A 与实体集 B 之间具有多对多的关系，记为 m:n。

1.2.3　E-R 图设计步骤

E-R 图设计步骤

E-R 图设计步骤如下。

1. 标识实体

建立 E-R 模型的最好方法是先确定系统中的实体。

2. 标识实体间的关系

确定应用系统中存在的实体后，确定实体之间的关系。标识实体间的关系时，可以根据需求说明来抽象。一般来说，实体间的关系由动词或动词短语表示。例如，在"网上商城系统"中可以找出如下动词短语：商品属于商品类别、会员添加商品到购物车、会员提交订单等。

事实上，如果用户的需求说明中记录了这些关系，则说明这些关系对于用户而言是非常重要的，因此模型中必须包含这些关系。在"网上商城系统"中，根据用户的需求说明或与用户沟通讨论可以得知实体间的关系。

3. 标识实体的属性

属性是实体的特征或性质。标识完实体和实体间的关系后，就需要标识实体的属性，也就是说，要明确保存的实体数据。与标识实体相似，标识实体属性时，先要在用户需求说明中查找描述性的名词，当这个名词是特性、标志或确定实体的特性时即可被标识成为实体的属性。

4. 确定主关键字

每个实体必须有一个用来唯一标识该实体以区别于其他实体特性的属性，这类属性称为关键字。关键字的值在实体集中必须是唯一的，且不能为空。关键字唯一地标识了实体集中的一个实体。当实体集中没有关键字时，必须给该实体集添加一个属性，使其成为该实体集的关键字。

任务实施

（1）通过分析，得到该系统中的实体及其属性，如图 1-1 所示。

（2）根据实体间的联系画出局部 E-R 图，如图 1-2 所示。

（3）合并各局部 E-R 图，消除冗余后，得到基本 E-R 图，如图 1-3 所示。

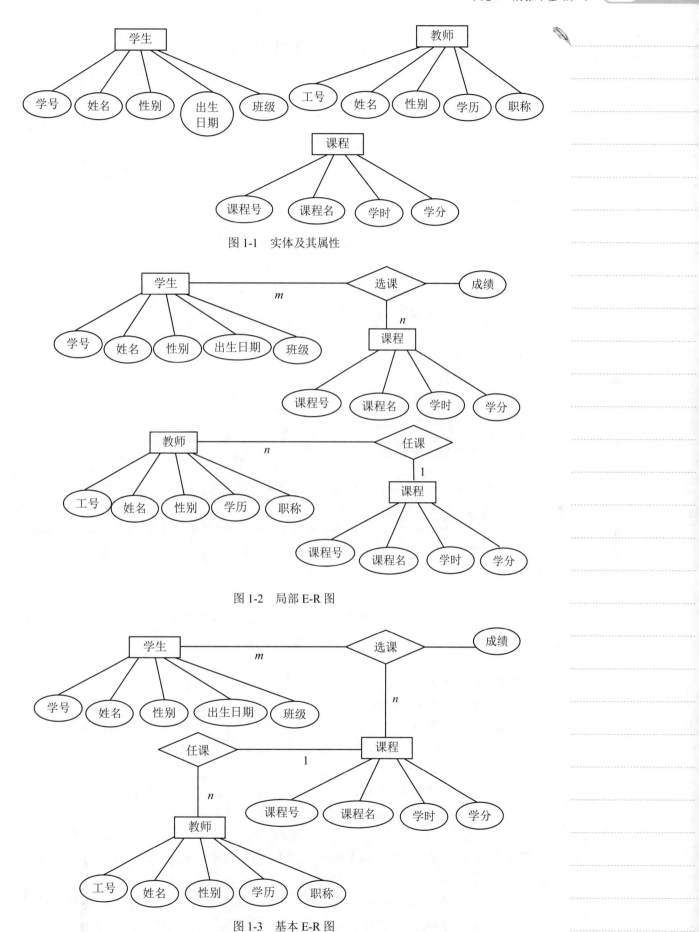

图 1-1　实体及其属性

图 1-2　局部 E-R 图

图 1-3　基本 E-R 图

1.3　关系数据库设计

任务描述

某学校需要开发一套学生选课管理系统，请为其设计数据库。

任务要求

数据库设计是建立数据库及其应用系统的技术，是信息系统开发过程中的关键技术。数据库设计的主要任务是对于一个给定的应用环境，根据用户的各种需求，构造出最优的数据库模式，建立数据库及其应用系统，使之能够有效地管理数据。数据库设计的内容主要有两个方面，分别是结构特性设计和行为特性设计。结构特性设计是指确定数据库的数据模型，在满足要求的前提下尽可能地减少冗余，实现数据共享。行为特性设计是指确定数据库应用的行为和动作，因为应用的行为由应用程序体现，所以行为特性的设计主要是应用程序设计。在数据库领域，通常把使用数据库的各类系统称为数据库应用系统。因此，在进行数据库设计时，要与应用系统的设计紧密联系起来，也就是把结构特性设计和行为特性设计紧密结合起来。

知识链接

1.3.1　数据库设计步骤

针对数据库的设计，人们不断地研究与探索，在不同阶段从不同角度提出了各种数据库设计方法，这些方法运用软件工程的思想，提出了各种设计准则和规程，都属于规范设计法。依据规范设计的方法，考虑数据库及其应用系统开发的全过程，人们将数据库系统设计分为六个阶段：需求分析、概念结构设计、逻辑结构设计、数据库物理设计、数据库实施、数据库运行和维护，如图 1-4 所示。

需求分析就是分析用户的各种需求。数据库设计时，首先必须充分地了解和分析用户需求（包括数据与处理）。作为整个设计过程的起点，需求分析的准确性决定了在其上构建数据库的速度与质量。需求分析没做好，会导致整个数据库设计不合理、不实用，必须重新设计。

需求分析的任务是对现实世界要处理的对象进行详细调查，充分了解现有系统的工作情况或手工处理工作中存在的问题，尽可能多地搜集数据，明确用户的各种实际需求，然后在此基础上确定新的系统功能。新系统还应充分考虑今后可能的扩充与改变，不能仅按当前应用需求来设计。

调查用户实际需求通常按以下步骤进行。

（1）调查现实世界的组织机构情况。确定数据库设计与组织机构中的哪些部门相关，了解这些部门的组成情况及职责，为分析信息流程做准备。

（2）调查相关部门的业务活动情况。要调查相关部门需要输入和使用的数据，这些数据的加工与处理方法，各部门需要输出的信息，这些信息的输出部门，输出信息的格式，这些都是调查的重点。

（3）在熟悉业务活动的基础上，协助用户明确对新系统的各种实际需求，包括信息要求、处理要求、安全性与完整性要求，这也是调查过程中非常重要的一点。

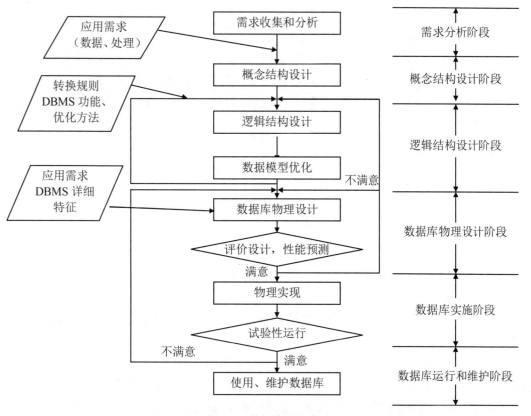

图 1-4 数据库设计步骤

（4）确定新系统的边界。对前面的调查结果进行初步分析，确定哪些功能现在由计算机完成，哪些功能将来准备让计算机完成，哪些功能由人工完成。由计算机完成的功能就是新系统应该实现的功能。

在调查过程中根据不同的问题与条件，可以采用不同的调查方法。

- 开调查会。通过与用户座谈的方式了解业务活动情况及用户需求。
- 设计调查表请用户填写。提前设计一个合理的针对业务活动的调查表，并将此表发给相关用户进行针对性调查。
- 查阅记录。查阅与原系统有关的数据记录。
- 询问。可以找专人询问某些调查中的问题。
- 请专人介绍。请业务活动过程中的用户或对业务熟练的专家介绍业务相关知识和活动情况，设计人员从中了解并询问相关问题。
- 跟班作业。通过参与各部门业务活动了解用户的具体需求，但是这种方法比较耗时。

调查过程中的重点在于"数据"与"处理"。通过调查、收集与分析，获得用户对数据库的如下要求。

- 信息要求。信息要求是指用户需要从数据库中获得信息的内容与实质，也就是将来要往系统中输入的信息及从系统中得到的信息，可以由用户对信息的要求导出对数据的要求，即在数据库中存储的数据。
- 处理要求。处理要求包括用户要实现的处理功能、对数据处理响应时间的要求及要采用的数据处理方式。
- 安全性和完整性要求。安全性和完整性要求包括数据的安全性措施和存取控制要求、数据自身的或数据间的约束限制。了解用户的实际需求以后，还需要进一步分析和表达用户的需求。在众多分析方法中，结构化分析（Structured Analysis，SA）方法是一种简单实用的方法。SA 方法从最上层的系统组织结构入手，采用自顶向下、逐层分解的方式分析系统。

经过需求分析阶段后会形成系统需求说明书，其包含数据流图、数据字典、各类数据的统计表格、系统功能结构图和必要的说明。该说明书在数据库设计的全过程中非常重要，是各阶段设计依据的文档。

1.3.2　概念结构设计

概念结构设计是整个数据库设计的关键，是总结、归纳需求分析阶段得到的用户需求，并抽象成信息结构（概念模型）的过程。

概念结构设计通常有如下四类方法。

（1）自顶向下。先定义全局概念结构的框架，再逐步细化。

（2）自底向上。首先定义各局部应用的概念结构，其次按一定规则将它们集成起来，最后得到全局概念结构。

（3）逐步扩张。首先定义最重要的核心概念结构，然后向外扩张，以滚雪球的方式逐步生成其他概念结构，直至全局概念结构。

（4）混合策略。将自顶向下和自底向上结合，先用自顶向下方法设计一个全局概念结构的框架，再以它为框架集成由自底向上方法设计的各局部概念结构。

在设计过程中，通常先自顶向下进行需求分析，再自底向上设计概念结构。自顶向下需求分析与自底向上概念结构设计如图 1-5 所示。

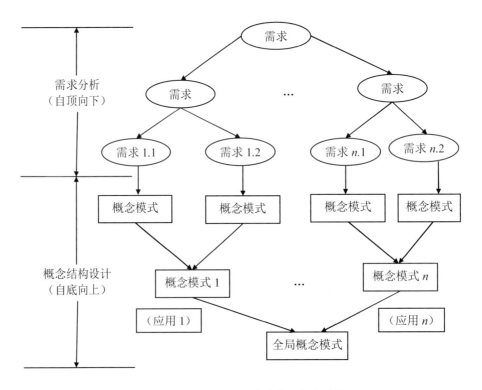

图 1-5　自顶向下需求分析与自底向上概念结构设计

概念结构设计主要应用 E-R 图（Entity-Relationship Diagram，实体—联系图）完成。按照图 1-5 所示的自顶向下需求分析与自底向上概念结构设计的方法，概念结构设计可以按照以下步骤进行。

1. 对数据进行抽象并设计局部 E-R 图

概念结构是对现实世界的一种抽象。抽象就是对客观的人、事、物和概念进行处理，把所需的共同特性抽取出来而忽略非本质的内容，用概念精准地描述这些共同特性，并组成模型。抽象通常有如下三种方法。

（1）分类（Classification）：定义某类概念作为现实世界中一组对象的类型，这些对象具有某些共同的特性和行为。在 E-R 模型中，实体型就是这种抽象。例如，张三是学生，具有学生共同的特性和行为。

（2）聚集（Aggregation）：定义某类组成成分。在 E-R 模型中，若干属性的聚集组成了实体型。例如，学生有学号、姓名、系别、专业、班级等属性。有时某类组成成分也可能是一个聚集，例如部门有部门名称、位置及经理等属性，而经理又有姓名、年龄、性别等属性。

（3）概括（Generalization）：定义类型之间的一种子集联系。例如，学生是一个实体型，小学生、本科生也是实体型，但小学生和本科生均是学生的子集。

概念结构设计时首先利用上面的抽象机制对需求分析阶段搜集的数据进行分类、组织（聚集），形成实体型、属性和码，确定实体型之间的联系类型（一对一、一对多或多对多），进而设计 E-R 图。在设计的过程中，应该遵循如下原则：现实世界中的事物能作为属性对待的，尽量作为属性对待。这点可以按以下两条准则考虑。

一是作为属性，不能再具有需要描述的性质，也就是属性是不可分的数据项。

二是属性不能与其他实体型有联系，即 E-R 图表示的联系是实体型之间的联系。

只要满足以上两条准则，就可以作为属性对待。例如，职工是一个实体型，可以包括职工号、姓名、年龄等属性，如果职称没有与工资、福利挂钩，就可以作为该实体型的属性，但如果不同的职称有不同的工资和住房标准等，则职称作为一个实体型更合适，它的属性可以包括职称代码、工资、住房标准等。

2. 将各局部 E-R 图合并，形成初步 E-R 图

各局部 E-R 图设计完成后，还需要对它们进行合并，集成系统整体的 E-R 图。当然，形成的 E-R 图只是一个初步的 E-R 图。局部 E-R 图的集成有如下两种方法。

● 一次集成法，就是一次性将所有局部 E-R 图合并为全局 E-R 图。此方法操作比较复杂，不易实现。

● 逐步集成法，先集成两个局部 E-R 图，再用累加的方式合并进去一个新的 E-R 图，这样一直继续下去，直到得到全局 E-R 图。此方法降低了合并的复杂度，效率高。

无论采用哪种方法生成全局 E-R 图，都要考虑消除各局部 E-R 图之间的冲突和冗余。因为在合并过程中，各个局部应用所对应的问题不同，而且通常由不同的设计人员进行局部 E-R 图设计，导致各局部 E-R 图之间可能存在冲突，所以合并局部 E-R 图时要注意消除各局部 E-R 图的不一致，以形成一个能为全系统所有用户共同理解和接受的统一概念模型。各局部 E-R 图之间的冲突主要有如下三类。

（1）属性冲突。属性冲突主要包括：属性域冲突（属性值的类型、取值范围或取值集合不同），例如"年龄"，有的部门用日期表示，有的部门用整数表示；属性取值单位冲突，例如"体重"，有的以公斤为单位，有的以斤为单位。需要各部门协商解决该冲突。

（2）命名冲突。命名冲突主要包括：同名异义，即不同意义的对象在不同的局部应用中有相同的名字，例如"单位"可以表示职工所在的部门，也可以表示物品的质量或体积等属性；异名同义（一义多名），即意义相同的对象在不同的局部应用中有不同的名字，例如"项目"，有的部门称为项目，有的部门称为课题。可以通过讨论、协商来解决该冲突。

（3）结构冲突。结构冲突主要包括：同一对象在不同的应用中具有不同的抽象，例如"职称"在某局部应用中作为实体，在另一局部应用中作为属性。解决该冲突的方法是把属性变为实体或把实体变为属性，使同一对象具有相同的抽象。

另外，同一实体在不同局部 E-R 图中的属性数和排列顺序可能不完全一致。解决方法是先使该实体的属性取各局部 E-R 图中属性的并集，再适当调整属性的顺序。

此外，实体之间的联系也可能在不同的局部 E-R 图中呈现不同的类型。例如，E1 与 E2 在一个局部 E-R 图中是一对一联系，而在另一个局部 E-R 图中是多对多联系；又或者在一个局部 E-R 图中 E1 与 E2 有联系，而在另一个局部 E-R 图中 E1、E2 和 E3 三者之间有联系。解决该冲突的方法是根据应用语义对实体联系的类型进行整合或调整。

3. 消除不必要的冗余，形成基本 E-R 图

在合并后的初步 E-R 图中，可能存在冗余的数据和冗余的联系。冗余的数据是指可由基本数据导出的数据，冗余的联系是指可由其他联系导出的联系。冗余的数据和冗余的联系容易破坏数据库的完整性，提高数据库维护的难度，应该消除。但是，并不是所有的冗余都要消除，有时为了提高效率，可以允许冗余存在。因此，在概念结构设计阶段，哪些冗余信息要消除，哪些冗余信息可以保留，需要根据用户的整体需求来确定。消除了冗余的初步 E-R 图称为基本 E-R 图，它代表了用户的数据要求，决定了下一步的逻辑结构设计，是成功创建数据库的关键。

1.3.3　逻辑结构设计

概念结构设计阶段得到的 E-R 图是反映用户需求的模型，它独立于任何一种数据模型，独立于任何一个数据库管理系统。逻辑结构设计阶段的任务是将上一阶段设计好的基本 E-R 图转换为与选用的数据库管理系统产品支持的数据模型相符的逻辑结构。因为数据库应用系统通常采用支持关系模型的关系数据库管理系统，所以这里只讨论关系数据库的逻辑结构设计，也就是只介绍将 E-R 图向关系模型转换的原则与方法。关系模型的逻辑结构是一组关系模式的集合。因为概念结构设计阶段得到的 E-R 图是由实体、实体的属性和实体间的联系三个要素组成的，所以 E-R 图向关系模型转换要解决的问题是将实体、实体的属性和实体间的联系转换为关系模式的方法。在转换过程中，要遵循如下原则。

（1）将一个实体集转换为一个关系模式，实体的属性就是关系的属性，实体的码就是关系的码。

（2）可以将 1:1 联系转换为一个独立的关系模式，也可以与任一端对应的关系模式合并。若为前者，则与该联系相连的各实体的码及联系本身的属性均转换为关系的属性，且每个实体的码均是该关系的候选码；若为后者，则需要在某关系模式的属性中加入另一个关系模式的码和联系本身的属性。

【例 1-1】按上述规则将图 1-6 所示的含有 1:1 联系的 E-R 图转换为关系模式。

方案 1：联系转换为一个独立的关系模式。

职工（职工号，姓名，年龄）；

产品（产品号，产品名，价格）；

负责（职工号，产品号）。

方案 2："负责"与"职工"关系模式合并。

职工（职工号，姓名，年龄，产品号）；

产品（产品号，产品名，价格）。

方案 3："负责"与"产品"关系模式合并。

职工（职工号，姓名，年龄）；

产品（产品号，产品名，价格，职工号）。

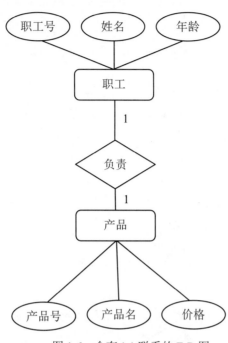

图 1-6　含有 1:1 联系的 E-R 图

（3）可以将 1:n 联系转换为一个独立的关系模式，也可以与联系 n 端对应的关系模式合并。如果为前者，则与该联系相连的各实体的码及联系本身的属性均转换为关系的属性，而关系的码为 n 端实体的码；如果为后者，则可以在 n 端实体中增加由联系对应的 1 端实体的码和联系的属性构成的新属性，新增属性后，原关系的码不变。

【例 1-2】将图 1-7 所示的含有 1:n 联系的 E-R 图转换为关系模式。

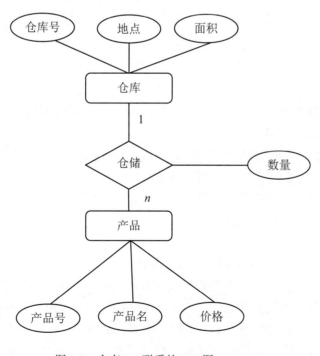

图 1-7　含有 1:n 联系的 E-R 图

方案1：联系转换为一个独立的关系模式。

仓库（仓库号，地点，面积）；

产品（产品号，产品名，价格）；

仓储（仓库号，产品号，数量）。

方案2：与 *n* 端对应的关系模式合并。

仓库（仓库号，地点，面积）；

产品（产品号，产品名，价格，仓库号，数量）。

（4）可以将 *m:n* 联系转换为一个关系模式。将与该联系相连的各实体的码以及联系本身的属性均转换为关系的属性，关系的码为各个实体码的组合。

【例1-3】将图1-8所示的含有 *m:n* 联系的 E-R 图转换为关系模式。

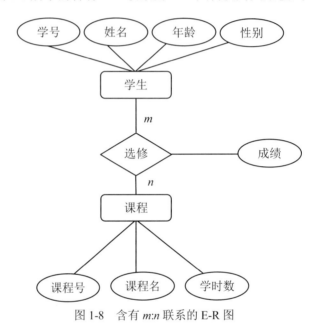

图1-8　含有 *m:n* 联系的 E-R 图

转换后的关系模式为

学生（学号，姓名，年龄，性别）；课程（课程号，课程名，学时数）；选修（学号，课程号，成绩）。

（5）三个或三个以上实体间的一个多元联系可以转换为一个关系模式。将与该多元联系相连的各实体的码以及联系本身的属性均转换为关系的属性，而关系的码由与联系相连的各个实体的码组合而成。

【例1-4】将图1-9所示的含有多实体间 *m:n* 联系的 E-R 图转换为关系模式。

供应商（供应商号，供应商名，地址）；

零件（零件号，零件名，单价）；

产品（产品号，产品名，型号）；

供应（供应商号，零件号，产品号，数量）。

（6）具有相同码的关系模式可以合并。

经过以上步骤后，已经将 E-R 图按规则转换成关系模式，但逻辑结构设计的结果不是唯一的。为了进一步提高数据库应用系统的性能，还应该根据客观需要对结果进行规范化处理，消除异常，改善完整性、一致性，提高存储效率。除此之外，还要从功能及性能上评价数据库模式能否满足用户的要求，可以采用增加、合并、分解关系的方法优化数据模型的结构，最后得到规范化的关系模式，形成逻辑结构设计说明书。

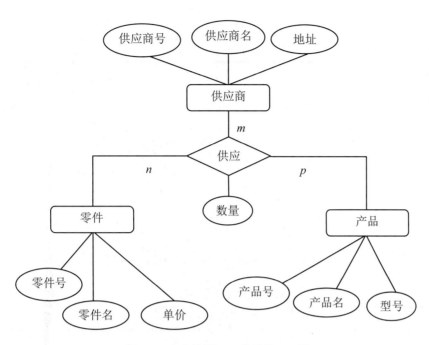

图 1-9　多实体间 *m:n* 联系的 E-R 图

1.3.4　规范化理论

设计关系数据库时，不是随便哪种关系模式设计方案都可行，更不是任何一种关系模式都可以投入应用，一个好的关系模式必须满足一定的规范化要求。用户设计关系数据库时，每个关系都要遵守不同的规范要求。不同的规范化程度可用范式（Normal Form）衡量。范式是符合某种级别的关系模式的集合，是衡量关系模式规范化程度的标准，只有符合标准的关系才是规范化的。范式可以分为第一范式（1NF）、第二范式（2NF）、第三范式（3NF）、BC 范式（BCNF）、第四范式（4NF）、第五范式（5NF）等等级。满足最低要求的为第一范式，在第一范式的基础上进一步满足一些要求的为第二范式，其余依此类推。通常情况下，数据规范到第三范式就可以了。将这三个范式应用到数据库设计中，能够减少数据冗余，消除插入异常、更新异常和删除异常。

1. 第一范式（1NF）

如果关系模式 R 中的所有属性都是不可分解的，则称该关系模式 R 满足第一范式（First Normal Form），简称 1NF，记作 Re 1NF。

表 1-1 中的联系方式属性可以分成系别和班级两个属性，不符合 1NF 的要求。如何将该表规范成 1NF 呢？有如下两种方法：一种方法是将联系方式属性展开，见表 1-2；另一种方法是将该关系分解为两个关系，见表 1-3 和表 1-4。在关系数据库中，1NF 是对关系模式设计的最基本要求。

表 1-1　学生信息表

学号	姓名	性别	年龄	联系方式
X171001	张无忌	男	21	信息工程系 171 班
G172011	赵敏	女	20	经济管理系 172 班
J171007	郭靖	男	21	机电工程系 171 班

表 1-2　学生信息表

学号	姓名	性别	年龄	系别	班级
X171001	张无忌	男	21	信息工程系	171 班
G172011	赵敏	女	20	经济管理系	172 班
J171007	郭靖	男	21	机电工程系	171 班

表 1-3　学生信息表

学号	姓名	性别	年龄
X171001	张无忌	男	21
G172011	赵敏	女	20
J171007	郭靖	男	21

表 1-4　联系方式表

学号	系别	班级
X171001	信息工程系	171 班
G172011	经济管理系	172 班
J171007	机电工程系	171 班

2. 第二范式（2NF）

在学习 2NF 之前，需要了解函数依赖、完全函数依赖和部分函数依赖的概念。

通俗地讲，假设 A、B 是关系模式 R 中的两个属性或属性组合，一旦给定 A 的值，就能唯一确定 B 的值，称 A 函数确定 B 或 B 函数依赖于 A，记作 A—B。例如，对于教学关系 R（学号，姓名，年龄，性别，系名，系主任，课程名，成绩），一旦确定学号属性的值，就唯一确定了姓名属性的值，姓名函数依赖于学号，记作：学号—姓名。此关系中的函数依赖还有：学号—年龄，学号—性别，学号—系名，学号—系主任，系名—系主任，（学号，课程名）—成绩，（学号，姓名）—系名，等等。

如果 AB 是 R 的一个函数依赖，且对于 AA 的任何一个真子集 A，A′—B 都不成立，则 m A—B 是完全函数依赖；反之，如果 A—B 成立，则称 A→B 是部分函数依赖。例如，在教学关系 R 中，对于（学号，课程名）—成绩函数依赖，学号—成绩和课程名—成绩都不成立，所以（学号，课程名）—成绩是完全函数依赖。而对于（学号，姓名）—系名成立，所以（学号，姓名）—系名是部分函数依赖。

那么什么是第二范式（2NF）呢？

如果一个关系模式 Re 1NF，且 R 中的每个非主属性都完全函数依赖于主码，则称该关系模式 R 满足第二范式（Second Normal Form），简称 2NF，记作 Re 2NF。

例如表 1-3 所示的学生信息表，学号能唯一地标识出该表中的每行，所以学号是该表的主关键字。学号为"X171001"的学生姓名是"张无忌"，学生姓名完全能由学号决定，即有了学号就有且只有一个姓名与它对应，则称姓名完全函数依赖学号，也可以说学号确定了姓名。同理，表 1-3 和表 1-4 中的性别、年龄、系别、班级属性也完全函数依赖于学号，符合 2N 的要求。

2NF 是在 1NF 的基础上建立起来的，要求实体的非主属性完全依赖于主码，不能存在仅依赖部分主码属性，如果存在，则把这个属性和主码的该部分分离出来，形成一个新的关系。例如，在学生成绩表（学号，姓名，课程号，课程名，成绩）中，"学号"和"课程号"字段组成主码，"成绩"完全依赖于该主码，但是"姓名"和"课程号"都只是部分依赖于主码，"姓名"可以由"学号"确定，不需要"课程号"，而"课程名"由"课程号"决定，并不依赖于"学号"。所以，该关系模式不符合 2NF，可以将其分解为三个符合 2NF 的关系模式。

（1）学生信息表（学号，姓名）。

（2）课程信息表（课程号，课程名）。

（3）成绩表（学号，课程号，成绩）。

不满足 2NF 的关系会出现插入异常、删除异常和修改复杂等问题。

3. 第三范式（3NF）

如果一个关系模式 R∈2NF，且 R 中的每个非主属性都不传递函数依赖于 R 的主码，则称该关系模式 R 满足第三范式（Third Normal Form），简称 3NF，记作 R∈3NF。

所谓传递函数依赖是指假设 A、B、C 是关系模式 R 中的三个属性或属性组合，如果 A→B，B↛A，B→A，B→C，则称 C 对 A 传递函数依赖，传递函数依赖记作 A→C。例如，在学生信息表（学号，姓名，年龄，班级号，班主任）中，"班主任"依赖于学号。"班主任"对"学号"的依赖，是因为"班主任"依赖于"班级号"，"班级号"依赖于"学号"而产生的，从而构成传递依赖，因此不符合 3NF。

要想让这个关系模式符合 3NF，可以将其分解为如下两个关系模式。

（1）学生信息表（学号，姓名，年龄，班级号）。

（2）班级信息表（班级号，班主任）。

任务实施

1. 基本需求分析

某学校需要开发一套学生选课管理系统。为了搜集数据库需要的信息，设计人员与系统使用人员通过交谈、填写调查表等方式进行了系统的需求调研，得出系统要实现的功能如下：学生可以通过该系统查看所有选修课程的相关信息，包括课程名、学时、学分，然后选择选修的课程（一名学生可以选修多门课程，一门课程可以由多名学生选修）；学生可以通过该系统查看相关授课教师的信息，包括教师姓名、性别、学历、职称；教师可以通过该系统查看选修自己课程的学生信息，包括学号、姓名、性别、出生日期、班级（假定本校一名教师可以教授多门课程，一门课程只能由一名教师任教）；考试结束后，教师可以通过该系统录入学生的考试成绩，学生可以通过该系统查看自己的考试成绩。

2. 概念结构设计

通过分析，得到该系统中的实体及其属性。

3. 逻辑结构设计

由基本 E-R 图，按规则转换、进行规范化处理并优化后的关系模式如下。

学生（学号，姓名，性别，出生日期，班级）

教师（工号，姓名，性别，学历，职称）

课程（课程号，课程名，学时，学分，授课教师工号）

选课（学号，课程号，成绩）

4. 数据库物理设计

学生、教师、课程、选课表对应的表结构见表 1-5 至表 1-8。

表 1-5　学生表（student）结构

序号	列名	数据类型	允许 NULL 值	约束	备注
1	sno	char(8)	不能为空	主键	学号
2	sname	varchar(10)	不能为空		姓名
3	sgender	char(1)			性别
4	sbirth	date			出生日期
5	sclass	varchar(20)			班级

表 1-6　教师表（teacher）结构

序号	列名	数据类型	允许 NULL 值	约束	备注
1	tno	char(4)	不能为空	主键	工号
2	tname	varchar(10)	不能为空		姓名
3	tgender	char(1)			性别
4	tedu	varchar(10)			学历
5	tpro	varchar(6)		默认为"讲师"	职称

表 1-7　课程表（course）结构

序号	列名	数据类型	允许 NULL 值	约束	备注
1	cno	char(4)	不能为空	主键	课程号
2	cname	varchar(40)		唯一约束	课程名
3	cperiod	int			学时
4	credit	decimal(3,1)			学分
5	ctno	char(4)		是教师表的外键	授课教师

表 1-8　选课表（selective）结构

序号	列名	数据类型	允许 NULL 值	约束	备注
1	sno	char(8)		主键（学号，课程号），其中学号是学生表的外键，课程号是课程表的外键	学号
2	cno	char(4)			课程号
3	score	int			成绩

　　在数据库系统中建立对应的表，填充一定的测试数据后可以试运行应用程序，若无问题，则可正式投入使用，后期只需做好更新和维护工作即可。

能 力 拓 展

　　"网上书店"数据库包含四张表，表结构如下。

会员表结构

会员编号	会员昵称	E-mail	联系电话	积分

图书表结构

图书编号	图书名称	作者	价格	出版社	折扣	图书类别

图书类别表结构

类别编号	类别名称

订购表结构

图书编号	会员编号	订购量	订购日期	发货日期

针对该数据库系统执行如下操作。

（1）根据各表结构，写出对应的关系模式。

（2）判断问题（1）中得到的各关系模式分别属于 1NF、2NF、3NF 中的哪一个。

（3）根据问题（1）中得出的关系模式，画出其对应的 E-R 图。

（4）写出该数据库系统详细的需求分析。

单 元 小 结

数据库基本概念：信息、数据、数据库、数据库管理系统、数据库系统。常见的数据库：Oracle、SQL Server、MySQL、DB2、Access、SQLite。数据库管理技术的发展：人工管理阶段、文件系统阶段和数据库系统阶段。概念模型及 E-R 图表示法。

常见的数据模型：层次模型、网状模型、关系模型和面向对象模型。

关系数据库的规范化：1NF、2NF、3NF。

数据库设计步骤：需求分析、概念结构设计、逻辑结构设计、数据库物理设计、数据库实施、数据库运行和维护。

单 元 测 验

一、问答题

1．关系数据库管理系统有哪些？

2．举例说明一对多关系、多对多关系。

3．什么是 E-R 图？简述 E-R 图的绘制步骤。

4．常见的数据模型有哪些？各有什么优缺点？

5．数据库设计的过程包括哪些阶段？各阶段的主要任务分别是什么？

6．如何避免数据冗余？什么是 1NF、2NF、3NF？

二、名词解释

1．数据库

2．数据库管理系统

3．数据库系统

4．实体

5．实体型

6．实体集

7. 联系

8. 属性

9. 域

10. 码

11. 关系模式

关系数据库之父——
Edgar Frank Codd
（Ted Codd）

课 后 一 思

关系数据库之父——Edgar Frank Codd（Ted Codd）（扫码查看）

单元 2　MySQL 基础知识

学习目标

1. 了解 MySQL 的特点及新特征。
2. 掌握 MySQL 常用的字符集及设置。
3. 掌握 MySQL 的安装及配置。
4. 掌握 SQL 语言操作数据库。
5. 掌握 MySQL 常用的存储引擎及设置。
6. 培养善于钻研和总结的职业素养。

2.1　MySQL 概述

任务描述

作为关系型数据库管理系统的重要产品，MySQL 最早由瑞典的 MySQL AB 公司开发。之后多次易主，2008 年被 Sun 公司收购，2009 年 Sun 公司被 Oracle 公司收购，目前 MySQL 是 Oracle 公司旗下的重量级数据库产品。MySQL 具有体积小、开放源码、成本低等优点，广泛应用在 Internet 的中小型网站上。要使用 MySQL 存储和管理数据库，首先要安装和配置 MySQL。

任务要求

本任务分析和探讨 MySQL 的安装和配置过程，并使用命令行和 Navicat 操作 MySQL。首先探讨 MySQL 的特点及新增的特征，接着安装 MySQL 数据库并进行相应的配置。

知识链接

MySQL 是最流行的关系型数据库管理系统之一，在 Web 应用方面，MySQL 是最好的 RDBMS（Relational Database Management System，关系数据库管理系统）应用软件之一。

在 MySQL 中，关系数据库将数据保存在不同的表中，而不是将所有数据放在一个大仓库内，这样就提高了速度和灵活性。

MySQL 所使用的 SQL 语言是用于访问数据库的标准化语言。MySQL 软件采用了双授权政策，分为社区版和商业版。一般中小型和大型网站的开发都选择 MySQL 作为网站数据库。

2.1.1　MySQL 的特点

（1）可移植性好。MySQL 支持超过 20 种开发平台，包括 Linux、Windows、macOS、FreeBSD、IBM AIX、OpenBSD、Solaris 等，用户可以选择多种平台实现自己的应用，并且在不同平台上开发的应用系统很容易在各种平台之间移植。

认识 MySQL

（2）具有强大的数据保护功能。MySQL 具有灵活、安全的权限和密码系统，允许进行基于主机的验证。当 MySQL 连接到服务器时，所有密码传输过程均采用加密形式，且支持 SSH（Secure Shell，安全外壳）协议和 SSL（Secure Sockets Layer，安全套接字层）协议，以实现安全、可靠的连接。

（3）具有强大的业务处理能力。Inno DB 的存储引擎使 MySQL 能够有效应用于所有数据库应用系统，可高效完成各种任务，例如大量数据的高速传输、访问量过亿的高强度搜索，并提供子查询、事务、外键、视图、存储过程、触发器、查询缓存等对象以完成复杂的业务处理。

（4）支持大型数据库。Inno DB 存储引擎将 Inno DB 表保存在一个表空间内。该表空间可由多个文件创建，所以其容量可以超过单独文件的最大容量。表空间还可以包括原始磁盘分区，从而使构建大型表成为可能，表的最大容量可以达到 64TB。

（5）运行速度高。运行速度高是 MySQL 的显著特点。MySQL 使用"B 树"盘表（My ISAM）和索引压缩；通过使用优化的"单扫描多连接"功能，MySQL 能够实现极快的连接。

被 Oracle 公司收购后，MySQL 得到了长足的发展，自 2009 年 MySQL 5.1 发布后，MySQL 5.x 系列延续了多年，直到 2018 年 4 月 MySQL 8.0 首个正式版 MySQL 8.0.11 发布。MySQL 8.0 版本在功能上有较大的改进，在进一步提升速度的同时，更好地提升了用户体验。MySQL 8.0 的部分新特性如下。

- 事务性数据字典。完全脱离了 MySQL 5.x 中的 My ISAM 存储引擎，真正将数据字典放到 Inno DB 表中，简化了 MySQL 的文件类型。
- 安全与账户管理。新增了对角色、caching sha2 password 授权插件、密码管理策略的支持，数据库管理员能够更灵活地对账户进行安全管理。
- Inno DB 存储引擎增强。Inno DB 是 MySQL 默认的存储引擎，支持事务 ACID 原则、支持行锁和外键。在 MySQL 8.0 中，Inno DB 存储引擎在自增、索引、加密、死锁和共享锁等方面有大量的改进和优化，并支持数据定义语言（Data Definition Language，DDL），为事务提供了更好的支持。
- 字符集支持。默认字符集由 latin1 更改为 utf8mb4。
- 优化器新增隐藏索引和降序索引。其中，隐藏索引用来测试索引对查询性能的影响；降序索引允许优化器对多个列进行排序，并允许排序顺序不一致。
- 窗口函数。新增了 row_number0、rank0、ntile0 等窗口函数，在查询数据的同时可实现对数据的分析计算。

2.1.2 MySQL 服务的安装

安装 MySQL 服务

MySQL 根据操作系统的类型可以分为 Windows、UNIX、Linux 和 macOS 版，官方提供的开源免费版本为社区版。

本任务以 Windows 10 操作系统为例，详细分析 MySQL 的安装和配置过程。

安装 MySQL 的步骤如下。

（1）下载 MySQL。在浏览器中输入官网地址选择 MySQL Community Server，如图 2-1 所示。打开安装包选择页，如图 2-2 所示。本书选择的安装版本为 MySQL 8.0.25。单击 Go to Download Page 按钮，下载扩展名为.msi 的安装包。

由于 MySQL 的安装过程与其他应用程序类似，因此仅介绍主要操作步骤。

图 2-1　选择社区版　　　　　　　　　　图 2-2　安装包选择页

（2）双击下载的 MySQL 安装包，打开安装向导，进入产品类别选择窗口，其中列出五种产品类别，分别是 Developer Default（开发版）、Server only（服务器版）、Client only（客户端版）、Full（完全安装）、Custom（定制安装），如图 2-3 所示。本书选择 Server only单选项，单击 Next 按钮，安装 MySQL。安装完成界面如图 2-4 所示。

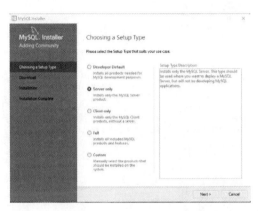

图 2-3　产品类别选择　　　　　　　　　图 2-4　安装完成界面

2.1.3　MySQL 服务的配置

MySQL 安装完成后，需要对 MySQL 进行配置，具体配置步骤如下。

（1）启动配置向导，选择配置类型。在图 2-4 中单击 Next 按钮，进入产品配置窗口，如图 2-5 所示。单击 Next 按钮，进入产品类型和网络配置窗口，如图 2-6 所示。在 Config Type 下拉列表框中选择 Server Computer 选项，默认选中 TCP/IP 网络协议，默认端口号为"3306"。若需要更改访问 MySQL 的端口，则直接在 Port 文本框中输入新端口号，但须保证该端口没有被占用。

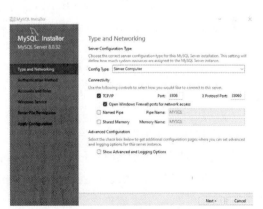

图 2-5　产品配置窗口　　　　　　　　　图 2-6　产品类型和网络配置窗口

学习提示：若在图 2-4 中单击 Cancel 按钮，则读者可在默认安装路径的 Installer for Windows 文件夹（默认路径为 C:Program Files(x86)MySQL\MySQL Installer for Windows）下查找 MySQLInstaller.exe 文件，执行该文件也可以配置 MySQL。

（2）身份认证及账号与角色配置。单击图 2-6 中的 Next 按钮，进入选择身份验证方式窗口，如图 2-7 所示。保持默认设置，单击 Next 按钮，进入账号与角色配置窗口，如图 2-8 所示，可为 MySQL 默认的 root 用户（超级用户）输入密码和确认密码。

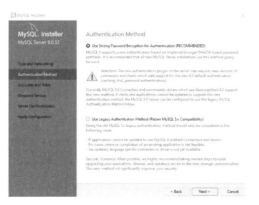

图 2-7 选择身份验证方式窗口   图 2-8 账号与角色配置窗口

（3）Windows 服务配置及应用配置。单击图 2-8 中的 Next 按钮，进入 Windows 服务配置窗口，如图 2-9 所示。图 2-9 中的 MySQL80 为安装 MySQL 后，注册在 Windows 中的服务名，其他参数保持默认设置。至此，MySQL 8.0 的所有参数配置完毕，单击 Next 按钮，进入应用配置窗口，如图 2-10 所示，根据所选参数配置 MySQL。

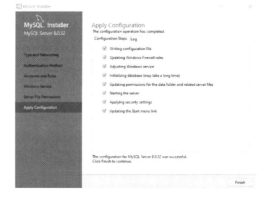

图 2-9 Windows 服务配置窗口   图 2-10 应用配置窗口

（4）配置完成，查看 MySQL 服务。单击图 2-10 中的 Finish 按钮，进入产品配置窗口，再单击 Next 按钮，进入 MySQL 配置完成窗口，如图 2-11 所示，单击 Finish 按钮，MySQL80 配置完成。配置完成后，打开 Windows 任务管理器窗口，可以看到 MySQL80 服务进程，mysqld.exe 已经启动，如图 2-12 所示。

学习提示：程序文件和数据文件分开存放是为了减少彼此间的冲突，同时建议把数据目录、日志目录存放在不同分区，以提高 MySQL 的性能。

1）程序目录中的部分文件夹释义。

bin 文件夹：用于放置可执行文件，如 mysql.exe、mysqld.exe、mysqlshow.exe 等。

include 文件夹：用于放置头文件，如 mysql.h、mysqld_erame.h 等。

lib 文件夹：用于放置库文件。

share 文件夹：用于存放字符集、语言等信息。

图 2-11　MySQL 配置完成窗口　　　　　图 2-12　MySQL80 服务进程

学习提示：建议将 MySQL 程序目录中的 bin 文件夹加入环境变量 path，这样用户可在命令窗口中直接运行 bin 文件夹下的执行文件。

2）数据目录中的部分文件或文件夹释义。

Data 文件夹：用于放置日志文件和数据库。

myini 文件：是 MySOL 中使用的配置文件。

学习提示：my.ini 文件是 MySQL 正在使用的配置文件，当 MySQL 服务加载时，读取该文件的配置信息。

2.1.4　更改 MySQL 的配置

MySQL 安装成功后，可以根据实际需要更改配置信息。通常更改配置信息的方式有两种：一种方式是启动 MySQLInstaller.exe 文件，重新打开配置向导更改配置信息；另一种方式是修改 MySQL 数据目录下的 my.ini 文件，更改配置信息。以记事本方式打开 my.ini 文件，其配置信息如图 2-13 所示。

```
#MySQL服务器实例配置文件#客户端参数配置
#CLIENT SECTION
# 数据库连接端口，默认为 3306
[client]
port=3306
[mysql]#客户端默认字符集
#default-character-set
#服务器参数配置
# SERVER SECTION
[mysqld]
#服务器参数配置
# MySQL服务程序TCP/IP 监听端口，默认为3306
port=3306#服务器安装路径
# basedir="C:/Program Files/MySOL/MySOL Server 8.0/
#服务器中数据文件的存储路径，读者可以根据需要修改参数datadir=C:/ProgramData/MySOL/MySOL Server 8.0\Data#设置服务器端的字符集
#character-set-server# 设置默认的存储引擎，当创建表时若不指定存储类型，则为 INNODB
default-storage-engine=INNODB#设置MySQL服务器的最大连接数
max connections=151#允许临时存放在缓存区里的查询结果的最大容量
query cache size=15M#服务器ID值，多服务器间进行通信时，必须设定该值
server-id=1#服务器安全配置
#section [mysqld safe]#同时打开数据库表的数量
table open cache=2000
#临时数据表的最大容量
目录东
tmp table size=494M# 服务器线程缓存数
thread cache size=10
#***INNODB指定参数***
# 设置何时写入日志文件到磁盘上，默认为 1表示提交事务时写入
innodb flush log at trx commit=1#设置日志数据缓存区大小
innodb log buffer size=M
#INNODB缓冲池大小
innodb buffer pool size=8M
#INNODB日志文件大小
innodb log file size=48M
#INNODB存储引擎最大线程数
```

图 2-13　配置信息

2.1.5　MySQL 服务的启动和停止

服务是 Windows 中后台运行的程序，在配置 MySQL 的过程中 一般将 MySQL 配置为

Windows 服务。在自动状态下，当 Windows 启动时，MySQL 服务也会随之启动。若需要手动操作 MySQL 服务的启动和停止，则可通过命令行或 Windows 服务管理器实现。

（1）使用 net 命令启动和停止 MySQL 服务。使用 net 命令可以启动和停止服务（以管理员身份运行），其操作方法为单击 Windows 中的"开始"按钮，选择"运行"命令，输入命令 cmd 后按 Enter 键，打开 Windows 命令行窗口。

启动 MySQL 服务的命令如下：

net start mysql80

停止 MySQL 务的命令如下：

net stop mysql80

执行结果如图 2-14 所示。

图 2-14　启动与停止 MySQL 服务

学习提示：MySQL80 是安装 MySQL 时指定的服务名称。如果服务名称为 mysqldb，那么启动 Windows 管理的其他服务也可以使用 net 命令启动和停止。MySQL 服务时，应输入 net start mysqldb。

（2）使用 Windows 服务管理器启动和停止 MySQL 服务。打开 Windows 中的"控制面板"，选择"管理工具"中的"服务"组件，在打开的服务列表中找到 MySQL80。使用 Windows 服务管理器启动和停止 MySQL 服务服务，右击 MySQL80 服务即可启动和停止该服务，如图 2-15 所示。

图 2-15　任务管理器启动图

2.1.6　连接和断开 MySQL 服务器

MySQL 服务启动后，就可以通过客户端登录 MySQL 服务器，使用命令可以操作和管理 MySQL 中的数据库及其对象。

在命令行窗口中，执行连接并登录 MySQL 服务器的命令行格式如下：

```
mysql -h hostname -u username -p
```

语法说明如下：

mysql 为登录命令名，该文件存放在 MySOL 程序目录的 bin 文件夹中。

h 表示后面的参数 hostname 为服务器的主机地址，当客户端与服务器在同一台机器上时，hostname 可以使用 localhost 或 127.0.0.1。

-u 表示后面的参数 usermame 为登录 MySQL 服务器的用户名。

-p 表示后面的参数为指定用户的密码。

如何使用用户 root 登录 MySQL 服务器呢？打开 Windows 命令行窗口，输入如下代码：

```
mysql -h localhost -u root -p
```

系统提示"Enter password"，输入配置 MySQL 时设定的密码，验证通过后，可成功登录 MySQL 服务器，如图 2-16 所示。

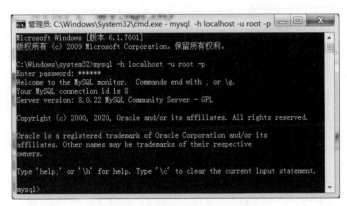

图 2-16　成功登录 MySQL 服务器

从图 2-16 中可以看出，成功登录后会加载 MySQL 服务器的欢迎和说明信息，并出现 MySQL 命令提示符"mysql>"。此时，用户可以进行相关命令操作或管理 MySQL 服务器中的数据库及其对象。使用命令行登录 MySQL 服务器时，可以直接在 Windows 中执行"开始""运行"命令，或者使用 MySQL 自带的 MySQL Command Line Client 登录。

学习提示：当在本地登录 MySQL 服务器时，可以省略主机名。登录命令可以省略为"mysql -u root -p"，读者可以尝试操作。在非程序目录 bin 文件夹下运行 mysql 命令前，需要配置 bin 文件夹为 Windows 环境变量 path 的值。

任务实施

1．获取 MySQL

（1）搭建 MySQL 环境之前，需要先获取 MySQL 的安装包。在 MySQL 官方网站获取 MySQL 的安装包。

（2）单击页面中的 DOWNLOADS 超链接（图 2-17），进入 MySQL 的下载页面。

MySQL Enterprise Edition：企业版。

MySQL Cluster CGE：高级集群版。

图 2-17　单击页面中的 DOWNLOADS 超链接

MySQL Community (GPL)：社区版。

（3）单击页面中的 MySQL Community (GPL) Downloads »超链接，进入 MySQL 社区版的下载页面。

（4）在页面中单击 MySQL Community Server 超链接，进入 MySQL Community Server 的下载页面。

2. 安装 MySQL

（1）进入"开始"菜单，在搜索框中输入 cmd，搜索出 Windows 命令处理程序 cmd.exe，右击搜索到的 Windows 命令处理程序，选择以管理员身份运行。

（2）在 Windows 命令处理程序窗口中，使用命令切换到 MySQL 安装目录下的 bin 目录。

（3）切换到 MySQL 安装目录下的 bin 目录之后，使用命令安装 MySQL 服务，具体安装命令如下：

```
mysqld -install MySQL80
```

3. 配置 MySQL

在 Windows 命令处理程序窗口中，使用命令安装完 MySQL 服务之后，还需要对 MySQL 服务进行相关配置及初始化。MySQL 的配置和初始化过程具体如下。

（1）在 MySQL 的安装目录 E:\mysql-8.0.23-winx64 下，使用文本编辑器（如记事本、Notepad++）创建配置文件，一般情况定义 MySQL 配置文件的名称为 my.ini，my.ini 中配置的内容如下：

```
[mysqld]
# 设置 mysql 的安装目录
basedir=E:\mysql-8.0.23-winx64
# 设置 MySQL 数据库文件的存放目录
datadir=E:\mysql-8.0.23-winx64\data
# 设置端口号
port=3306
```

（2）通过初始化 MySQL 自动创建数据库文件目录的具体命令如下：

```
mysqld --initialize --console
```

4. 管理 MySQL 服务

（1）启动 MySQL 服务。MySQL 安装和配置完成后，需要启动 MySQL 服务，否则 MySQL 客户端无法连接到数据库。

启动 MySQL 服务，可以在 Windows 命令处理程序窗口中执行如下命令。

```
net start MySQL80
```

（2）停止 MySQL 服务。在 Windows 命令处理程序窗口中，不仅可以使用命令启动

MySQL 服务，还可以使用命令停止 MySQL 服务，停止 MySQL 服务的具体命令如下：

```
net stop MySQL80
```

5. 登录 MySQL 与设置密码

MySQL 服务启动成功后，可以通过 MySQL 客户端登录 MySQL 及设置密码。

（1）在 MySQL 安装目录的 bin 目录中，mysql.exe 是 MySQL 提供的命令行客户端工具，通过 mysql.exe 登录 MySQL 命令如下：

```
mysql -h hostname -u username -p password
```

（2）初始化数据库时，MySQL 为 root 用户设置的初始密码为"(Rh1gdCgqkpZ"，使用命令登录 MySQL 时，输入用户名和密码即可，具体命令如下：

```
mysql -u root -p(Rh1gdCgqkpZ
```

（3）使用 MySQL 客户端成功登录 MySQL 后，如果需要退出 MySQL 命令行客户端，可以使用 exit 或者 quit 命令。

（4）root 用户当前的密码是 MySQL 初始化时随机生成的，不方便记忆。MySQL 中允许为登录 MySQL 服务器的用户设置密码，下面以设置 root 用户的密码为例，设置 MySQL 账户的密码，具体语句如下：

```
ALTER USER 'root'@'localhost' IDENTIFIED BY '123456';
```

6. 配置环境变量

执行 MySQL 的 mysql 命令时，需要确保当前执行命令的路径位于 MySQL 安装目录的 bin 目录，如果在其他目录，需要先使用命令切换到 MySQL 安装目录的 bin 目录。如果每次启动 MySQL 服务时，都需要切换到指定的路径，则操作比较烦琐，为此可以将 MySQL 安装目录的 bin 目录配置到系统的 PATH 环境变量中，这样启动 MySQL 服务时，系统会在 PATH 环境变量保存的路径中寻找对应的命令。

可以在 Windows 命令处理程序窗口使用命令配置环境变量，以管理员身份运行 Windows 命令处理程序，在 Windows 命令处理程序窗口中执行以下命令：

```
setx PATH "%PATH%;E:\mysql-8.0.23-winx64\bin"
```

2.2　字符集及字符序设置

任务描述

MySQL 8.0 将默认字集设为 utfmb4，解决了长期程序员苦恼的由字符集产生的乱码问题。本任务将介绍设置和选择字符集的方法。

任务要求

本任务详细介绍 MySQL 8.0 中的常用字符集，并结合实际应用如何设置和选择合适的字符集进行探讨。

知识链接

2.2.1　MySQL 常用字符集

字符集是一套符号和编码的规则。MySQL 的字符集包括字符集（Character）和校对规则（Collation）两个概念，其中字符集用来定义 MySQL 存储字符串的方式，校对规则定义了比较字符串的方式。MySQL 8.0 支持 41 种字符集和 272 种校对规则，每种字符集都至少对应一种校对规则。在命令行中输入以下命令即可查看 MySQL 8.0 中的常见字符集，如图 2-18 所示。

```
SHOW CHARACTER SET;
```

```
mysql> SHOW CHARACTER SET
+----------+---------------------------------+---------------------+--------+
| Charset  | Description                     | Default collation   | Maxlen |
+----------+---------------------------------+---------------------+--------+
| armscii8 | ARMSCII-8 Armenian              | armscii8_general_ci |      1 |
| ascii    | US ASCII                        | ascii_general_ci    |      1 |
| big5     | Big5 Traditional Chinese        | big5_chinese_ci     |      2 |
| binary   | Binary pseudo charset           | binary              |      1 |
| cp1250   | Windows Central European        | cp1250_general_ci   |      1 |
| cp1251   | Windows Cyrillic                | cp1251_general_ci   |      1 |
| cp1256   | Windows Arabic                  | cp1256_general_ci   |      1 |
| cp1257   | Windows Baltic                  | cp1257_general_ci   |      1 |
| cp850    | DOS West European               | cp850_general_ci    |      1 |
| cp852    | DOS Central European            | cp852_general_ci    |      1 |
| cp866    | DOS Russian                     | cp866_general_ci    |      1 |
| cp932    | SJIS for Windows Japanese       | cp932_japanese_ci   |      2 |
| dec8     | DEC West European               | dec8_swedish_ci     |      1 |
| eucjpms  | UJIS for Windows Japanese       | eucjpms_japanese_ci |      3 |
| euckr    | EUC-KR Korean                   | euckr_korean_ci     |      2 |
| gb18030  | China National Standard GB18030 | gb18030_chinese_ci  |      4 |
| gb2312   | GB2312 Simplified Chinese       | gb2312_chinese_ci   |      2 |
| gbk      | GBK Simplified Chinese          | gbk_chinese_ci      |      2 |
| geostd8  | GEOSTD8 Georgian                | geostd8_general_ci  |      1 |
| greek    | ISO 8859-7 Greek                | greek_general_ci    |      1 |
| hebrew   | ISO 8859-8 Hebrew               | hebrew_general_ci   |      1 |
| hp8      | HP West European                | hp8_english_ci      |      1 |
| keybcs2  | DOS Kamenicky Czech-Slovak      | keybcs2_general_ci  |      1 |
| koi8r    | KOI8-R Relcom Russian           | koi8r_general_ci    |      1 |
| koi8u    | KOI8-U Ukrainian                | koi8u_general_ci    |      1 |
| latin1   | cp1252 West European            | latin1_swedish_ci   |      1 |
| latin2   | ISO 8859-2 Central European     | latin2_general_ci   |      1 |
| latin5   | ISO 8859-9 Turkish              | latin5_turkish_ci   |      1 |
| latin7   | ISO 8859-13 Baltic              | latin7_general_ci   |      1 |
| macce    | Mac Central European            | macce_general_ci    |      1 |
| macroman | Mac West European               | macroman_general_ci |      1 |
| sjis     | Shift-JIS Japanese              | sjis_japanese_ci    |      2 |
| swe7     | 7bit Swedish                    | swe7_swedish_ci     |      1 |
| tis620   | TIS620 Thai                     | tis620_thai_ci      |      1 |
| ucs2     | UCS-2 Unicode                   | ucs2_general_ci     |      2 |
| ujis     | EUC-JP Japanese                 | ujis_japanese_ci    |      3 |
| utf16    | UTF-16 Unicode                  | utf16_general_ci    |      4 |
| utf16le  | UTF-16LE Unicode                | utf16le_general_ci  |      4 |
| utf32    | UTF-32 Unicode                  | utf32_general_ci    |      4 |
| utf8     | UTF-8 Unicode                   | utf8_general_ci     |      3 |
| utf8mb4  | UTF-8 Unicode                   | utf8mb4_0900_ai_ci  |      4 |
+----------+---------------------------------+---------------------+--------+
41 rows in set (0.02 sec)
```

图 2-18 MySQL 字符集

或者使用系统表 infromation_schema 中的 CHARACTER_SETS，查看 MySQL 支持的所有字符集。

```
USE information_schema;
SELECT * FROM CHARACTER_SETS;
```

（1）utf8：也称通用转换格式（8-bit Unicode Transformation Format），是针对 Unicode 字符的一种变长字符编码，在 MySQL 中是 ut8mb3 的别名。ut8 对英文使用 1 字节、中文使用 3 字节来编码。ut8 包含世界所有国家日常使用的字符，是一种国际编码，通用性强，在 Internet 中应用广泛。

（2）ut8mb4：MySQL 8.0 的默认字符集，是 ut8 的超集。其中，mb4（Most Bytes 4）专门用于兼容 4 字节的字符，包括 Emoji（Emoji 表情字符是一种特殊的 Unicode 字符，常见于 iOS 和 Android 移动终端）、不常用的汉字以及新增的 Unicode 字符。

（3）latinl：MySQL 5.x 的默认字符集，占 1 字节，主要用于西文字符和基本符号的编码，使用该字符集对中文编码会出现乱码问题。

（4）gb2312 和 gbk：gb2312 是简体中文集，gbk 是对 gb2312 的扩展，是我国编码。gbk 的文字编码采用双字节表示，即无论是中文还是英文字符都使用双字节，为了区分中文和英文，gbk 在编码时将中文每个字节的最高位都设为 1。

2.2.2　MySQL 常用字符序

在 MySQL 中，字符集的校对规则遵从命名规范，以字符序对应的字符集名称开头，以_ci（表示大小写不敏感）、_cs（表示大小写敏感）和_bin（表示二进制）结尾，_ai 表示不区分重音。例如：字符集名称为“ut8mb4”，描述为“UTF-8 Unicode”，对应的校对规则为“utf8mb4_0900_ai_ci”（表示不区分大小写且不区分重音，字符“a”和“A”在此编码下等同），最大长度为 4 字节。

在命令行中输入以下命令，即可查看 MySQL 8.0 中的常见字符序。

```
SHOW COLLATION;
```

使用系统表 infromation_schema 中的 COLLATIONS，查看 MySQL 的所有校对规则。

```
USE information_schema;
SELECT * FROM COLLATIONS;
```

在 MySQL 中，可以查看某种特定字符集的校对规则。例如，在命令行中输入以下命令，即可查看以“utf8mb4 0900”开头的校对规则。

```
SHOW COLLATION LIKE 'utf8mb4_0900%';
```

执行结果如图 2-19 所示。

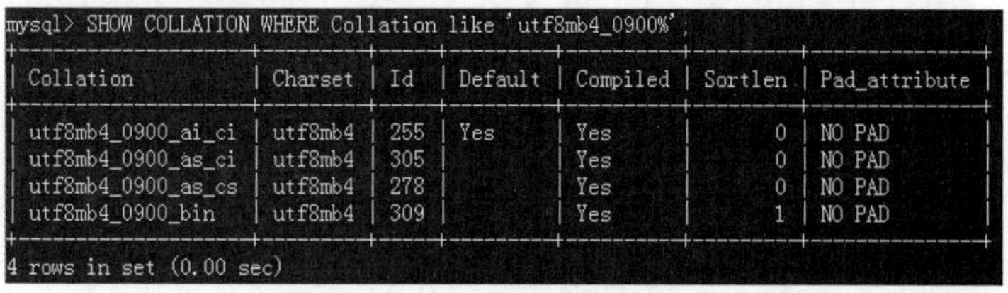

```
mysql> SHOW COLLATION WHERE Collation like 'utf8mb4_0900%';
+--------------------+---------+-----+---------+----------+---------+---------------+
| Collation          | Charset | Id  | Default | Compiled | Sortlen | Pad_attribute |
+--------------------+---------+-----+---------+----------+---------+---------------+
| utf8mb4_0900_ai_ci | utf8mb4 | 255 | Yes     | Yes      |       0 | NO PAD        |
| utf8mb4_0900_as_ci | utf8mb4 | 305 |         | Yes      |       0 | NO PAD        |
| utf8mb4_0900_as_cs | utf8mb4 | 278 |         | Yes      |       0 | NO PAD        |
| utf8mb4_0900_bin   | utf8mb4 | 309 |         | Yes      |       1 | NO PAD        |
+--------------------+---------+-----+---------+----------+---------+---------------+
4 rows in set (0.00 sec)
```

图 2-19　执行结果

也可以使用系统表 infromation_schema 中的 COLLATIONS，查看某种特定字符集的校对规则。例如：

```
USE information_schema;
SELECT * FROM COLLATIONS WHERE CHARACTER_SET_NAME = 'utf8mb4';
```

2.2.3　MySQL 字符集的转换过程

（1）打开命令提示符窗口，命令提示符窗口自身存在某种字符集，该字符集的查看方法如下：在命令提示符窗口的标题栏上右击，选择“默认值”→“选项”→“默认代码页”命令即可设置当前命令提示符窗口的字符集。

（2）在命令提示符窗口中输入 MySQL 命令或 SQL 语句，按 Enter 键后，这些 MySQL 命令或 SQL 语句由“命令提示符窗口字符集”转换为“character_ set_ client”定义的字符集。

（3）使用命令提示符窗口成功连接 MySQL 服务器后，建立了一条“数据通信链路”，MySQL 命令或 SQL 语句沿着“数据链路”传向 MySQL 服务器，由“character_ set_ client”定义的字符集转换为 character_ set_ connection 定义字符集。

（4）MySQL 服务实例收到数据通信链路中的 MySQL 命令或 SQL 语句，将 MySQL 语句或 SQL 语句从 character_ set_ connection 定义的字符集转换为 character_ set_ server 定义的字符集。

（5）若 MySQL 命令或 SQL 语句针对某个数据库进行操作，则将 MySQL 命令或 SQL 命令从 character_ set_ server 定义的字符集转换为 character_ set_ database 定义的字符集。

（6）MySQL 命令或 SQL 语句执行结束后，将执行结果设置为 character_ set_ results 定义字符集。

（7）沿着打开的数据通信链路原路返回，将执行结果从 character_ set_ results 定义的字符集转换为 character_ set_ client 定义的字符集，最终转换为命令提示符窗口字符集显示到命令提示符窗口中。

2.2.4 MySQL 字符集的设置

MySQL 支持服务器（Server）、数据库（Database）、表（Table）、字段（Field）和连接层（Connection）五个层级的字符集设置。数据库存取数据时，会根据各层级字符集寻找对应的编码进行转换，若转换失败，则显示为乱码。

查看字符集的系统变量。MySQL 提供若干用来描述各层级字符集的系统变量。在命令行中输入以下命令，即可查看 MySQL 字符集在各级别的默认设置，如图 2-20 所示。

SHOW VARIABLES LIKE 'character%';

图 2-20　MySQL 字符集在各级别的默认设置

查看服务器级的字符集默认设置的命令如图 2-21 所示。

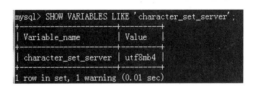

图 2-21　服务器级的字符集

查看 MySQL 校对规则在各级别的默认设置，如图 2-22 所示。

SHOW VARIABLES LIKE 'collation%';

查看服务器级的校对规则的默认设置，如图 2-23 所示。

SHOW VARIABLES LIKE 'collation_server';

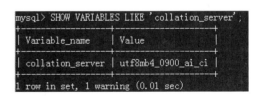

图 2-22　MySQL 校对规则在各级别的默认设置　　　图 2-23　服务器级的校对规则的默认设置

设置系统变量或修改配置文件（my.ini）可实现字符集的设置和管理。由于 MySQL 8.0 将默认字符集设置为 ut8mb4，该字符集可以满足现有所有应用的字符编码需要，因此建议读者不要修改服务器端的字符集。客户端的字符集取决于客户端工具的设定，这里介绍修改客户端字符集的方法。使用 SET 语句可以设置或修改 MySQL 中的变量，语法格式如下：

```
SET character_set_***=字符集名称;
```

例如，使用命令行的方式将 MySQL 数据库级上的字符集修改为 GBK，如图 2-24 所示。

```
SET character_set_database=GBK;
```

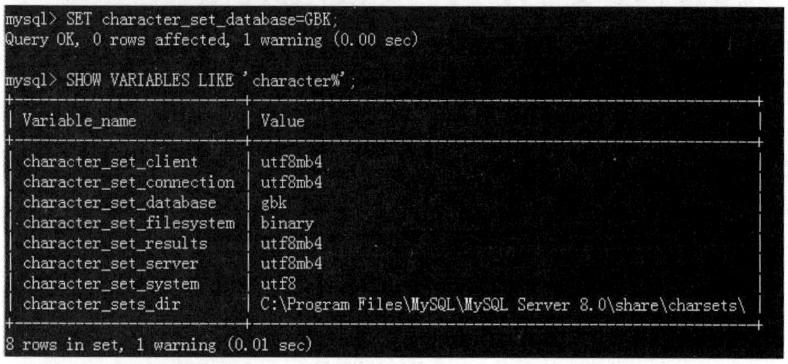

```
mysql> SET character_set_database=GBK;
Query OK, 0 rows affected, 1 warning (0.00 sec)

mysql> SHOW VARIABLES LIKE 'character%';
+--------------------------+---------------------------------------------------------+
| Variable_name            | Value                                                   |
+--------------------------+---------------------------------------------------------+
| character_set_client     | utf8mb4                                                 |
| character_set_connection | utf8mb4                                                 |
| character_set_database   | gbk                                                     |
| character_set_filesystem | binary                                                  |
| character_set_results    | utf8mb4                                                 |
| character_set_server     | utf8mb4                                                 |
| character_set_system     | utf8                                                    |
| character_sets_dir       | C:\Program Files\MySQL\MySQL Server 8.0\share\charsets\ |
+--------------------------+---------------------------------------------------------+
8 rows in set, 1 warning (0.01 sec)
```

图 2-24　将 MySQL 数据库级上的字符集修改为 GBK

2.2.5　SQL 脚本文件

生成数据库项目时，预先部署脚本、数据库对象定义和后期部署脚本合并为一个生成脚本。虽然只能指定一个预先部署脚本和一个后期部署脚本，但可在预先部署脚本和后期部署脚本中包含其他脚本。

Transact-SQL 脚本保存为文件，文件扩展名通常为.sql。

具体使用环境包含 MySQL、SQL Server、Oracle。

数据库脚本包含存储过程（Procedure）、事务（Transaction）、索引（Index）、触发器（Trigger）、函数（Function）等。

任务实施

在 MySQL 中，使用 SHOW 语句可以查看字符集、校对规则、系统变量、状态信息和对象定义语句等。

查看字符集的语法格式如下：

```
SHOW CHARACTER SET [LIKE 匹配模式|WHERE 条件表达];
```

CHARACTER SET：表示字符集，可以简写成 CHARSET 或 charset。

“[ ]”内为可选项，“|”表示或，即二选一。

LIKE 为模糊查询关键字，匹配模式中用%表示任意多个字符。

WHERE 为条件查询关键字。

例如：查看 MySQL 支持的字符集。

```
mysql> SHOW CHARACTER SET;
```

执行结果列出了 MySQL 8.0 支持的所有字符集的名称、描述、默认校对规则和字符最大字节长度。

例如：使用 SET 语句修改字符集变量。

```
mysql> SET character_set_client = utf8;
mysql> SET character_set_connection = utf8;
mysql> SET character_set_results = utf8;
```

上述三条语句分别修改了 client、connection 和 results 层级的字符集。在 MySQL 的客户端，使用 set namesutf8mb4 可同时修改这三个层级的字符集，执行结果如图 2-25 所示。

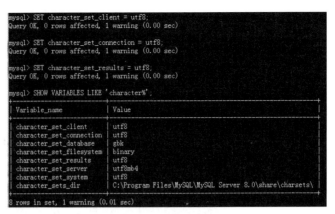

图 2-25　执行结果

MySQL 数据库基本操作

2.3　MySQL 数据库管理

任务描述

对数据库的管理包括创建数据库、查看数据库、查看数据库结构、选择数据库、修改数据库、删除数据库等操作。

任务要求

本任务重点讨论创建数据库、查看数据库、查看数据库结构、选择数据库、修改数据库和删除数据库。

知识链接

2.3.1　创建数据库

MySQL 安装完成后，要想将数据存储到数据库的表中，先要创建一个数据库。创建数据库就是在数据库系统中划分一块存储数据的空间。在 MySQL 中，创建数据库的基本语法格式如下：

CREATE DATABASE [IF NOT EXISTS] 数据库名称 [database option];

在上述语法格式中，CREATE DATABASE 是固定的 SQL 语句，专门用来创建数据库。"数据库名称"是唯一的，不可重复出现。

【例 2-1】创建一个名称为 onlinedb、字符集为 utf8mb4 的数据库，SQL 语句及执行结果如图 2-26 所示。

```
mysql> CREATE DATABASE IF NOT EXISTS onlinedb CHARACTER SET utf8mb4;
Query OK, 1 row affected (0.13 sec)
```

图 2-26　创建数据库结果

2.3.2　查看数据库

为了检验 onlinedb 数据库是否创建成功，在命令提示行中，使用 SQL 语句查看数据库服务器中创建的数据库列表，其语法形式如下：

SHOW DATABASES;

【例 2-2】使用 SHOW DATABASES 语句查看数据库服务器中存在的数据库，执行结果
如图 2-27 所示。

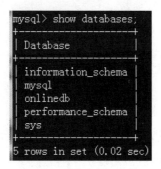

图 2-27　查看数据库结果

在执行结果的提示信息中，"5 rows in set"表示集合中有 5 行，说明当前数据库服务器
中有 5 个数据库，除 onlinedb 为用户创建的数据库外，其他数据库都是安装 MySQL 时自
动创建的系统数据库。若想查看指定数据库的信息，则可以使用 SHOW 语句，其基本语
法如下：

SHOW CREATE DATABASE 数据库名

2.3.3　查看数据库结构

查看数据库的语法格式如下：

SHOW CRETAE DATABASE db_name;

【例 2-3】查看数据库 onlinedb 的结构信息，执行结果如图 2-28 所示。

SHOW CRETAE DATABASE onlinedb;

```
mysql> show create database onlinedb;
+-----------+-------------------------------------------------------+
| Database  | Create Database                                       |
+-----------+-------------------------------------------------------+
| onlinedb  | CREATE DATABASE `onlinedb` /*!40100 DEFAULT CHARACTER
SET utf8mb4 COLLATE utf8mb4_0900_ai_ci */ /*!80016 DEFAULT ENCRYP
TION='N' */ |
```

图 2-28　查看数据库结构结果

2.3.4　选择数据库

从命令提示窗口中选择 MySQL 数据库。在 mysql> 提示窗口中使用 SQL 命令可以选
择指定的数据库。

use db_name;

【例 2-4】以下语句可选择数据库，执行结果如图 2-29 所示。

mysql> use onlinedb;

```
mysql> use onlinedb;
Database changed
```

图 2-29　选择数据库结果

2.3.5　修改数据库

数据库创建成功后，可根据需要修改其字符集或排序规则。由于使用 Navicat 修改数据库时的操作界面与创建数据库时的操作界面相同，因此这里不再赘述。在 SQL 语句中，使用 ALTER DATABASE 语句修改数据库，基本语法如下：

```
ALTER DATABASE 数据库名
[DEFAULT] CHARACTER SET  字符集名 1
[DEFAULT] COLLATE  校对规则名;
```

其中，"数据库名"为待修改的数据库。其余参数的含义与创建数据库的参数相同。

【例 2-5】将数据库 onlinedb 的默认字符集修改为 gbk，默认校对规则修改为 gbk_chinese_ci，执行结果如图 2-30 所示。

```
ALTER DATABASE onlinedb DEFAULT CHARACTER SET gbk DEFAULT COLLATE gbk_chinese_ci;
```

```
mysql> ALTER DATABASE onlinedb DEFAULT CHARACTER SET gbk DEFAULT COLLATE gbk_chi
nese_ci;
Query OK, 1 row affected (0.07 sec)
```

图 2-30　修改数据库结果

修改数据库后，可以通过 SHOW CREATE DATABASE 命令查看修改后的相关信息，执行结果如图 2-31 所示。

```
mysql> ALTER DATABASE onlinedb DEFAULT CHARACTER SET gbk DEFAULT COLLATE gbk_c
hinese_ci;
Query OK, 1 row affected (0.01 sec)

mysql> show create database onlinedb;
+-----------------------------------------------------------------+
| Database  | Create Database                                     |
+-----------------------------------------------------------------+
| onlinedb  | CREATE DATABASE `onlinedb` /*!40100 DEFAULT CHARACTER SET gbk */
/*!80016 DEFAULT ENCRYPTION='N' */ |
```

图 2-31　查看修改数据库后的相关信息

2.3.6　删除数据库

删除数据库是指在数据库服务器中删除已经存在的数据库。删除数据库之后，原来分配的空间被收回。如果数据库中已经包含数据表和数据，则删除数据库时，这些内容也会被删除。因此，删除数据库之前，最好先对数据库进行备份。在 SQL 语句中，使用 DROP DATABASE 语句删除数据库，其语法格式如下：

```
DROP DATABASE [IF EXISTS] db_name;
```

其中，db_name 表示要删除的数据库的名称。

【例 2-6】删除服务器中名为 onlinedb 的数据库，执行结果如图 2-32 所示。

```
mysql> drop database onlinedb;
Query OK, 0 rows affected (0.04 sec)
```

图 2-32　删除数据库结果

任务实施

存储引擎就是数据的存储技术，存储引擎是决定存储数据库中的数据、为数据建立索引、更新和查询数据的机制。针对不同的处理要求，存储引擎可以对数据采用不同的存储机制、索引技巧、读写锁定水平等。在关系型数据库中，由于数据是以数据表的形式存储的，因此存储引擎即数据表的类型。数据库的存储引擎决定了数据表在计算机中的存储方式，数据库管理系统使用存储引擎创建、查询、修改数据。存储引擎作为 MySQL 的核心组件，以插件形式存在，这也是 MySQL 的一大特色，MySQL 数据库管理系统提供多种存储引擎，用户可以根据不同的需求为数据表选择不同的存储引擎，也可以根据自己的需要编写自己的存储引擎。MySQL 默认配置许多不同的存储引擎，用户可以预先设置或者在 MySQL 服务器中启用。用户可以选择适用于服务器、数据库和数据表的存储引擎，以便在选择如何存储信息、如何检索这些信息以及明确需要数据结合什么性能和功能时具有较强的灵活性。因为 MySQL 提供插入式的存储引擎，所以数据库中不同的数据表可以使用不同的存储引擎。MySQL 常用的存储引擎有 InnoDB、MyISAM、MEMORY 和 MERGE 等。使用 SQL 语句可以查询 MySQL 支持的存储引擎，其语法格式如下：

```
SHOW ENGINES;
```

【例 2-7】查看 MySQL 支持的存储引擎执行 SHOW ENGINES 语句，执行结果如图 2-33 所示。

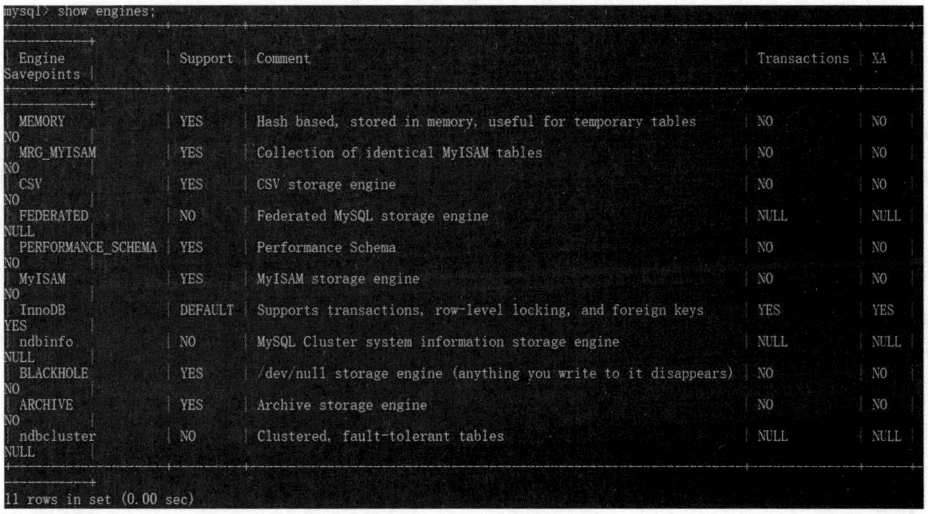

```
mysql> show engines;
+--------------------+---------+----------------------------------------------------------------+--------------+------+
| Engine             | Support | Comment                                                        | Transactions | XA   |
Savepoints |
+--------------------+---------+----------------------------------------------------------------+--------------+------+
| MEMORY             | YES     | Hash based, stored in memory, useful for temporary tables      | NO           | NO   |
NO         |
| MRG_MYISAM         | YES     | Collection of identical MyISAM tables                          | NO           | NO   |
NO         |
| CSV                | YES     | CSV storage engine                                             | NO           | NO   |
NO         |
| FEDERATED          | NO      | Federated MySQL storage engine                                 | NULL         | NULL |
NULL       |
| PERFORMANCE_SCHEMA | YES     | Performance Schema                                             | NO           | NO   |
NO         |
| MyISAM             | YES     | MyISAM storage engine                                          | NO           | NO   |
NO         |
| InnoDB             | DEFAULT | Supports transactions, row-level locking, and foreign keys     | YES          | YES  |
YES        |
| ndbinfo            | NO      | MySQL Cluster system information storage engine                | NULL         | NULL |
NULL       |
| BLACKHOLE          | YES     | /dev/null storage engine (anything you write to it disappears) | NO           | NO   |
NO         |
| ARCHIVE            | YES     | Archive storage engine                                         | NO           | NO   |
NO         |
| ndbcluster         | NO      | Clustered, fault-tolerant tables                               | NULL         | NULL |
NULL       |
+--------------------+---------+----------------------------------------------------------------+--------------+------+
11 rows in set (0.00 sec)
```

图 2-33　执行结果

（1）Engine：显示 MySQL 支持的所有存储引擎类型。

（2）Support：显示 MySQL 是否支持当前存储引擎，“YES”表示支持，“NO”表示不支持。

（3）Comment：显示对存储引擎的解释。

（4）Transactions：显示存储引擎是否支持事务处理，“YES”表示支持，“NO”表示不支持。

（5）XA：显示存储引擎是否支持分布式交易处理的 XA 规范，“YES”表示支持，“NO”表示不支持。

（6）Savepoints：显示存储引擎是否支持保存点，以便事务可以回滚到保存点，“YES”表示支持，“NO”表示不支持。

从图 2-26 中还可以看出，MySQL 的默认存储引擎是 InnoDB。如果想把其他存储引擎设置为默认存储引擎，则可以使用如下命令：

```
SET DEFAULT_STORAGE_ENGINE=存储引擎名;
```

此外，如果不确定 MySQL 当前默认的存储引擎，需查看 MySQL 当前支持的默认存储引擎，可以使用如下命令：

```
SHOW VARIABLES LIKE '%storage_engine%';
```

执行结果如图 2-34 所示。

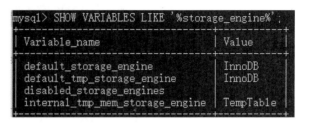

图 2-34　查看 MySQL 当前支持的默认存储引擎

1．InnoDB 存储引擎

在 MySQL 5.5 之后的版本中，InnoDB 是 MySQL 的默认存储引擎。InnoDB 是事务型数据库的首选引擎，具有提交、回滚和崩溃修复能力。

InnoDB 提供专门的缓冲池。缓冲池既能缓冲索引又能缓冲数据，常用的数据可以直接在内存中处理，处理速度比从磁盘获取数据的速度高。

InnoDB 支持行级锁定，行级锁定机制是通过索引完成的，由于在数据库中大部分 SQL 语句都要使用索引来检索数据，因此行级锁定机制为 InnoDB 在承受高并发压力的环境下增强了不小的竞争力。

InnoDB 支持外键约束，是 MySQL 上第一个提供外键约束的存储引擎。InnoDB 检查外键插入、更新和删除，以确保数据的完整性。存储表中的数据时，每张表的存储都按主键顺序存放，如果没有显式地在表定义时指定主键，InnoDB 就会为每行生成一个 6 字节的 ROWID 并作为主键。

InnoDB 存储引擎将表和索引存储在一个表空间中，表空间可以包含多个文件（或原始磁盘分区）。InnoDB 表可以是任何大小。

2．MyISAM 存储引擎

在 MySQL 5.5 版本之前，MyISAM 是 MySQL 的默认存储引擎。MyISAM 不支持事务处理，也不支持外键约束。但是，MyISAM 具有较高的查询速度，插入数据的速度也很高，是在 Web、数据仓储等应用环境中最常使用的存储引擎。

因为 MyISAM 不支持事务处理，没有事务记录，所以遇到由系统崩溃或者非预期结束造成的数据错误时，只有完整扫描后才能重新建立索引或者修正未写入硬盘的错误。而且，MyISAM 的修复时间与数据量成正比，随着数据量的增大，MyISAM 的恢复能力变弱。由于 MyISAM 不提供专门的缓冲池，必须依靠操作系统来管理读取与写入缓存，因此，在某些情况下，其数据访问效率比 InnoDB 的低。

使用 MyISAM 创建数据库，将生成三个文件。文件的主文件名与表名相同，扩展名包括".frm"".myd"和".myi"。其中，".frm"文件存储数据表的定义，".myd"文件存储数据表中的数据，".myi"文件存储数据表的索引。

3．MEMORY 存储引擎

与 InnoDB 和 MyISAM 不同，MEMORY 类型的表中数据存储在内存中，如果数据库重启或者发生崩溃，则表中的数据都将消失。MEMORY 存储引擎适用于暂时存放数据的临时表、统计操作的中间表，以及数据仓库中的维度表。

每个 MEMORY 类型的表都对应一个文件，其主文件名与表名相同，扩展名为".frm"。

该文件只存储数据表的定义，而数据表中的数据存储在内存中，可以有效地提高数据的处理速度。

MEMORY 默认使用哈希（HASH）索引。其主要特性如下。

（1）每个表都可以有多达 32 个索引，每个索引 16 列，最大键长度为 500 字节。

（2）执行 HASH 和 BTREE 索引。

（3）在一个 MEMORY 表中可以有非唯一键。

（4）MEMORY 表使用一个固定的记录长度格式。

（5）不支持 BLOB 或者 TEXT 列。

（6）支持 AUTO_INCREMENT 列和对可包含 NULL 值的列的索引。

4．其他存储引擎

（1）MERGE 存储引擎。MERGE 存储引擎是一组具有相同结构的 MyISAM 表的组合。MERGE 本身没有数据，可以对 MERGE 进行查询、更新和删除操作，这些操作实际上是对内部的 MyISAM 表进行的。对 MERGE 的插入操作是通过 INSERT_METHOD 子句定义的，该子句可以使用三个值，使用 FIRST 或者 LAST 值使插入操作被相应地作用在第一个或者最后一个表上，不定义这个子句或者定义为 NO，则表示不能对 MERGE 执行插入操作。对 MERGE 进行删除操作时，只删除 MERGE 的定义，对内部的表没有任何影响。MERGE 在磁盘上保留两个文件，文件名以表名开始，一个 ".frm" 文件存储表定义，另一个 ".mrg" 文件包含组合表的信息，包括 MERGE 由哪些表组成、插入数据时的依据。用户可以通过修改 ".mrg" 文件来修改 MERGE，但是修改后要通过 FLUSH TABLES 刷新。

（2）BLACKHOLE 存储引擎。BLACKHOLE 存储引擎可以用来验证存储文件语法的正确性；可以对二进制日志记录进行开销测量，通过比较，允许与禁止二进制日志功能；可以用来查找与存储引擎不相关的性能瓶颈。

（3）CSV 存储引擎。CSV 存储引擎实际上操作的是一个标准的 CSV 文件，不支持索引。CSV 文件是很多软件都支持的较标准的格式，当要把数据库中的数据导出成一份报表文件时，用户可以先在数据库中建立一张 CSV 表，再将生成的报表信息插入该表，得到 CSV 报表文件。

（4）ARCHIVE 存储引擎。ARCHIVE 存储引擎主要用于通过较小的存储空间来存储过期的很少访问的历史数据。ARCHIVE 不支持索引，其包含一个 ".frm" 的结构定义文件、一个 ".arz" 的数据压缩文件和一个 ".arm" 的 meta 信息文件。由于 ARCHIVE 表存储的数据具有特殊性，因此其不支持删除、修改操作。其锁定机制为行级锁定。

5．MySQL 存储引擎的选择

在实际工作中，用户可以根据应用场景的不同，对各种存储引擎的特点进行对比和分析，选择适合的存储引擎。此外，用户还可以根据实际情况对不同的数据表选用不同的存储引擎，如果需要进行事务处理，在并发操作时要求保持数据的一致性，而且除了查询和插入操作，还要经常进行更新和删除操作，此时用户可以选择 InnoDB，以有效降低更新和删除操作导致的锁定，并且可以确保事务的完整性提交和回滚。

如果不需要进行事务处理，以查询和插入操作为主，更新和删除操作较少，并且对事务的完整性和并发性要求不是很高，则可以选择 MyISAM。

如果不需要进行事务处理，需要很高的读写速度，并且对数据的安全性要求较低，则可以选择 MEMORY。它对表的大小有要求，不能建立太大的表。所以，MEMORY 适用于创建相对较小的数据表。

综上所述，需要根据具体应用灵活选择存储引擎。此外，用户可以为同一个数据库中的不同数据表选择适合的存储引擎，从而满足各自的应用性能和实际需求。总之，使用合适的存储引擎可提高整个数据库的性能。

能 力 拓 展

（1）查看 MySQL 支持的存储引擎。

```
SHOW ENGINES;
```

（2）查看 MySQL 当前默认的存储引擎。

```
SHOW VARIABLES LIKE '%storage_engine%';
```

（3）查看 MySQL 支持的所有字符集。

```
SHOW CHARACTER SET;
```

（4）使用系统表 infromation_schema 中的 CHARACTER_SETS。

```
USE information_schema;
SELECT * FROM CHARACTER_SETS;
```

（5）查看 MySQL 支持的所有校对规则。

```
SHOW COLLATION;
```

（6）使用系统表 infromation_schema 中的 COLLATIONS。

```
USE information_schema;
SELECT * FROM COLLATIONS;
```

（7）查看某种特定字符集的校对规则。

```
SHOW COLLATION WHERE Charset = 'utf8';
```

（8）使用系统表 infromation_schema 中的 COLLATIONS。

```
USE information_schema;
SELECT * FROM COLLATIONS WHERE CHARACTER_SET_NAME = 'utf8';
```

（9）查看 MySQL 字符集在各级别的默认设置。

```
SHOW VARIABLES LIKE 'character%';
```

（10）查看服务器级的字符集默认设置的命令。

```
SHOW VARIABLES LIKE 'character_set_server';
```

（11）查看 MySQL 校对规则在各级别的默认设置。

```
SHOW VARIABLES LIKE 'collation%';
```

（12）查看服务器级的校对规则默认设置的命令。

```
SHOW VARIABLES LIKE 'collation_server';
```

（13）使用命令行的方式修改 MySQL 在各级别的默认字符集。

```
SET character_set_***=字符集名称;
```

（14）创建名称为 teaching 的数据库，设置默认字符集为 utf8mb4，设置默认校对规则为 utf8mb4_0900_ai_ci。

```
CREATE DATABASE IF NOT EXISTS teaching
DEFAULT CHARACTER SET utf8mb4
DEFAULT COLLATE utf8mb4_0900_ai_ci;
```

（15）查看数据库的语法。

```
SHOW CREATE DATABASE teaching;
```

（16）将数据库 teaching 的默认字符集修改为 gbk，默认校对规则修改为 gbk_chinese_ci。

```
ALTER DATABASE teaching
DEFAULT CHARACTER SET gbk
DEFAULT COLLATE gbk_chinese_ci;
```

（17）删除数据库 teaching。

```
DROP DATABASE IF EXISTS teaching;
```

单 元 小 结

本单元介绍了 MySQL 的特点及主要发展历程，探讨了字符集及存储引擎，讲解了安装和配置 MySQL 数据库的方法，通过实例探析了数据库的管理思路。通过本单元的学习，读者能够了解 MySQL 数据库，初步学会使用 MySQL，为深入学习 MySQL 奠定较好基础。

单 元 测 验

一、选择题

1. 关于 SQL Server 的存储引擎，以下说法正确的是（　　）。
   A. 有一种存储引擎　　　　　　　　B. 有两种存储引擎
   C. 有多种存储引擎　　　　　　　　D. 以上说法都不对

2. 关于 MySQL 的存储引擎，以下说法正确的是（　　）。
   A. 有一种存储引擎　　　　　　　　B. 有两种存储引擎
   C. 有多种存储引擎　　　　　　　　D. 以上说法都不对

3. 以下关于 MySQL 字符集和校对规则的说法中，正确的是（　　）。
   A. 字符集可以没有校对规则
   B. 一个字符集只能有一种校对规则
   C. 一个字符集至少有一种校对规则
   D. 两个不同的字符集可以有相同的校对规则

4. 以下选项中，（　　）不是正确创建数据库 teaching 的命令。
   A. CREATE DATABASE teaching
   B. CREATE SCHEMA teaching
   C. CREATE teaching
   D. CREATE DATABASE teaching IF NOT EXISTS

二、填空题

1. 查看 MySQL 支持的所有存储引擎的命令是_____。
2. InnoDB 是_____的首选引擎，具有提交、回滚和崩溃修复能力。
3. 使用 MyISAM 创建数据库，将生成三个文件，文件的主文件名与表名相同，扩展名分别为_____和_____。
4. MEMORY 类型的表中的数据存储在_____中，如果数据库重启或者发生崩溃，则表中的数据都将消失。

5. 针对同一字符集内字符之间的比较，MySQL 提供了与之对应的多种_____。

6. 查看 MySQL 支持的所有字符集的命令是_____。

7. 查看 MySQL 支持的所有校对规则的命令是_____。

8. 创建数据库的关键字是_____。

9. 查看数据库的关键字是_____。

10. 修改数据库的命令是_____。

11. 删除数据库的命令是_____。

三、简答题

1. 简述存储引擎的概念及作用。

2. 简述常用存储引擎的优缺点。

3. 在实际应用中，如何选择存储引擎？

4. 简述字符集校对规则的作用。

课 后 一 思

"MySQL 之父"——Michael "Monty" Widenius（扫码查看）

单元 3 MySQL 表结构的管理

学习目标

1. 能说出 MySQL 提供的字符数据类型，并会选择合适的数据类型。
2. 会使用约束，实现数据完整性。
3. 熟练掌握数据表的创建方法。
4. 会修改数据表结构。
5. 熟练掌握管理数据表的方法。
6. 培养严谨的工作态度。

　　表是数据库中最重要的数据库对象，是数据存储的基本单位。创建数据库之后，需要在数据库中创建数据表。对数据表的操作是数据库应用的基础。其中，数据表管理包括数据表的创建、修改、删除、查看等。要求读者能够根据需要，选择合适的数据类型，建立相关数据表，并能够对数据表进行基本管理操作。

3.1 MySQL 数据类型

任务描述

　　表是用来存放数据的，一个数据库需要多少张表，一个表中应包含多少列（字段），各列选择什么数据类型是建表时必须考虑的问题。数据类型的合理性也对数据库性能产生一定的影响。在实际应用中，姓名、专业名、商品名和电话号码等字段可以选择 varchar 类型；学分、年龄等字段是小整数，可以选择 tinyint 类型；成绩、温度和测量值等数据要保留一定的小数位，可以选择 float 类型；出生日期、工作时间等字段可以选择 date、datetime 类型。

　　数据类型是数据的一种属性，其可以决定数据的存储格式、取值范围和相应的限制。MySQL 包括整数类型、浮点数类型、定点数类型、字符串类型、二进制、日期和时间类型、枚举类型和集合类型等数据类型。

认识 MySQL 数据类型

任务要求

　　本任务将学习 MySQL 的主要数据类型的含义、特点、取值范围和存储空间，并对相关数据类型进行比较；学习根据字段存储数据的不同选择合适的数据类型以及附加数据类型相关属性的方法。

知识链接

3.1.1 MySQL 整数类型

整数类型是数据库中最基本的数据类型，MySQL 中支持五种整数类型，整数类型的取值范围主要用来区分有符号数据和无符号数据。整数类型见表 3-1。

表 3-1   整数类型

整数类型	字节数	无符号数的取值范围	有符号数的取值范围
tinyint	1	$0\sim2^8-1$	$-2^7\sim2^7-1$
smallint	2	$0\sim2^{16}-1$	$-2^{15}\sim2^{15}-1$
mediumint	3	$0\sim2^{24}-1$	$-2^{23}\sim2^{23}-1$
int(integer)	4	$0\sim2^{32}-1$	$-2^{31}\sim2^{31}-1$
bigint	8	$0\sim2^{64}-1$	$-2^{63}\sim2^{63}-1$

从表 3-1 中可以看出，tinyint 类型整数占用字节数最小，只需要 1 字节，因此其取值范围最小，无符号的 tinyint 类型整数最大值为 2^8-1，即 255；有符号的 tinyint 类型整数最大值为 2^7-1，即 127。MySQL 支持在数据类型名称的后面指定该类型的显示宽度，其基本格式如下：

数据类型 (显示宽度)

其中，数据类型是指数据类型名称；显示宽度是指能够显示的最大数据长度。如果不指定显示宽度，则 MySQL 为每种数据类型指定默认的宽度值。若为某字段设定数据类型为 int(11)，则表示该数最大能够显示的数值为 11 位，但数据的取值范围仍为 $-2^{11}\sim2^{11}-1$。

例如：创建 test_int 表，用于测试整数类型的数据存储。SQL 语句和操作步骤如图 3-1 所示。

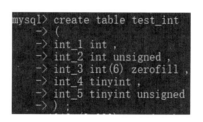

图 3-1   创建 test_int 表

在 testLint 表中，int_1 和 int_4 是有符号类型，int_2 和 int_5 是无符号类型，int_3 的最大显示宽度为 6，未达到该显示宽度时用 0 填充。

3.1.2   MySQL 小数类型

在 MySQL 中，小数类型包括浮点类型和定点类型。浮点类型又包括单精度（float）类型和双精度（double）类型，定点类型是 decimal 类型。浮点数在数据库中存放的是近似值，定点数存放的是精确值。表 3-2 列举了浮点类型和定点类型对应的字节数和取值范围。

表 3-2   浮点类型和定点类型

类型	字节数	负数的取值范围	非负数的取值范围
float	4	-3.402 823 466E+38～ -1.175 494 351E-38	0 或 1.175 494 351E-38～ 3.402 823 466E+38
double	8	-1.797 693 134 862 315 7E+308～ -2.225 073 858 507 201 4E-308	0 和 2.225 073 858 507 201 4E-308～ 1.797 693 134 862 315 7E+308
decimal(M,D) 或 dec(M,D)	M+2	-1.797 693 134 862 315 7E+308～ -2.225 073 858 507 201 4E-308	0 和 2.225 073 858 507 201 4E-308～ 1.797 693 134 862 315 7E+308

在表 3-2 中，decimal 类型的有效取值范围由 M 和 D 决定，其中 M 表示数据的长度，D 表示小数点后的位数。如果 M>D，则 decimal 类型的存储字节数是 M+2 字节；如果 M<D，则 decimal 类型的存储字节数是 D+2 字节。

3.1.3　MySQL 字符串类型

字符串类型是一种非常重要的数据类型，小到名称，大到一篇博客，都可以作为字符串。

MySQL 提供了非常丰富的字符串类型，见表 3-3。

表 3-3　字符串类型

类型	允许长度	用途
char	0～255 字节	存储定长字符率
varchar	0～65535 字节	存储变长字符串
bit	1～64 位	存储不超过 8 字节的字符串，存储每个字符的 ASCII 码
tinytext	0～255 字节	存储短文本字符串
text	0～65535 字节	存储长文本字符串
binary	0～255 字节	存储定长的二进制数据
varbinary	0～65535 字节	存储变长的二进制数据
tinyblob	0～255 字节	存储不超过 255 字节的二进制字符串
blob	0～65535 字节	存储二进制形式的长文本字符串
mediumtext	0～167772150 字节	存储中等长度文本字符串
longtext	0～4294967295 字节	存储极大长度文本字符串
mediumblob	0～167772150 字节	存储中等长度的二进制字符串
longblob	0～4294967295 字节	存储极大长度的二进制字符串

字符串类型用于存储字符串数据，包括 char、varchar 和 text。text 类型用于表示二进制字符串，如文章内容、评论等，其可进一步分为 tinytext、text、mediumtext 和 longtext。关于字符串类型的相关说明如下。

（1）char 和 varchar 类型都用来表示字符串数据。char(M)是固定长度字符串，若存入字符数小于 M，则在右侧填充空格以达到指定的长度，查询时将空格去掉。因此，char 类型存储的数据末尾不能有空格。varchar(M)是可变长度字符串，最大实际长度由最长行的大小和使用的字符集确定。M 表示最大字符数，如 char(10)表示可以存储 10 个字符。在存储或检索过程中不进行大小写转换。

（2）varchar 和 text 类型是变长类型，其存储需求取决于字符串的实际长度。

注意：由于 MySQL 在建立数据库时指定了字符集，因此不存在 nchar、nvarchar、ntext 数据类型。

3.1.4　MySQL 日期类型

为了方便在数据库中存储日期和时间，MySQL 提供多种表示日期和时间的数据类型，其主要差别在精度和取值范围方面。日期类型见表 3-4。

表 3-4   日期类型

类型	字节数	取值范围	格式	零值表示形式
year	1	1901～2155	YYYY	0000
date	4	1000-01-01～9999-12-31	YYYY-MM-DD	0000:00:00
time	3	-838:59:59～838:59:59	HH:MM:SS	00:00:00
datetime	8	1000-01-01 00:00:00～ 9999-12-31 23:59:59	YYYY-MM-DD HH:MM:SS	0000-00-00 00:00:00
Timestamp （时间戳）	4	19700101080001～ 20380119111407	YYYY-MM-DD HH:MM:SS	0000-00-00 00:00:00

在 MySQL 中，表示时间和日期的数据类型包括 time、date、year、datetime 和 timestamp。每个时间日期类型除有效值范围外，还包括一个 "0" 值，当输入不合法的 MySQL 不能表示的值时，系统使用 0 填充。关于时间日期类型的相关说明如下。

（1）YYYY 表示年，MM 表示月，DD 表示日，HH 表示小时，MM 表示分钟，SS 表示秒。

（2）time、datetime 和 timestamp 类型可以精确到秒。date 类型只存储日期，不存储时间。

（3）datetime 和 timestamp 类型既包含日期又包含时间。二者的不同之处除存储字节和支持范围不同外，datetime 类型在存储时，按照实际输入的格式存储，与用户所在时区无关；而 timestamp 类型中值的存储是以世界标准时间格式保存的，在存储时会按照用户当前时区转换成世界标准时间，检索时再转换回当前时区。因此，在查询 timestamp 类型数据时，系统会根据用户所在不同时区显示不同的时间日期值。例如，timestamp 范围中的结束时间是第 2147483647 秒，北京时间是 2038 年 1 月 19 日上午 11:14:07，而格林尼治时间是 2038 年 1 月 19 日凌晨 03:14:07

3.1.5 MySQL 复合类型

MySQL 支持两种复合数据类型：enum 枚举类型和 set 集合类型。enum 类型的字段类似于单选按钮的功能，允许从一个集合中取一个值，一个 enum 类型的数据最多可以包含 65535 个元素。set 类型的字段类似于复选框的功能，set 类型允许从一个集合中取多个值，一个 set 类型的数据最多可以包含 64 个元素。

1. enum 类型

由于 enum 类型只允许在给定的集合中取一个值，因此，用户处理相互排斥的数据时使用此数据类型。例如，在学生信息表 s 中学生的性别 sex 可以设置为 "enum('男','女')。enum 类型在系统内部用整数表示，并且从 1 开始用数字做索引。一个 enum 类型最多可以包含 65536 个元素。

设置为 enum 类型的字段可以从给定集合中取一个值或使用 NULL 值，若输入其他值，则 MySQL 在这个字段中插入一个空字符串。如果插入值的大小写与集合中值的大小写不匹配，则 MySQL 自动将插入值的大小写转换成与集合中大小写一致。

2. set 类型

set 类型可以从给定集合中取得多个值。若在 set 类型字段中插入非给定集合中的值，则 MySQL 插入一个空字符串。如果插入一个既有合法元素又有非法元素的记录，则 MySQL 保留合法的元素，去掉非法的元素。一个 set 类型最多可以包含 64 个元素，且不可包含两个相同的元素。

3.1.6　MySQL 二进制类型

存储由 "0" 和 "1" 组成的字符串的字段可以定义为二进制类型。MySQL 中的二进制类型包括 bit、binary、varbinary、tinyblob、blob、mediumblob 和 longblob。其中，bit 类型以位为单位存储字段值，其他二进制类型以字节为单位存储字段值。二进制类型见表 3-5。

表 3-5　二进制类型

类型	范围	说明或适用数据
bit	1～64 位，默认值为 1	位字段类型
binary	0～255 字节	固定长度二进制字符串
varbinary	0～255 字节	可变长度二进制字符串
tinyblob	0～255 字节	二进制字符串
blob	0～65535 字节	二进制形式的长文本数据
mediumblob	0～16777215 字节	二进制形式的中等长度文本数据
longblob	0～4294967295 字节	二进制形式的极大长度文本数据

关于二进制类型的相关说明如下。

（1）bit 是位字段类型，如果输入数据值长度小于设定长度，则在数据值的左边用 "0" 填充。例如，若在数据类型为 bit(3) 的字段中添加二进制值 "10"，则存储时实际存储 "010"。

（2）binary 是定长的二进制数据类型，varbinary 是非定长的二进制数据类型。binary 类型中指定长度后，若数据不足最大长度，则系统在数据右边填充 "\0" 补齐，以达到指定长度。

（3）blob 可用于存储可变大小的数据，如图片、音频信息。tinyblob、blob、mediumblob 和 longblob 的区别在于存储范围不同。

对于二进制类型，需注意以下事项

- binary 和 varbinary 类似于 char 和 varchar，但 binary 和 varbinary 包含的是字节字符串，而不是字符字符串。
- blob 和字符串类型中的 text 都可以用来存储长字符串，但其存储方式不同。text 以文本方式存储，英文存储区分大小写；而 blob 以二进制方式存储，不区分大小写。text 可以指定字符集，blob 不用指定字符集。

任务实施

为了优化存储、提高数据库性能，需要选择合适的数据类型。

1. 整数和浮点数

若使用整数，则 mediumint unsigned 是最好的选择；若需要存储小数，则使用 float 类型。

2. 浮点数和定点数

浮点数 float、double 相对于定点数 decimal 的优势有：在长度一定的情况下，浮点数表示范围更大，但易产生误差；精确度要求高时，建议使用 decimal 存储。decimal 在数据库中以字符串形式存储，如果进行竖直比较，则最好使用 decimal 类型。

3. 日期和时间类型

存储范围较大的日期时，最好使用 datetime。需要插入记录且插入当前时间时，使用 timestamp 较方便；另外，timestamp 在空间上比 datetime 有效。

4. char 和 varchar 的特点与选择

对存储不大、速度上有要求的可以使用 char，反之使用 varchar。存储引擎的选择对 char 和 varchar 的影响：对于 MyISAM 存储引擎，最好使用固定长度的数据列代替可变长度的数据列，以使整个表静态化，从而使数据检索更快，用空间换时间。对于 InnoDB 存储引擎：使用可变长度的数据列，因为 InnoDB 数据表的存储格式不分固定长度和可变长度，所以使用 char 未必比使用 varchar 好，但因为 varchar 按照实际的长度存储，比较节省空间，所以对磁盘 I/O 和数据的存储总量比较好。

5. enum 和 set

enum 只能取单值，其数据列表是一个枚举集合，合法取值列表最多允许有 65535 个成员。因此，需要从多个值中取值时，可使用 enum。set 可取多值，在需要取多个值时可以使用 set。

6. blob 和 text

blob 主要存储图片、音频等；text 只能存储纯文本文件。

3.2 创 建 表

任务描述

创建数据库后，可以在数据库中创建数据表。数据表是数据库中最重要、最基本的数据对象，是数据存储的基本单位，如果没有表，数据库中其他数据对象就没有意义。数据表是被定义字段的集合，创建数据表的过程是定义所有字段的过程，确定表中所有字段的数据类型是创建表的重要步骤。

任务要求

某校要建立一个选课系统。根据需求分析，要求创建学生信息、课程、成绩、教师信息、教师排课等数据表来存储数据。接下来，要创建数据库，设计数据表的结构，并初始化相关表数据。

本任务将学习创建数据表，以巩固练习数据类型使用的基本方法和技巧。在任务实施过程中，要特别注意表的规范化。

知识链接

3.2.1 表的概念

数据表指的是某种特定类型数据的结构化清单。

特定类型是指一种类型，比如用户信息、订单信息、商品信息，设计表时不允许杂糅各种数据类型。

结构化清单是指表数据按照用户需求进行结构化拆分和组织的数据，比如将用户信息拆分为用户名、性别、年龄等结构化数据。

表在同一个数据库中不允许同名，在不同数据库中允许同名。可以通过 show tables 查看数据库中的表。

3.2.2 使用 CREATE TABLE 语句创建表

创建数据表就是定义数据表的结构。数据表由行和列组成，创建数据表的过程就是定义数据表中列的过程，即定义字段的过程。在 MySQL 中，用户可以使用 SQL 语句的数据定义语言（DDL）创建数据表。

在 MySQL 中，使用 CREATE TABLE 语句创建表。CREATE TABLE 语句创建的表定义了表的列数量、表中存储的数据类型、表的数据容量、表的安全性等相关信息。CREATE TABLE 语句还提供一些约束，以保证输入表中的数据是规范和有效的。

CREATE TABLE 基本语法格式如下。

```
CREATE [TEMPORARY] TABLE [IF NOT EXIST] <表名>
[([<字段定义>],...,[<索引定义>])]
[table option] [select statement];
```

语法格式说明如下。

（1）TEMPORARY：若使用该关键字，则创建的是临时表。

（2）IF NOT EXIST：用于判断数据库中是否已经存在同名的表，若不存在，则执行 CREATE TABLE 操作；若存在，则创建数据表时会出错，为避免此种情况，可使用 IF NOT EXIST 进行判断。

（3）<表名>：要创建的表名，最多可有 64 个字符，如 s、sc、c 等，不区分大小写，不允许重名，不能使用 SQL 中的关键字。

（4）<字段定义>的书写格式如下。

```
<字段名> <数据类型> [[DEFAULT (AUTOINCREMENT (COMMENTString (<列约束>)]
```

上述格式中部分项目的说明如下。

1）DEFAULT：若某字段设置了默认值，则当该字段未被输入数据时，自动填入设置的默认值。

2）AUTO INCREMENT：设置自增值属性，只有整型数据类型能够设置。

3）COMMENT 'String'：注释字段名。

4）<列约束>：具体定义见 3.3 节。

（5）<索引定义>：为表中相关字段指定索引。

（6）table option：表选项，存储引擎、字符集等。

（7）select statement：定义表的查询语句。

【例 3-1】使用 SQL 命令在 teaching 数据库中建立学生表 s（图 3-2）。

图 3-2　使用 SQL 命令在 teaching 数据库中建立学生表 s

执行该语句，便创建了学生表 s。该数据表中含有 sno（学号）、sn（姓名）、sex（性别）、age（年龄）、maj（专业）及 dept（院系）6 个字段，它们的数据类型和字段长度分别为 CHAR(10)、VARCHAR(45)、ENUM('男','女')、INT、VARCHAR(45)及 VARCHAR(45)。其中，sex 字段的默认值为'男'。

创建数据表时，可以通过语句"ENGINE=存储引擎类型"设置数据表的存储引擎；通过"DEFAULT CHARSET=字符集类型"设置数据表的字符集；通过"COLLATE= collation name"设置校对集，指定排序规则。本例中使用了 InnoDB 存储引擎和 utf8mb4 字符集。

3.2.3 通过复制创建表

在 MySQL 中，数据表的复制操作包括复制表结构和复制数据。复制数据表操作可以在同一数据库中执行，也可以跨数据库实现，主要方法如下。

方法一：在 create table 语句的末尾添加 like 子句，可以将源表的表结构复制到新表中，语法格式如下。

create table 新表名 like 源表

例如，将 s 表的表结构复制到新表 s1 中，可以使用下面的 create table 语句（图 3-3 和图 3-4）。

use choose;
create table s1 like s;

```
mysql> create table s1 like s;
Query OK, 0 rows affected (0.03 sec)
```

图 3-3   使用 SQL 命令将 s 表的表结构复制到新表 s1

show create table sl;

```
s1    | CREATE TABLE `s1` (
 `sno` char(10) NOT NULL COMMENT '学号',
 `sn` varchar(45) NOT NULL COMMENT '姓名',
 `sex` enum('男','女') NOT NULL DEFAULT '男' COMMENT '性别',
 `age` int NOT NULL COMMENT '年龄',
 `maj` varchar(45) NOT NULL COMMENT '专业',
 `dept` varchar(45) NOT NULL COMMENT '院系',
PRIMARY KEY (`sno`)
) ENGINE=InnoDB DEFAULT CHARSET=utf8mb4 COLLATE=utf8mb4_0900_ai_ci
```

图 3-4   s1 表结构

select * from s1;

方法二：在 create table 语句的末尾添加一个 select 语句，可以复制表结构，甚至可以将源表的表记录复制到新表中。使用下面的语法格式可以将源表的表结构及源表的所有记录复制到新表中。

create table 新表名 select * from 源表

例如，将 s 表的表结构及表的所有记录复制到 s2 表中，可以使用下面的 create table 语句（图 3-5 和图 3-6）。

create table s2 select * from s;

```
mysql> create table s2 select * from s;
Query OK, 10 rows affected (0.14 sec)
Records: 10  Duplicates: 0  Warnings: 0
```

图 3-5   使用 SQL 命令将 s 表的表结构及表的所有记录复制到 s2 表

select * from s2;

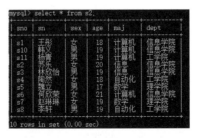

图 3-6   s2 表结构

任务实施

结合单元 1 中的"选课系统"需求分析，创建教师关系表（t）、学生关系表（s）、课程关系表（c）、选课关系表（sc）、授课关系表（tc）。

（1）创建教师关系表（t），如图 3-7 所示。

```
mysql> CREATE TABLE t (
    ->   tno char(10) NOT NULL COMMENT '教师号',
    ->   tn varchar(45) DEFAULT NULL COMMENT '姓名',
    ->   sex enum('男','女') NOT NULL DEFAULT '男' COMMENT '性别',
    ->   age int NOT NULL COMMENT '年龄',
    ->   prof varchar(10) NOT NULL COMMENT '职称',
    ->   sal decimal(6,2) NOT NULL COMMENT '工资',
    ->   maj varchar(45) NOT NULL COMMENT '专业',
    ->   dept varchar(45) NOT NULL COMMENT '院系',
    ->   PRIMARY KEY (tno)
    -> ) ENGINE=InnoDB DEFAULT CHARSET=utf8mb4 COLLATE=utf8mb4_0900_ai_ci;
Query OK, 0 rows affected (0.04 sec)
```

图 3-7　教师关系表（t）

（2）创建学生关系表（s），如图 3-8 所示。

```
mysql> CREATE TABLE s (
    ->   sno char(10) NOT NULL COMMENT '学号',
    ->   sn varchar(45) NOT NULL COMMENT '姓名',
    ->   sex enum('男','女') NOT NULL DEFAULT '男' COMMENT '性别',
    ->   age int NOT NULL COMMENT '年龄',
    ->   maj varchar(45) NOT NULL COMMENT '专业',
    ->   dept varchar(45) NOT NULL COMMENT '院系',
    ->   PRIMARY KEY (sno)
    -> ) ENGINE=InnoDB DEFAULT CHARSET=utf8mb4 COLLATE=utf8mb4_0900_ai_ci;
Query OK, 0 rows affected (0.03 sec)
```

图 3-8　学生关系表（s）

（3）创建课程关系表（c），如图 3-9 所示。

```
mysql> CREATE TABLE c (
    ->   cno char(10) NOT NULL COMMENT '课程号',
    ->   cn varchar(45) NOT NULL COMMENT '课程名',
    ->   ct int NOT NULL COMMENT '课时',
    ->   PRIMARY KEY (cno),
    ->   UNIQUE KEY idx_c_cn_ct (cn,ct)
    -> ) ENGINE=InnoDB DEFAULT CHARSET=utf8mb4 COLLATE=utf8mb4_0900_ai_ci;
Query OK, 0 rows affected (0.05 sec)
```

图 3-9　课程关系表（c）

（4）创建选课关系表（sc），如图 3-10 所示。

```
mysql> CREATE TABLE sc (
    ->   sno char(10) NOT NULL COMMENT '学号',
    ->   cno char(10) NOT NULL COMMENT '课程号',
    ->   score decimal(5,2) DEFAULT NULL COMMENT '成绩',
    ->   PRIMARY KEY (sno,cno),
    ->   KEY c_sc_cons_idx (cno),
    ->   CONSTRAINT c_sc_cons FOREIGN KEY (cno) REFERENCES c (cno),
    ->   CONSTRAINT s_sc_cons FOREIGN KEY (sno) REFERENCES s (sno)
    -> ) ENGINE=InnoDB DEFAULT CHARSET=utf8mb4 COLLATE=utf8mb4_0900_ai_ci;
Query OK, 0 rows affected (0.11 sec)
```

图 3-10　选课关系表（sc）

（5）创建授课关系表（tc），如图 3-11 所示。

```
mysql> CREATE TABLE tc (
    ->   tno char(10) NOT NULL COMMENT '教师号',
    ->   cno char(10) NOT NULL COMMENT '课程号',
    ->   tcdate date NOT NULL COMMENT '开课日期',
    ->   PRIMARY KEY (tno,cno),
    ->   KEY c_cons_idx (cno),
    ->   CONSTRAINT c_tc_cons FOREIGN KEY (cno) REFERENCES c (cno),
    ->   CONSTRAINT t_tc_cons FOREIGN KEY (tno) REFERENCES t (tno)
    -> ) ENGINE=InnoDB DEFAULT CHARSET=utf8mb4 COLLATE=utf8mb4_0900_ai_ci;
Query OK, 0 rows affected (0.04 sec)
```

图 3-11　授课关系表（tc）

3.3　设　置　约　束

任务描述

数据的完整性是指保护数据库中数据的正确性、有效性和相容性，防止错误的数据进入数据库造成无效操作。定义数据表时，可以进一步定义与此表有关的完整性约束条件，如主码、空值等约束。当用户对数据库进行操作时，数据库管理系统会自动检测操作是否符合相关完整性约束。

数据表的约束分为列约束和表约束。其中，列约束是对某个特定字段的约束，包含在字段定义中，直接跟在该字段的其他定义之后，用空格分隔，不必指定字段名；表约束与字段定义相互独立，不包括在字段定义中，通常对多个字段同时约束，与字段定义用"，"分隔，定义表约束时必须指定要约束的字段名称。

任务要求

在一张表中，通常存在某个字段或字段组合唯一地表示一条记录的现象。例如，一名学生只能有一个学号、一门课程只能有一个课程号，这就是主键约束。

在一张表中，有时要求某些列值不能重复。例如，在课程表中，通常是不允许课程同名的，即要求课程名唯一。但由于一张表只能有一个主键，而且已设置课程号为主键，因此可以将课程名设置为 UNIQUE 键进行约束。

在关系数据库中，表与表之间的数据是有关联的。例如，成绩表中的课程号要参照课程表中的课程号、成绩表中的学号要参照学生表中的学号。为了使表与表之间的数据保持一致，可以使用外键（FOREIG KEY）进行约束。

本任务要求学生理解主键（PRIMARYKEY）约束、唯一性（UNIQUE）约束、非空（NOT NULL）约束、外键（FOREIG KEY）参照完整性约束和 CHECK 约束的含义，学习创建和修改约束的方法，掌握数据约束的实际应用。

知识链接

约束主要包括 NULL、NOT NULL 约束（非空约束）、UNIQUE 约束（唯一约束）、PRIMARY KEY 约束（主码约束）、FOREIGN KEY 约束（外码约束）和 CHECK 约束（检查约束）。

3.3.1　数据完整性与约束

在表中定义完整性约束是数据定义的一部分，定义了完整性约束，数据库会随时检测处于更新状态的数据库内容是否符合相关的完整性约束，以保证数据的正确性与一致性。

完整性约束既能有效地防止对数据库的意外破坏和非法存取，提高完整性检测的效率，又能减轻数据库编程人员的工作负担。

3.3.2　PRIMARY KEY 约束

PRIMARY KEY 约束用于定义数据表中构成主键的一列或多列。主键用于唯一地标识

数据完整性与约束

数据表中的所有记录，作为主键的字段的值不能为 NULL 且必须唯一。主键可以是单一字段，也可以是多个字段的组合，每张数据表中最多只能有一个 PRIMARY KEY 约束，主要体现实体的完整性。

PRIMARY KEY 既可用于列约束，又可用于表约束。PRIMARY KEY 用于定义列约束时，其语法格式如下。

<字段名> <数据类型> PRIMARY KEY

【例 3-2】建立学生表 s_primary，定义学号 sno 为表的主码。

```
CREATE TABLE 's_primary' (
'sno' CHAR(10) NOT NULL PRIMARY KEY COMMENT '学号',
'sn' VARCHAR(45) UNIQUE COMMENT '姓名',
'sex' ENUM('男','女') COMMENT '性别',
'age' INT COMMENT '年龄',
'maj' VARCHAR(45) COMMENT '专业',
'dept' VARCHAR(45) COMMENT '院系'
) ENGINE=InnoDB DEFAULT CHARSET=utf8mb4 COLLATE=utf8mb4_0900_ai_ci;
```

【例 3-3】建立选课表 sc_primary，定义学号 sno 和课程号 cno 为表的主码。

```
CREATE TABLE 'sc_primary' (
'sno' CHAR(10) NOT NULL COMMENT '学号',
'cno' CHAR(10) NOT NULL COMMENT '课程号',
'score' DECIMAL(5,2) COMMENT '成绩',
PRIMARY KEY ('sno', 'cno')
) ENGINE=InnoDB DEFAULT CHARSET=utf8mb4 COLLATE=utf8mb4_0900_ai_ci;
```

说明：PRIMARY KEY 约束与 UNIQUE 约束类似，通过建立唯一索引来保证基本表在主码字段取值的唯一性，但它们之间存在以下区别。

（1）在一张基本表中，只能定义一个 PRIMARY KEY 约束，但可定义多个 UNIQUE 约束。

（2）对于指定为 PRIMARY KEY 的一个字段或多个字段的组合，其中任何一个字段都不能出现 NULL 值；而对于 UNIQUE 约束的唯一码，允许字段为 NULL 值，但是只能有一个 NULL 值。

（3）不能为同一个字段或一组字段既定义 UNIQUE 约束，又定义 PRIMARY KEY 约束。

3.3.3　NOT NULL 约束

NOT NULL 约束的语法格式如下。

字段名数据类型 NOT NULL

NULL：允许为空，表示"不知道""不确定"或"没数据"，不等同于零或空字符，不能填入字符串 NULL，不能与任何值比较。

NOT NULL：也称非空约束，用于强制字段的值不能为 NULL，NOT NULL 只能用作约束。当某个字段一定要输入值时，可以设置此字段为 NOT NULL 约束。

NOT NULL 约束只能用于定义列约束，其语法格式如下。

<字段名> <数据类型> [NOT NULL]

【例 3-4】建立学生表 s_null，表中的学号（sno）唯一标识一条记录，不允许出现空值，即将学号 sno 设置为 NOT NULL 约束。

```
CREATE TABLE 's_null' (
'sno' CHAR(10) NOT NULL COMMENT '学号',
```

```
'sn' VARCHAR(45) COMMENT '姓名',
'sex' ENUM('男','女') COMMENT '性别',
'age' INT COMMENT '年龄',
'maj' VARCHAR(45) COMMENT '专业',
'dept' VARCHAR(45) COMMENT '院系'
) ENGINE=InnoDB DEFAULT CHARSET=utf8mb4 COLLATE=utf8mb4_0900_ai_ci;
```

3.3.4 DEFAULT 约束

DEFAULT 约束（默认值约束），用于指定字段的默认值。当向数据表中添加记录时，若未为字段赋值，数据库系统会自动将字段的默认值插入。在 SQL 语句中，DEFAULT 约束使用关键字 DEFAULT 来标识，其语法格式如下。

字段名 数据类型 DEFAULT 默认值

【例 3-5】建立学生表 s_default，表中的性别（sex），指定此字段的默认值为"男"。

```
CREATE TABLE 's_ default' (
'sno' CHAR(10) NOT NULL COMMENT '学号',
'sn' VARCHAR(45) COMMENT '姓名',
'sex' ENUM('男','女') DEFAULT '男' COMMENT '性别',
'age' INT COMMENT '年龄',
'maj' VARCHAR(45) COMMENT '专业',
'dept' VARCHAR(45) COMMENT '院系'
) ENGINE=InnoDB DEFAULT CHARSET=utf8mb4 COLLATE=utf8mb4_0900_ai_ci;
```

3.3.5 UNIQUE 约束

UNIQUE 约束是指数据表中一个字段或一组字段中只包含唯一值，不能重复出现，用于保证数据表在某个字段或多个字段组合的取值唯一。定义了 UNIQUE 约束的字段称为唯一码。唯一码允许为空，但系统为保证其唯一性，只允许出现一个 NULL 值。

UNIQUE 既可用于列约束，又可用于表约束。

UNIQUE 用于定义列约束时，其语法格式如下。

<字段名> <数据类型> UNIQUE

【例 3-6】建立学生表 s_unique，将姓名（sn）设置为 UNIQUE 约束。

```
CREATE TABLE 's_unique' (
'sno' CHAR(10) NOT NULL COMMENT '学号',
'sn' VARCHAR(45) UNIQUE COMMENT '姓名',
'sex' ENUM('男','女') DEFAULT '男' COMMENT '性别',
'age' INT COMMENT '年龄',
'maj' VARCHAR(45) COMMENT '专业',
'dept' VARCHAR(45) COMMENT '院系'
) ENGINE=InnoDB DEFAULT CHARSET=utf8mb4 COLLATE=utf8mb4_0900_ai_ci;
```

【例 3-7】建立学生表 s_unique，定义 sn+sex 为唯一码，其约束为表约束。

```
CREATE TABLE 's_unique' (
'sno' CHAR(10) NOT NULL COMMENT '学号',
'sn' VARCHAR(45) COMMENT '姓名',
'sex' ENUM('男','女') DEFAULT '男' COMMENT '性别',
'age' INT COMMENT '年龄',
```

```
'maj' VARCHAR(45) COMMENT '专业',
'dept' VARCHAR(45) COMMENT '院系',
UNIQUE ('sn', 'sex')
) ENGINE=InnoDB DEFAULT CHARSET=utf8mb4 COLLATE=utf8mb4_0900_ai_ci;
```

说明:

(1)一个表中可以允许有多个 UNIQUE 约束, UNIQUE 约束可以定义在多个字段上。

(2)使用 UNIQUE 约束的字段允许为 NULL 值。

(3)UNIQUE 约束用于强制在指定字段上创建一个 UNIQUE 索引, 默认为非聚集索引。

3.3.6 CHECK 约束

CHECK 约束是列输入数据值的验证规则。 CHECK 约束通过限制列中输入值来强制域完整性, 更新表中数据时, 系统会检查更新后的数据是否满足 CHECK 约束的限定条件, 若不满足, 则无法写入数据库。 例如, 在"网上商城系统"中, 用户性别只能是"男"或"女", 商品价格必须大于或等于零等。 MySQL 8.0 及以上版本支持 CHECK 约束。 创建 CHECK 约束的语法格式如下。

```
CONSTRAINT 约束名 CHECK(表达式)
```

其中,"表达式"指定需要检查的条件, 可以是定义范围、枚举或其他允许的条件。

【例 3-8】建立选课表 sc_check, 定义成绩 score 的取值范围为 0~100。

```
CREATE TABLE 'sc_check' (
'sno' CHAR(10) NOT NULL,
'cno' CHAR(10) NOT NULL,
'score' DECIMAL(5,2) CHECK(score>=0 AND score <=100),
PRIMARY KEY ('sno', 'cno')
)ENGINE=InnoDB DEFAULT CHARSET=utf8mb4 COLLATE=utf8mb4_0900_ai_ci;
```

注意: MySQL 版本只对 CHECK 约束进行分析处理, 不会报错。

3.3.7 FOREIGN KEY 约束

FOREIGN KEY 约束与其他约束的不同之处在于, 该约束的实现不是在单张数据表中进行的, 而是在两张数据表间进行的。

FOREIGN KEY 约束用于在两张数据表 A 和 B 之间建立连接。 指定 A 表中某个字段或多个字段为外码, 其取值是 B 表中某个主码值、唯一码值或者取空值。 其中, 包含外码的表 A 称为从表, 包含外码所引用的主码或唯一码的表 B 称为主表。 使用 FOREIGN KEY 约束可以保证两张表间的参照完整性。 其语法格式如下。

```
[CONSTRAINT <约束名>] FOREIGN KEY(<从表 A 中字段名>[{,<从表 A 中字段名>}])
REFERENCES <主表 B 表名>(<主表 B 中字段名>[{,<主表 B 中字段名>}])
[ON DELETE {RESTRICT|CASCADE|SET NULL|NO ACTION}]
[ON UPDATE {RESTRICT|CASCADE|SET NULL|NO ACTION}]
```

注意: 在主表 B 表名后面指定的字段名或字段名的组合必须是主表的主码或候选码。

对主表 B 进行删除(DELETE)或更新(UPDATE)操作时, 若从表 A 中有一个或多个对应匹配行外码, 则主表 B 的删除或更新操作取决于定义从表 A 的外码时指定的 ON DELETE/ON UPDATE 子句。 在上述语法格式中, 部分项目的解释如下。

(1)RESTRICT: 拒绝对主表 B 的删除或更新操作。 若有一个相关的外码值在主表 B 中, 则不允许删除或更新 B 表中的主码值。

（2）CASCADE：在主表 B 中删除或更新时，会自动删除或更新从表 A 中对应的记录。

（3）SET NULL：在主表 B 中删除或更新时，将子表中对应的外码值设置为 NULL。

（4）NO ACTION：NO ACTION 和 RESTRICT 相同。InnoDB 拒绝对主表 B 的删除或更新操作。

【例 3-9】建立选课表 sc_foreign，定义学号 sno 和课程号 cno 为表的外码。

```
CREATE TABLE 'sc_foreign' (
'sno' CHAR(10) NOT NULL COMMENT '学号',
'cno' CHAR(10) NOT NULL COMMENT '课程号',
'score' DECIMAL(5,2) COMMENT '成绩',
FOREIGN KEY ('cno') REFERENCES 'c' ('cno'),
FOREIGN KEY ('sno') REFERENCES 's' ('sno')
) ENGINE=InnoDB DEFAULT CHARSET=utf8mb4 COLLATE=utf8mb4_0900_ai_ci;
```

说明：

（1）主表 B 必须是数据库中存在的数据表，或者是当前正在创建的数据表。如果是后一种情况，则主表 B 与从表 A 是同一张表。

（2）必须为主表 B 定义主码，且主码不能包含空值，但允许在外码中出现空值。

（3）从表 A 的外码中字段的数目和数据类型必须与主表 B 的主码中字段的数目和对应字段的数据类型相同。

注意：FOREIGN KEY 约束只可以用在使用 InnoDB 存储引擎创建的数据表中。由其他存储引擎创建的数据表，MySQL 服务器能够解析 CREATE TABLE 语句中的 FOREIGN KEY 约束子句，但不能使用或保存。

任务实施

建立学生表 s，其中学号 sno 为表的主码，并设置为 NOT NULL 约束，姓名 sn 设置为 UNIQUE 约束；建立选课表 sc，定义学号 sno 和课程号 cno 为表的主码，定义学号 sno 和课程号 cno 分别为学生表 s 和课程表 c 的外码，定义成绩 score 的取值范围为 0～100。

```
create database choose;
use choose
CREATE TABLE c (
    cno char(10) NOT NULL COMMENT '课程号',
    cn varchar(45) NOT NULL COMMENT '课程名',
    ct int NOT NULL COMMENT '课时',
    PRIMARY KEY (cno),
    UNIQUE KEY idx_c_cn_ct (cn,ct)
) ENGINE=InnoDB DEFAULT CHARSET=utf8mb4 COLLATE=utf8mb4_0900_ai_ci;

INSERT INTO c VALUES ('c1','Java 程序设计',40),('c8','控制理论',32),('c5','数据库系统',56),('c6','数据挖掘',32),('c4','数据结构',64),('c2','程序设计基础',48),('c3','线性代数',48),('c7','高等数学',60);

CREATE TABLE s (
    sno char(10) NOT NULL COMMENT '学号',
    sn varchar(45) NOT NULL COMMENT '姓名',
    sex enum('男','女') NOT NULL DEFAULT '男' COMMENT '性别',
    age int NOT NULL COMMENT '年龄',
    maj varchar(45) NOT NULL COMMENT '专业',
    dept varchar(45) NOT NULL COMMENT '院系',
```

```
    PRIMARY KEY (sno)
) ENGINE=InnoDB DEFAULT CHARSET=utf8mb4 COLLATE=utf8mb4_0900_ai_ci;
```

3.4　查　看　表

任务描述

操作数据库需要先了解表的结构，如何在 MySQL 中查看表呢？有哪些关键代码呢？

任务要求

通过代码，查看表的结构。

知识链接

3.4.1　查看当前数据库中的表

查看当前数据库中的所有表（图 3-12）：

```
SHOW TABLES;
```

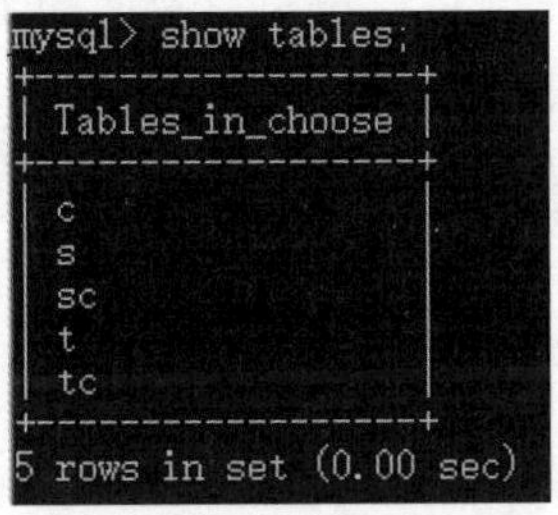

图 3-12　使用 SQL 命令查看当前数据库中的所有表

3.4.2　查看表的定义语句

可以使用 SHOW CREATE TABLE tbl_name 语句查看表的定义语句。
查看 s 表的创建信息（图 3-13）：

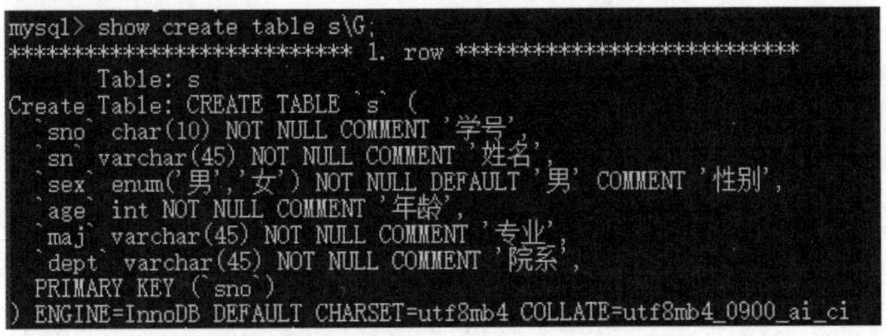

图 3-13　使用 SQL 命令查看 s 表的创建信息

任务实施

DESCRIBE/DESC 语句会以表格的形式展示表的字段信息，包括字段名、字段数据类型、是否为主键、是否有默认值等，语法格式如下。

```
DESCRIBE| DESC <表名>;
```

查看 s 表的结构（图 3-14）：

mysql> desc s;

Field	Type	Null	Key	Default	Extra
sno	char(10)	NO	PRI	NULL	
sn	varchar(45)	NO		NULL	
sex	enum('男','女')	NO		男	
age	int	NO		NULL	
maj	varchar(45)	NO		NULL	
dept	varchar(45)	NO		NULL	

6 rows in set (0.04 sec)

图 3-14   使用 SQL 命令查看 s 表的结构

修改表结构

3.5   修改表结构

任务描述

成熟的数据库设计，数据库的表结构一般不会发生变化。数据库的表结构一旦发生变化，其他数据库对象（如视图、触发器、存储过程）就直接受到影响，不得不跟着发生变化，所有的这些变化将导致应用程序源代码也必须对应修改，加重了代码维护的工作量。由此可见，数据库表结构一旦发生变化，将牵一发而动全身。

当然，随着时间的推移，可能需要为系统增添新的功能，功能需求的变化通常会导致数据库表结构的变化。因此，即使是成熟的表结构，表结构的变化也在所难免。修改表结构需要借助 SQL 语句"alter table 表名"。修改表结构包括修改字段相关信息、修改约束条件、修改存储引擎及字符集，甚至修改表名。

任务要求

在 MySQL 中，采用 ALTER TABLE 语句修改表名、修改字段数据类型、修改字段名、添加和删除字段、更改表的存储引擎等。

知识链接

修改表结构是对已经创建好的表进行结构上的修改，在 MySQL 中，主要采用 alter table 进行修改。

3.5.1   修改字段相关信息

字段相关信息的修改包括修改字段名、修改字段的数据类型、修改字段顺序等。

1. 修改字段名

修改表的字段名（及数据类型）的语法格式如下。

alter table 表名 change 旧字段名 新字段名 数据类型

例如，将 teach 表的 tn 字段修改为 t_name 字段，且数据类型修改为 char(20)，可以使用下面的 SQL 语句（name 字段没有指定非空约束），如图 3-15 所示。

alter table teach change tn t_name char(20);

mysql> alter table teach change tn t_name char(20);
Query OK, 6 rows affected (0.12 sec)
Records: 6 Duplicates: 0 Warnings: 0

图 3-15   使用 SQL 命令修改 teach 表中的 tn 字段

2. 修改字段的数据类型

修改字段的数据类型可以使用如下语法格式。

```
alter table 表名 modify 字段名 数据类型
```

例如，将 teach 表的 t_name 字段的数据类型修改为 char(30)，可以使用如下 SQL 语句，如图 3-16 所示。

```
alter table teach modify t_name char(30);
```

```
mysql> alter table teach modify t_name char(30);
Query OK, 6 rows affected (0.10 sec)
Records: 6  Duplicates: 0  Warnings: 0
```

图 3-16　使用 SQL 命令修改 teach 表中的 t_name 字段

该 SQL 语句等效于如下 SQL 语句。

```
alter table person change t_name t_name char(30);
```

3. 修改字段顺序

创建数据表的数据，字段在表中的位置已经确定。但要修改字段在表中的排列位置，则需要使用 ALTER TABLE 语句，可以使用下面的语法格式。

```
alter table 表名 modify 字段名 1 数据类型 FIRST|AFTER 字段名 2;
```

其中，"字段名 1"指的是修改位置的字段；"数据类型"指的是字段 1 的数据类型；FIRST 为可选参数，指的是将字段 1 修改为表的第一个字段；AFTER 字段名 2 是将字段 1 插入字段 2 的后面。

例如，将 teach 表的 t_name 字段移到第一列，可以使用下面的 SQL 语句，如图 3-17 所示。

```
alter table teach modify t_name char(30) first;
```

```
mysql> alter table teach modify t_name char(30) first;
Query OK, 0 rows affected (0.06 sec)
Records: 0  Duplicates: 0  Warnings: 0
```

图 3-17　使用 SQL 命令将 teach 表的 t_name 字段移到第一列

例如，将 teach 表的 t_name 字段移到 tno 后面，可以使用下面的 SQL 语句，如图 3-18 所示。

```
alter table teach modify t_name char(30) after tno;
```

```
mysql> alter table teach modify t_name char(30) after tno;
Query OK, 0 rows affected (0.05 sec)
Records: 0  Duplicates: 0  Warnings: 0
```

图 3-18　使用 SQL 命令将 teach 表的 t_name 字段移到 tno 后面

3.5.2　修改约束条件

修改约束条件包括添加约束条件及删除约束条件。

1. 添加约束条件

向表的某个字段添加约束条件的语法格式如下（其中，约束类型可以是唯一性约束、主键约束及外键约束）。

```
alter table 表名 add constraint 约束名 约束类型(字段名)
```

例如，向 teach 表的 t_name 字段添加唯一性约束，且约束名为 name_unique，可以使用下面的 SQL 语句，如图 3-19 所示。

```
alter table teach add constraint name_unique unique(t_name);
```

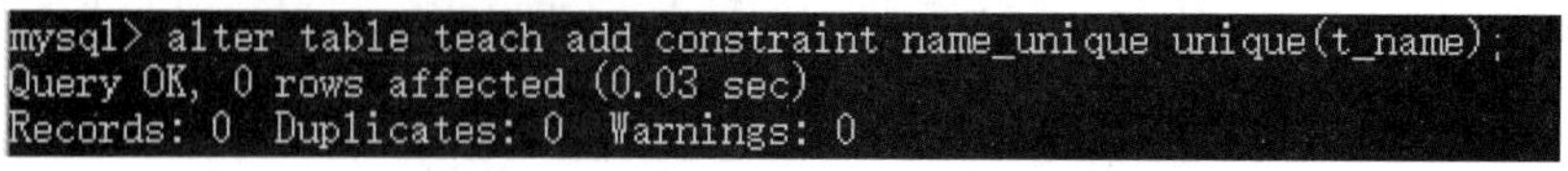

```
mysql> alter table teach add constraint name_unique unique(t_name);
Query OK, 0 rows affected (0.03 sec)
Records: 0  Duplicates: 0  Warnings: 0
```

图 3-19 使用 SQL 命令向 teach 表的 t_name 字段添加唯一性约束

2．删除约束条件

（1）删除表的主键约束条件语法格式比较简单，如下。

```
alter table 表名 drop primary key;
```

（2）删除表的外键约束时，需指定外键约束名称，语法格式如下（需指定外键约束名）。

```
alter table 表名 drop foreign key 约束名;
```

（3）若要删除表字段的唯一性约束，则只需删除该字段的唯一性索引即可，语法格式如下（需指定唯一性索引的索引名）。

```
alter table 表名 drop index 唯一索引名;
```

例如，删除 teach 表 t_name 字段的唯一性约束（约束名是 name_unique，索引名也是 name_unique），可以使用下面的 SQL 语句。

```
alter table teach drop index name_unique;
```

修改后的 teach 表结构如图 3-20 所示。

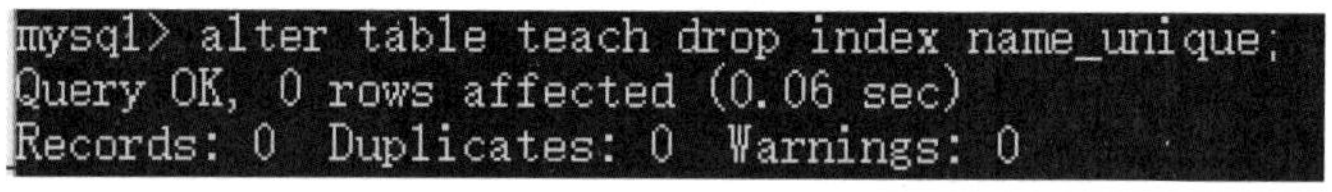

```
mysql> alter table teach drop index name_unique;
Query OK, 0 rows affected (0.06 sec)
Records: 0  Duplicates: 0  Warnings: 0
```

图 3-20 修改后的 teach 表结构

3.5.3 修改表的其他选项

```
ALTER TABLE <表名> [修改选项]
```

修改选项的语法格式如下。

```
{ ADD COLUMN <列名> <类型>
| CHANGE COLUMN <旧列名> <新列名> <新列类型>
| ALTER COLUMN <列名> { SET DEFAULT <默认值> | DROP DEFAULT }
| MODIFY COLUMN <列名> <类型>
| DROP COLUMN <列名>
| RENAME TO <新表名> }
```

修改表的其他选项（如存储引擎、默认字符集、自增字段初始值以及索引关键字是否压缩等）的语法格式较简单，如下。

```
alter table 表名 engine=新的存储引擎类型
alter table 表名 default charset=新的字符集
alter table 表名 auto_increment=新的初始值
alter table 表名 pack_keys=新的压缩类型（pack_keys 选项仅对 MyISAM 存储引擎的表有效）
```

例如，将 teach 表的存储引擎修改为 MyISAM，将默认字符集设置为 gb2312，将所有索引关键字设置为压缩，使用的 SQL 语句如下（图 3-21）。

```
alter table teach engine=MyISAM;
```

```
alter table teach default charset=gb2312;
alter table teach auto_increment=8;
alter table teach pack_keys=1;
```

图 3-21　使用 SQL 命令修改 teach 表的存储引擎

3.5.4　字段的添加、修改与删除

1. 添加字段

向表添加字段时，通常需要指定新字段在表中的位置。向表添加字段的语法格式如下。

```
alter table 表名 add 新字段名数据类型[约束条件][first|after 旧字段名];
```

例如，向 teach 表添加 t_id 自增型主键字段，数据类型为 int，且位于第一个位置，可以使用下面的 SQL 语句（图 3-22）。

```
alter table teach add t_id int auto_increment primary key first;
```

图 3-22　使用 SQL 命令向 teach 表添加 t_id 自增型主键字段

接着在 sal 字段后面添加 comm 字段，数据类型为 int，可以使用下面的 SQL 语句。

```
alter table teach add comm int after sal;
```

2. 修改字段

把 teach 表的 sal 字段放到最后一列，数据类型为 decimal(7,2)，NOT NULL，可以使用下面的 SQL 语句（图 3-23）。

```
alter table teach modify sal decimal(7,2) after dept;
```

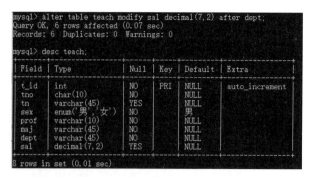

图 3-23　使用 SQL 命令把 teach 表的 sal 字段放到最后一列

3.　删除字段

删除表字段的语法格式如下。

alter table 表名 drop 字段名

例如，将 t 表的字段 age 删除，可以使用下面的 SQL 语句。

alter table t drop age;

修改后 t 表的表结构如图 3-24 所示。

图 3-24　修改后 t 表的表结构

3.5.5　修改表名

在数据库中，不同的数据表可以通过表名区分。在 MySQL 中，修改表名的基本语法格式如下。

ALTER TABLE 旧表名 RENAME [TO] 新表名;

其中，"旧表名"指的是修改前的表名；"新表名"指的是修改后的表名，关键字 TO 是可选的，不会影响语句的执行。

【例 3-10】将数据库 choose 中的 t 表名改为 teacher 表。

在修改数据库表名之前，使用 SHOW TABLES 语句查看数据库中的所有表执行结果（图 3-25），而后使用 alter 命令修改表名（图 3-26）。

show tables;

图 3-25　使用 SQL 命令查看数据库中的所有表

alter table t rename teacher;

图 3-26　使用 SQL 命令修改表名 t 为 teacher

3.5.6　使用命令删除表

删除表的 SQL 语法格式比较简单，前面已经讲过，这里不再赘述。唯一需要强调的是删除表时，如果表之间存在外键约束关系，则需要注意删除表的顺序。例如，若使用 SQL 语句"drop table t;"直接删除父表 t，则会删除失败。对于存在外键约束关系的若干 InnoDB 表而言，只有删除子表与父表之间的外键约束条件，解除"父子"关系后，才可删除父表。

删除表有 drop、truncate、delete 三种命令。

（1）drop（删除表）：彻底删除表中的内容和表定义，直接释放空间。简单来说就是把整个表删除，数据库中不存在这个表，也无法为其增加、删除内容。

删除表的约束（constrain），触发器（trigger）、索引（index）将同时被删除；但是与该表有关联的存储过程/函数将被保留，状态变为 invalid。

在 MySQL 中，使用 DROP TABLE 语句可以删除一张表或多张表，语法格式如下。

DROP TABLE [IF EXISTS] <表名>;

其中，IF EXISTS 为可选项，用于在删除前判断被删除的表是否存在，若不存在，则 DROP TABLE 语句可以顺利执行，但会发出警告。若不加 IF EXISTS，且被删除的表不存在，则 MySQL 会报错。

【例 3-11】删除学生表 s。

DROP TABLE IF EXISTS S;

（2）truncate（清空表中的数据）：保留表的数据结构，不删除表定义，但是可以删除表中的内容，释放空间。换句话说，truncate 只是清空表数据，不删除表，这点与 drop 不同；且不能删除表中的某行内容，只能是清空整张表的内容。

【例 3-12】清空学生表 teach 中的数据。

truncate teach;

（3）delete（删除表中的数据）：删除表中的行。使用 delete 语句可以删除表中的一条或者多条符合条件的行内容，并自动在日志中记录删除记录，方便需要时进行回滚来恢复数据。

【例 3-13】删除授课表 tc 中的数据。

```
delete from tc;
```

3.5.7　使用图形化工具删除表

在图形化界面（图 3-27）删除数据表是非常直观、简单的，使用管理员账号登录 MySQL 数据库的管理系统，找到想要删除的表的数据库，再找到想要删除的表并右击，在弹出的快捷菜单中选择"更多表操作"→"从数据库删除表"命令。这种方法的好处是可以删除本地数据库上的任一张表而不用连接数据库，操作简单方便。

图 3-27　图形化界面

任务实施

修改表结构包括：增加字段、删除字段、增加约束、删除约束、修改默认值、修改字段数据类型、重命名字段、重命名表。所有这些都是用 ALTER TABLE 命令执行的。

```sql
CREATE TABLE s (
    sno char(10) NOT NULL COMMENT '学号',
    sn varchar(45) NOT NULL COMMENT '姓名',
    sex enum('男','女') NOT NULL DEFAULT '男' COMMENT '性别',
    age int NOT NULL COMMENT '年龄',
    maj varchar(45) NOT NULL COMMENT '专业',
    dept varchar(45) NOT NULL COMMENT '院系',
    PRIMARY KEY (sno)
) ENGINE=InnoDB DEFAULT CHARSET=utf8mb4 COLLATE=utf8mb4_0900_ai_ci;
```

例如，在学生表 s 中增加一个字段班号 class_no。

```sql
ALTER TABLE s    ADD class_no VARCHAR(6);
```

例如，在学生表 s 中增加字段班号和住址。

```sql
ALTER TABLE s    ADD (class_no VARCHAR(6), address NVARCHAR(20));
```

注意：添加多个字段时不能指定位置关系，只能添加在数据表的末尾；添加多个字段时必须用小括号括起来；在增加 NOT NULL 约束时，语法结构不同于其他完整性约束。

例如，把学生表 s 的名称改为 student。

```
ALTER TABLE s RENAME student;
```

修改表名并不修改数据表结构，因此，修改表名后的数据表结构与修改表名之前一样。

例如，把学生表 s 中的字段名称 sn 改为 sname。

```
ALTER TABLE s CHANGE sn sname VARCHAR(45);
```

即使不需要修改字段的数据类型，也不能省略<新数据类型>，只需把数据类型设置为与原字段一致即可。

例如，把学生表 s 中姓名 sn 的数据类型由 VARCHAR(45)改为 CHAR(30)。

```
ALTER TABLE s MODIFY sn CHAR(30);
```

注意：在修改字段数据类型时，"数据类型"指修改后字段的新数据类型；在修改字段排序时，若使用 FIRST，则将"字段名 1"修改为表的第一个字段；若使用 AFTER，则将"字段名 1"插入"字段名 2"后面；在修改字段排序时，"数据类型"不可省略。

例如，把学生表 s 的存储引擎改为 MyISAM。

```
ALTER TABLE s ENGINE=MyISAM;
```

若被修改表有外码，则存储引擎不能由 InnoDB 修改为 MyISAM，因为 MyISAM 不支持外码。

例如，删除学生表 s 中新添加的字段 class_no 和 address。

```
ALTER TABLE s DROP class_no, DROP address;
```

例如，删除学生表 s 中的 CHECK 约束 s_chk。

```
ALTER TABLE s DROP CONSTRAINT s_chk;
```

能 力 拓 展

学习数据库在于多看、多学、多想、多动手，只有将理论与实际结合，才能够体现出数据库开发与管理的重要性，展现知识学习的价值与力量。下面结合本章所学知识，创建电子商务网站中商品购物流程的数据库表。

用户在电子商务网站购买商品时，将想要购买的商品添加到购物车，填写收货地址，然后下订单，等待收货。收到货后，可以对商品进行打分评价。

1. 购物车

用户可以将想要购买的商品添加到购物车，从而方便一次购买多件商品。将商品添加到购物车不会影响商品的库存。创建购物车表（sh_user_shopcart）：

```
CREATE TABLE sh_user_shopcart (
  id INT UNSIGNED PRIMARY KEY AUTO_INCREMENT COMMENT '购物车 id',
  user_id INT UNSIGNED NOT NULL DEFAULT 0 COMMENT '用户 id',
  goods_id INT UNSIGNED NOT NULL DEFAULT 0 COMMENT '商品 id',
  goods_price DECIMAL(10, 2) UNSIGNED NOT NULL DEFAULT 0 COMMENT '单价',
  goods_num INT UNSIGNED NOT NULL DEFAULT 0 COMMENT '购买件数',
  is_select TINYINT UNSIGNED NOT NULL DEFAULT 0 COMMENT '是否选中',
  create_time DATETIME NOT NULL DEFAULT CURRENT_TIMESTAMP COMMENT '创建时间',
  update_time DATETIME DEFAULT NULL COMMENT '更新时间'
) ENGINE=InnoDB DEFAULT CHARSET=utf8mb4;
```

根据 goods_price 保存的价格计算该商品的价格浮动变化，以提醒用户该商品涨价或降价。

2. 收货地址

用户下订单前，需要选择收货地址。一个用户可以有多个收货地址，并根据实际情况选择其中一个作为默认地址。创建收货地址表：

```
CREATE TABLE sh_user_address (
  id INT UNSIGNED PRIMARY KEY AUTO_INCREMENT COMMENT '地址 id',
  user_id INT UNSIGNED NOT NULL DEFAULT 0 COMMENT '用户 id',
  is_default TINYINT UNSIGNED NOT NULL DEFAULT 0 COMMENT '是否默认',
  province VARCHAR(20) NOT NULL DEFAULT '' COMMENT '省',
  city VARCHAR(20) NOT NULL DEFAULT '' COMMENT '市',
  district VARCHAR(20) NOT NULL DEFAULT '' COMMENT '区',
  address VARCHAR(255) NOT NULL DEFAULT '' COMMENT '具体地址',
  zip VARCHAR(20) NOT NULL DEFAULT '' COMMENT '邮编',
  consignee VARCHAR(20) NOT NULL DEFAULT '' COMMENT '收件人',
  phone VARCHAR(20) NOT NULL DEFAULT '' COMMENT '联系电话',
  create_time DATETIME NOT NULL DEFAULT CURRENT_TIMESTAMP COMMENT '创建时间',
  update_time DATETIME DEFAULT NULL COMMENT '更新时间'
) ENGINE=InnoDB DEFAULT CHARSET=utf8mb4;
```

3. 订单

用户确定购买一件或多件商品后，可以下订单并支付。创建订单表：

```
CREATE TABLE sh_order (
  id INT UNSIGNED PRIMARY KEY AUTO_INCREMENT COMMENT '订单 id',
  user_id INT UNSIGNED NOT NULL DEFAULT 0 COMMENT '用户 id',
  total_price DECIMAL(10, 2) UNSIGNED NOT NULL DEFAULT 0 COMMENT '订单总价',
  order_price DECIMAL(10, 2) UNSIGNED NOT NULL DEFAULT 0 COMMENT '应付金额',
  province VARCHAR(20) NOT NULL DEFAULT '' COMMENT '省',
  city VARCHAR(20) NOT NULL DEFAULT '' COMMENT '市',
  district VARCHAR(20) NOT NULL DEFAULT '' COMMENT '区',
  address VARCHAR(255) NOT NULL DEFAULT '' COMMENT '具体地址',
  zip VARCHAR(20) NOT NULL DEFAULT '' COMMENT '邮编',
  consignee VARCHAR(20) NOT NULL DEFAULT '' COMMENT '收件人',
  phone VARCHAR(20) NOT NULL DEFAULT '' COMMENT '联系电话',
  is_valid TINYINT UNSIGNED NOT NULL DEFAULT 0 COMMENT '是否有效',
  is_cancel TINYINT UNSIGNED NOT NULL DEFAULT 0 COMMENT '是否取消',
  is_pay TINYINT UNSIGNED NOT NULL DEFAULT 0 COMMENT '是否付款',
  status TINYINT UNSIGNED NOT NULL DEFAULT 0 COMMENT '物流状态',
  is_del TINYINT UNSIGNED NOT NULL DEFAULT 0 COMMENT '是否删除',
  create_time DATETIME NOT NULL DEFAULT CURRENT_TIMESTAMP COMMENT '创建时间',
  update_time DATETIME DEFAULT NULL COMMENT '更新时间'
) ENGINE=InnoDB DEFAULT CHARSET=utf8mb4;
```

创建订单商品表：

```
CREATE TABLE sh_order_goods (
  id INT UNSIGNED PRIMARY KEY AUTO_INCREMENT COMMENT 'id',
  order_id INT UNSIGNED NOT NULL DEFAULT 0 COMMENT '订单 id',
  goods_id INT UNSIGNED NOT NULL DEFAULT 0 COMMENT '商品 id',
  goods_name VARCHAR(120) NOT NULL DEFAULT '' COMMENT '商品名称',
  goods_num INT UNSIGNED NOT NULL DEFAULT 0 COMMENT '购买数量',
  goods_price DECIMAL(10, 2) UNSIGNED NOT NULL DEFAULT 0 COMMENT '单价',
```

```
  user_note VARCHAR(255) NOT NULL DEFAULT '' COMMENT '用户备注',
  staff_note VARCHAR(255) NOT NULL DEFAULT '' COMMENT '卖家备注'
) ENGINE=InnoDB DEFAULT CHARSET=utf8mb4;
```

4. 商品评分

用户收到商品后，可以对商品进行打分，可选 1～5 分。创建商品评分表：

```
CREATE TABLE sh_goods_score (
  id INT UNSIGNED PRIMARY KEY AUTO_INCREMENT COMMENT '评分 id',
  user_id INT UNSIGNED NOT NULL DEFAULT 0 COMMENT '用户 id',
  goods_id INT UNSIGNED NOT NULL DEFAULT 0 COMMENT '商品 id',
  goods_score TINYINT UNSIGNED NOT NULL DEFAULT 0 COMMENT '商品评分',
  service_score TINYINT UNSIGNED NOT NULL DEFAULT 0 COMMENT '服务评分',
  express_score TINYINT UNSIGNED NOT NULL DEFAULT 0 COMMENT '物流评分',
  is_invalid TINYINT UNSIGNED NOT NULL DEFAULT 0 COMMENT '是否无效',
  create_time DATETIME NOT NULL DEFAULT CURRENT_TIMESTAMP COMMENT '评分时间'
) ENGINE=InnoDB DEFAULT CHARSET=utf8mb4;
```

单 元 小 结

表是关系数据库中最基本的对象，本章主要介绍了表的基础知识以及在 MySQL 中对表结构进行管理的相关内容，主要包括创建表、修改表、删除表及查看表。通过本单元的学习，读者可以了解数据类型、表的概念、表的结构、约束和数据完整性的概念，使用命令或图形化工具实现表结构的管理操作，为以后的学习打下良好的基础。

单 元 测 验

一、选择题

1. 下列关于数据类型的说法错误的是（　　　）。
    A. 数值类型 DECIMAL(3,1) 表示数据长度为 4
    B. 保存 CHAR(M) 类型时，若存入字符数小于 M，则在右侧填充空格
    C. BIT 类型以字节为单位存储字段值
    D. ENUM 类型允许从一个集合中取多个值
2. 在 MySQL 中修改数据表结构的语句是（　　　）。
    A. MODIFY TABLE　　　　　　　　B. MODIFY STRUCTURE
    C. ALTER TABLE　　　　　　　　　D. ALTER STRUCTURE
3. 创建数据表时，如果给某个字段定义 PRIMARY KEY 约束，则该字段的数据（　　　）。
    A. 不允许有空值　　　　　　　　　B. 可以有一个空值
    C. 可以有多个空值　　　　　　　　D. 上述都不对

二、填空题

1. 在 MySQL 中，可以定义＿＿＿＿＿＿、＿＿＿＿＿＿、＿＿＿＿＿＿、＿＿＿＿＿＿和＿＿＿＿＿＿五种完整性约束。
2. 删除数据表使用＿＿＿＿＿＿语句，删除数据表中的数据使用＿＿＿＿＿＿语句。

三、简答题

1. MySQL 提供哪几种字符数据类型？它们的区别是什么？
2. MySQL 提供哪几种数值数据类型？它们的区别是什么？
3. MySQL 提供哪几种日期时间数据类型？它们的区别是什么？
4. 在 MySQL 中创建表的方法有哪些？
5. 什么是约束？MySQL 有哪几种约束？
6. 简述外键的创建过程。
7. 如何定义主键约束？
8. 如何定义唯一性约束？
9. 如何定义 CHECK 约束？
10. 外键约束的作用是什么？如何定义外键约束？
11. 如何查看表的结构？
12. 如何查看表的定义语句？
13. 如何为创建的表添加列？
14. 举例阐述修改表结构的几种方法。
15. 如何删除表？

课 后 一 思

建设现代化产业体系

建设现代化产业体系（扫码查看）

单元 4　MySQL 表数据操作

学习目标

1. 掌握为数据表中的字段添加数据。
2. 掌握更新数据表中的数据。
3. 掌握删除数据表中的数据。
4. 理解约束对数据操作的影响。
5. 培养学生的工匠精神及创新精神。

4.1　插　入　数　据

任务描述

成功创建数据库表后，需要插入测试数据，必要时，需要修改和删除测试数据，这些操作称为表数据操作。本节将详细讲解向"选课系统"的学生表、课程表、选课表插入数据，一方面为接下来的章节准备测试数据，另一方面希望对"选课系统"的各个表结构有更深刻的认识，便于后续学习。

任务要求

数据库是存放数据的仓库，表是数据库中最重要的数据库对象，是数据存储的基本单位。创建完数据库，需要在数据库中创建数据表。数据库中的数据表是用来存放数据的，这些数据用类似于表格的形式显示，每行称为一条记录，对数据表进行数据的添加是最基本的操作。在实际应用中，众多业务都需要更改系统数据。如在学生选课系统中，学生可以选择课程到所学课程中，也可以退出所学课程或调换所选课程等。为此，MySQL 提供了一系列插入数据语句。在为数据表插入数据的操作过程中，注重培养工匠精神是非常重要的。

知识链接

要想对数据库中的数据进行操作，需要通过数据操作语句实现。在 MySQL 中，向数据库表插入记录时，可以使用 insert 语句插入一条或者多条记录，也可以使用 insert...select 语句向表插入另一张表的结果集。

在 MySQL 中，可以使用 insert 语句向表插入一条新记录，语法格式如下。

INSERT [INTO] 数据表名(字段名 1 [,字段名 2,]…) VALUES|VALUE(值 1[,值 2,]…);

字段名 1 [,字段名 2,]…：（字段列表）是可选项，字段列表由若干要插入数据的字段名组成，各字段使用"，"隔开。若省略了（字段列表），则表示需要为表的所有字段插入数据。

值 1[,值 2,]…：值列表）是必选项，值列表给出了待插入的若干字段值，各字段值使

用 "," 隔开，并与字段列表形成一一对应关系。

向 char、varchar、text 及日期型的字段插入数据时，字段值要用单引号括起来。

向自增型 auto_increment 字段插入数据时，建议插入 NULL 值，此时将向自增型字段插入下一个编号。

向默认值约束字段插入数据时，字段值可以使用 default 关键字，表示插入的是该字段的默认值。

插入新记录时，需要注意表之间的外键约束关系，原则上先向父表插入数据，再向子表插入数据。

4.1.1　使用 insert 语句插入新记录

通常情况下，要想对数据表中的数据进行操作，首先要保证数据表中存在数据。在 MySQL 中，可以使用 insert 语句向数据表添加数据。根据操作目的的不同一般可以分为两种：一种是为所有字段添加数据，另一种是为部分字段添加数据。下面将对这两种操作进行详细讲解。

1. 向表的所有字段插入数据

INSERT [INTO] 数据表名 {VALUES|VALUE}(值 1[,值 2]...);

向 choose 数据库的 teacher 表的所有字段插入表 4-1 中的三条新记录，可以使用下面的 SQL 语句，执行结果如图 4-1 所示。

表 4-1　三条新记录

teacher_no	teacher_name	teacher_contact
001	张老师	11000000000
002	李老师	12000000000
003	王老师	13000000000

```
use choose;
insert into teacher values('001','张老师','11000000000');
insert into teacher values('002','李老师','12000000000');
insert into teacher values('003','王老师','13000000000');
```

如果 insert 语句成功执行，则返回结果是影响记录的行数。

使用下面的 select 语句查询 teacher 表的所有记录。

```
select * from teacher;
```

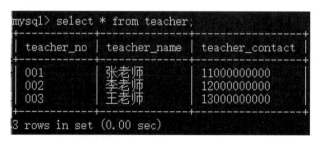

图 4-1　向表的所有字段插入数据

以上运行结果显示，若 insert 语句成功执行，则向表中插入三条记录。

2. 向指定的字段插入数据

向 choose 数据库 classes 表的班级名字段及院系字段插入表 4-2 中的班级信息，然后查询 classes 表的所有记录，可以使用下面的 SQL 语句，执行结果如图 4-2 所示。

表 4-2　班级信息

class_no	class_name	department_name
1	2022 软件技术 1 班	信息工程
2	2022 软件技术 2 班	信息工程
3	2022 软件技术 3 班	信息工程

```
insert into classes(class_no,class_name,department_name) values(null,'2022 软件工程 1 班', '信息工程');
insert into classes(class_no,class_name,department_name) values(null,'2022 软件工程 2 班', '信息工程');
insert into classes(class_no,class_name,department_name) values(null,'2022 软件工程 3 班', '信息工程');
select * from classes;
```

图 4-2　向表的指定字段插入数据

当向表中指定的字段插入数据时，需要在表名后指定待添加数据的字段名，字段名的排列顺序不一定与表定义时的顺序一致，但 values 子句中值的排列顺序必须与指定字段名的排列顺序一致，且数量相等、数据类型一一对应。

3. 在 insert 语句中使用默认值

向 choose 数据库的 course 表插入表 4-3 中的课程信息，然后查询 course 表的所有记录，可以使用下面的 SQL 语句，执行结果如图 4-3 所示。

表 4-3　课程信息

course_no	course_name	up_limit	description	status	teacher_no
1	java 语言程序设计	60	暂无	已审核	001
2	MySQL 数据库	150	暂无	已审核	002
3	C 语言程序设计	230	暂无	已审核	003

```
insert into course values(null,'java 语言程序设计',default,'暂无','已审核','001');
insert into course values(null,'MySQL 数据库',150,'暂无','已审核','002');
insert into course values(null,'c 语言程序设计',230,'暂无','已审核','003');
select * from course;
```

```
mysql> select * from course;
+-----------+---------------+----------+-------------+--------+------------+
| course_no | course_name   | up_limit | description | status | teacher_no |
+-----------+---------------+----------+-------------+--------+------------+
|         1 | java语言程序设计 |       60 | 暂无        | 已审核 | 001        |
|         2 | MySQL数据库    |      150 | 暂无        | 已审核 | 002        |
|         3 | c语言程序设计   |      230 | 暂无        | 已审核 | 003        |
+-----------+---------------+----------+-------------+--------+------------+
3 rows in set (0.00 sec)
```

图 4-3　在 insert 语句中使用默认值

4. 批量插入多条记录

使用 insert 语句可以一次性地向表中批量插入多条记录，语法格式如下。

```
insert into  表名[(字段列表)] values
(值列表 1),
(值列表 2),
…
(值列表 n);
```

使用 SQL 语句向 student 表中插入表 4-4 中的学生信息，然后查询该表的所有记录，执行结果如图 4-4 所示，图中该 insert 语句的返回结果是影响记录的行数。

表 4-4   学生信息

student_no	student_name	student_contact	class_no
2022001	张三	15000000000	1
2022002	李四	16000000000	1
2022003	王五	17000000000	3
2022004	马六	18000000000	2
2022005	田七	19000000000	2

```
insert into student values
('2022001','张三','15000000000',1),
('2022002','李四','16000000000',1),
('2022003','王五','17000000000',3),
('2022004','马六','18000000000',2),
('2022005','田七','19000000000',2);
select * from student;
```

图 4-4   批量插入多条记录

5. 使用 insert...select 语句插入结果集

在 insert 语句中使用 select 子句可以将源表的查询结果添加到目标表中，语法格式如下。

```
insert into 目标表名[(字段列表 1)] select [(字段列表 2)] from 源表  [where 条件表达式];
```

字段列表 1 和字段列表 2 的字段数必须相等，且对应字段的数据类型尽量保持一致。如果源表和目标表的表结构完全相同，则(字段列表 1)可以省略。例如，在下面的 SQL 语句中，create table 语句用于快速地创建一个 new_student 表，且表结构与学生表 student 的表结构相同。insert 语句用于将学生表 student 中的所有记录插入 new_student 表。select 语句用于查询 new_student 表的所有记录。执行结果如图 4-5 所示。

```
create table new_student like student;
insert into new_student select * from student;
select * from new_student;
```

图 4-5　使用 insert...select 语句插入结果集的执行结果

4.1.2　使用 replace 语句插入新记录

使用 replace 语句同样可以向数据库表插入新记录，replace 语句有如下三种语法格式。

语法格式 1：replace into　表名[(字段列表)] values(值列表);

语法格式 2：replace [into]　目标表名[(字段列表 1)]

select (字段列表 2) from　源表　where　条件表达式;

语法格式 1、语法格式 2 与 insert 语句的语法格式相似。

语法格式 3：replace [into]　表名　set 字段 1=值 1[,字段 2=值 2…];

语法格式 3 与 update 语句的语法格式相似。

replace 语句的功能与 insert 语句的功能基本相同，不同之处在于，使用 insert 语句向表插入新记录时，如果新记录的主键值或者唯一性约束的字段值与旧记录的相同，则先删除旧记录，再插入新记录。使用 replace 语句的最大好处是可以将 delete 和 insert 合二为一，形成一个原子操作，无须将 delete 操作与 insert 操作置于事务中。

在下面的 SQL 语句中，第一条 replace 语句用于向学生表 student 插入一条学生信息（student_no=2022001，姓名为张三丰），由于学生表中已经存在 student_no=2022001、姓名却为张三的学生信息，因此"张三"的学生信息将被删除，然后将新记录"张三丰"的学生信息添加到 student 表中。第二条 replace 语句用于将学生的信息还原。两次 replace 语句的执行结果如图 4-6 所示，其中"2 rows affected"的含义是先删除一条记录，再插入一条记录。

```
replace into student values('2022001','张三丰','15000000000',1);
replace into student values('2022001','张三','15000000000',1);
```

图 4-6　两次 replace 语句的执行结果

执行 replace 语句后，系统返回影响的行数。如果返回 1，说明在表中没有重复的记录，此时 replace 语句与 insert 语句的功能相同；如果返回 2，说明有一条重复记录，系统自动先调用 delete 语句删除重复记录，再调用 insert 语句插入新记录；如果返回的值大于 2，说明有多个唯一索引，有多条记录被删除。

任务实施

创建完数据库，需要在数据库中创建数据表，然后可以把记录添加到一个已经存在的数据表中。在 MySQL 中，可以使用 insert 语句和 replace 语句添加数据。下面以"网上商城系统"为例，完成表中数据的操作。

（1）创建 mydb 数据库。

```
CREATE DATABASE mydb;
```

（2）选择 mydb 数据库。

```
USE mydb;
```

（3）创建 goods 数据表。

```
CREATE TABLE goods (
 id INT COMMENT '编号',
 name VARCHAR(32) COMMENT '商品名',
 price INT COMMENT '价格',
 description VARCHAR(255) COMMENT '商品描述'
);
```

（4）为 mydb 数据库添加数据表 new_goods。

```
CREATE TABLE new_goods (
 id INT COMMENT '编号',
 name VARCHAR(32) COMMENT '商品名',
 price INT COMMENT '价格',
 description VARCHAR(255) COMMENT '商品描述'
);
```

（5）为所有字段添加数据。

```
INSERT INTO goods
VALUES (1,'notebook',4998,'High cost performance');
```

（6）添加含有中文的数据。

```
INSERT    INTO goods
VALUES(2,'笔记本',9998,'续航时间超过 10 个小时');
```

（7）为部分字段添加数据。

```
INSERT INTO goods (id,name) VALUES (3,'Mobile phone');
INSERT INTO goods SET id = 3, name = 'Mobile phone';
```

（8）一次添加多行数据。

```
INSERT    INTO goods VALUES
(1,'notebook',4998,'High cost performance'),
(2,'笔记本',9998,'续航时间超过 10 个小时'),
(3,'Mobile phone',NULL,NULL);
```

（9）使用 insert…select 语句插入结果集。

```
insert into new_goods select * from goods;
select * from new_goods;
```

（10）使用 replace 语句插入新记录。

```
replace into goods values (1,'notebook',4998,'High cost performance');
```

执行结果如图 4-7 所示。

id	name	price	description
1	notebook	4998	High cost performance
2	笔记本	9998	续航时间超过10个小时
3	Mobile phone	NULL	NULL
3	Mobile phone	NULL	NULL
1	notebook	4998	High cost performance
2	笔记本	9998	续航时间超过10个小时
3	Mobile phone	NULL	NULL

7 rows in set (0.00 sec)

图 4-7　执行结果

4.2　更　新　数　据

update 语句的用法

任务描述

在实际应用中，众多业务都需要更改系统数据，更新数据表的数据是基本的数据操作。如在"网上商城系统"中，用户可以将商品添加到购物车、修改购物车中的商品。为此，MySQL 提供了 update 语句以更新数据。

任务要求

修改数据是数据库中的常见操作，通常用于修改表中的部分记录。例如，商品在做活动时，需要在原价的基础上打折，此时需要修改商品价格的数据。

使用 insert 语句向数据库表插入记录后，如果需要改变某些数据，则可修改表中已有的记录。

知识链接

MySQL 提供了 update 语句以修改数据，使用 update 语句可以修改表中的一行、多行甚至所有记录。update 语句的语法格式如下。

```
UPDATE  数据表名
SET  字段名 1=值 1 [,字段名 2=值 2,…]
[WHERE 条件表达式];
```

其中，WHERE 子句指定了表中需要修改的记录。若实际使用时没有添加 WHERE 条件，那么表中所有对应的字段都会被修改成统一值。因此，读者修改数据时，请谨慎操作。SET 子句指定了要修改的字段及修改该字段后的值。

修改表记录时，需要注意表的唯一性约束、表之间的外键约束关系以及级联选项的设置。

4.2.1　使用 update 语句更新一行数据

例如，将 classes 表中"class_no=7"的院系名 department_name 修改为"机电工程学院"，可以使用下面的 update 语句，执行结果如图 4-8 所示。

```
use choose;
update classes set department_name='机电工程学院' where class_no=7;
```

```
mysql> select * from classes;
+----------+------------------+------------------+
| class_no | class_name       | department_name  |
+----------+------------------+------------------+
|        1 | 2022软件工程1班  | 信息工程学院     |
|        2 | 2022软件工程2班  | 信息工程学院     |
|        3 | 2022软件工程3班  | 信息工程学院     |
|        7 | 2022软件工程4班  | 机电工程学院     |
|        8 | 2022软件工程5班  | 信息工程         |
|        9 | 2022软件工程6班  | 信息工程         |
+----------+------------------+------------------+
6 rows in set (0.00 sec)
```

图 4-8　使用 update 语句更新一行数据

4.2.2　使用 update 语句更新多行数据

例如，将 classes 表中"class_no<=3"的院系名 department_name 修改为"机电工程学院"，可以使用下面的 update 语句，执行结果如图 4-9 所示。

```
use choose;
update classes set department_name='机电工程学院' where class_no<=3;
```

图 4-9　使用 update 语句更新多行数据

4.2.3　使用 update 语句更新所有记录数据

例如，将 classes 表中所有班级的院系名 department_name 修改为"信息工程学院"，可以使用下面的 update 语句，执行结果如图 4-10 所示。

```
update classes set department_name='信息工程学院';
```

图 4-10　使用 update 语句更新所有记录的数据

任务实施

在数据操作中，数据更新很常用。例如，在"网上商城系统"中，商家可以根据市场需求调整商品的价格。例如，将 goods 表中编号为 2 的商品价格由 9998 元调整为 5899 元，具体 SQL 语句如下。修改价格结果如图 4-11 所示。

```
update goods SET price =5899 WHERE id =2;
```

图 4-11　修改价格结果

4.3　删　除　数　据

delete 语句的用法

任务描述

删除数据是指删除表中不需要的记录。例如，商品停产或下架后，可以删除商品表中的相关数据；职工离职后，可以在员工表中删除离职员工。

任务要求

如果不再使用表中的某条（或某些）记录，可以使用删除语句删除。通常使用 delete 语句实现表记录的删除。如果要清空某个表，可以使用 truncate 语句。

知识链接

在 MySQL 中，使用 delete 语句删除表中的记录，语法格式如下。

DELETE FROM　数据表名 [WHERE　条件表达式];

其中，"数据表名"指定要执行删除操作的表；WHERE 条件为可选参数，用于设置删除的条件，满足条件的记录会被删除，如果没有 WHERE 子句，那么该表的所有记录都将被删除，但表结构依然存在。

4.3.1　使用 delete 语句删除一条表记录

例如，删除班级名为"2022 软件工程 1 班"的班级信息，可以使用下面的 SQL 语句，执行结果如图 4-12 所示。

delete from classes where class_name='2022 软件工程 1 班';

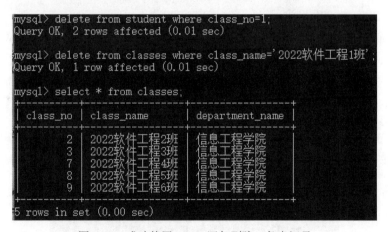

图 4-12　成功使用 delete 语句删除一条表记录

4.3.2　使用 delete 语句删除多条表记录

例如，删除学生表中"2022 软件工程 2 班"的学生，可以使用下面的 SQL 语句，执行结果如图 4-13 所示。

delete from student where class_no=2;

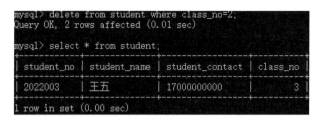

图 4-13　使用 delete 语句删除多条表记录

4.3.3　使用 delete 语句删除全部表记录

例如，删除学生表中全部学生，可以使用下面的 SQL 语句。执行结果如图 4-14 所示。

delete from student

图 4-14　使用 delete 语句删除全部表记录

4.3.4　使用 truncate 语句清空表记录

truncate table 语句用于完全清空一个表，语法格式如下。

truncate [table] 表名;

从逻辑上说，truncate table 语句与"delete from 表名"语句的作用相同，但是在某些情况下，两者在使用上有所区别。例如，如果清空记录的表是父表，那么 truncate 命令将永远执行失败。如果使用 truncate table 语句成功清空表记录，那么重新设置自增型字段的计数器。truncate table 语句不支持事务的回滚，并且不会触发触发器程序运行。

truncate 与 delete 的区别如下。

步骤 1：在下面的 SQL 语句中，create table 语句用于快速地创建一个 new_class 表，且表结构与班级 classes 表的表结构相同；insert 语句用于将班级 classes 表中的所有记录插入 new_class 表；select 语句用于查询 new_class 表的所有记录。执行结果如图 4-15 所示。

```
use choose;
create table new_class like classes;
insert into new_class select * from classes;
select * from new_class;
```

图 4-15　new_class 表记录

步骤 2：使用下面的 SQL 语句删除 new_class 表的所有记录，new_class 表的表结构如图 4-16 所示。

```
delete from new_class;
show create table new_class;
```

```
| new_class | CREATE TABLE `new_class` (
  `class_no` int NOT NULL AUTO_INCREMENT,
  `class_name` char(20) NOT NULL,
  `department_name` char(20) NOT NULL,
  PRIMARY KEY (`class_no`),
  UNIQUE KEY `class_name` (`class_name`)
) ENGINE=InnoDB AUTO_INCREMENT=4 DEFAULT CHARSET=gbk |
```

图 4-16　执行 delete 语句后的 new_class 表结构

步骤 3：使用下面的 MySQL 命令清除 new_class 表的所有记录，new_class 表的表结构如图 4-17 所示。

```
truncate table new_class;
show create table new_class;
```

```
| new_class | CREATE TABLE `new_class` (
  `class_no` int NOT NULL AUTO_INCREMENT,
  `class_name` char(20) NOT NULL,
  `department_name` char(20) NOT NULL,
  PRIMARY KEY (`class_no`),
  UNIQUE KEY `class_name` (`class_name`)
) ENGINE=InnoDB DEFAULT CHARSET=gbk |
```

图 4-17　执行 truncate 语句后的 new_class 表结构

比较步骤 2 以及步骤 3 的执行结果，可以看出，delete 语句并不会修改 new_class 表的自增型字段的起点；而使用 truncate 清除 new_class 表的所有记录后，new_class 表的自增型字段的起点将被重置为 1。

任务实施

在"网上商城系统"中，将数据库中 goods 表中的 3 号、5 号、7 号商品下架，即删除 goods 表中编号等于 3、5、7 的商品数据。执行结果如图 4-18 所示。

```
delete from goods where id in(3,5,7);
```

```
mysql> select * from goods;\
+----+----------+-------+-----------------------+
| id | name     | price | description           |
+----+----------+-------+-----------------------+
|  1 | notebook |  4998 | High cost performance |
|  2 | 笔记本    |  9998 | 续航时间超过10个小时    |
|  1 | notebook |  4998 | High cost performance |
|  2 | 笔记本    |  9998 | 续航时间超过10个小时    |
|  1 | notebook |  4998 | High cost performance |
+----+----------+-------+-----------------------+
5 rows in set (0.00 sec)
```

图 4-18　删除 3 号、5 号、7 号商品

4.4　约束对表数据操作的限制

约束的使用

任务描述

数据完整性是指数据的准确性和逻辑一致性，用来防止数据库中存在不符合语义规定的数据或者由输入错误信息造成无效数据或错误信息。例如，网上商城数据库中的商品编号、名称不能为空，商品编号必须唯一，用户联系电话必须为数字，等等。通常使用约束实现数据完整性。

任务要求

约束是对数据的限制，用于保证数据库中数据的正确性、有效性和一致性。当对表中的数据进行 INSERT、UPDATE 和 DELETE 等 DML 操作时，数据一定要满足该表定义的约束条件，否则数据操作失败。

知识链接

在 MySQL 中，可以通过设置主键快速查找表中的某条信息。主键可以唯一标识表中的记录，类似指纹、身份证用于标识人的身份。主键约束通过 PRIMARY KEY 定义，它相当于唯一性约束和非空约束的组合，要求被约束字段不允许重复，也不允许出现 NULL 值，每个表最多只允许含有一个主键。

唯一性约束用于保证数据表中字段的唯一性，即表中字段的值不能重复出现。唯一性约束是通过 UNIQUE 定义的。添加唯一性约束后，插入重复记录会失败。但是 MySQL 允许唯一性约束的字段出现重复值 NULL。

检查约束是用来检查数据表中字段值有效性的一种手段。要根据实际情况设置检查约束，以减少无效数据输入的情况。

外键约束与其他约束的不同之处在于，不仅在单表中进行约束，还在表中的数据与另一个表中数据之间进行约束，强制实施表与表之间的引用完整性。外键是表中的特殊字段，表示相关联两个表的联系。

4.4.1　主键约束和唯一性约束对 DML 的限制

主键约束和唯一性约束要求字段的值唯一。此外，主键约束还要求字段不能取空值。因此，当向表中插入（INSERT）数据、更新（UPDATE）数据时，所插入的行或更新后的行在主键列或者唯一性约束所在列的值不能重复，否则不能执行操作。

例如，向 student 表添加一条学生记录，该学生的学号与表中某行重复。在 MySQL 命令行客户端输入命令。执行结果如图 4-19 所示。

```
insert into student values ('2022001','张华','15000000001',2);
```

```
mysql> insert into student values ('2022001','张华','15000000001',2);
ERROR 1062 (23000): Duplicate entry '2022001' for key 'student.PRIMARY'
```

图 4-19　插入学号重复的学生数据

从执行结果可以看出，因为学号'2022001 已经存在，违反了主键约束，所以添加失败。

4.4.2　CHECK 约束对 DML 的限制

CHECK 约束要求字段的值满足检查条件。向表中插入（INSERT）数据、更新（UPDATE）数据时，如果插入的数据或更新后的数据不满足条件，则不能执行操作。

```
create table cours(
course_no int auto_increment primary key,
course_name char(10) not null,              #课程名允许重复
course_num int check(course_num<=60),       #课程上限人数为60
description text not null,                   #课程的描述信息不能为空
status char(6) default '未审核',             #课程状态默认值为"未审核"
teacher_no char(10) not null unique,         # unique 使教师与课程为1:1
```

```
constraint cours_teacher_fk foreign key(teacher_no) references teacher(teacher_no)
)engine=InnoDB default charset=gbk;
```

例如，向 cours 表添加一条课程记录，该课程选修人数为 130。在 MySQL 命令行客户端输入命令，执行结果如图 4-20 所示。

```
insert into cours values(null,'c 语言程序设计',130,'暂无','已审核','003');
```

```
mysql> insert into cours values(null,'c语言程序设计',130,'暂无','已审核','003');
ERROR 3819 (HY000): Check constraint 'cours_chk_1' is violated.
```

图 4-20　插入选课人数错误的课程数据

从执行结果可以看出，因为插入的课程数据的课程上限为 130，不满足 CHECK 约束定义的条件（course_num<=60），违反了 course_num 列定义的 CHECK 约束，所以添加失败。

4.4.3　外键约束对 DML 的限制

外键约束通常在两个表的字段之间建立参照关系，创建外键约束后，不仅外键约束所在子表的 DML 操作受到外键约束的限制，被参照的父表执行 DML 操作时也受外键约束的限制。

（1）对子表执行 INSERT 和 UPDATE 操作时，插入或更新的行在外键列上的值要么为 NULL，要么是父表中主键已有的值。

（2）对父表执行 UPDATE 修改主键的值和 DELETE 操作时，如果操作的行在子表中有匹配的子记录，则根据当初创建外键约束时所设置的操作方式执行不同的处理。

1）如果没有指定 ON DELETE 或 ON UPDATE 选项，或者指定了 RESTRICT 或 NO ACTION 选项，因为违反了外键约束，所以对父表的 UPDATE 和 DELETE 操作失败。

2）如果指定了 SET NULL 选项，则执行对父表的 UPDATE 和 DELETE 操作，并且将子表中对应的子记录在外键上的值设置为 NULL。

3）如果指定了 CASCADE 选项，则执行对父表的 UPDATE 和 DELETE 操作，并且级联修改子表中对应的子记录在外键上的值，或者级联删除子表中对应的子记录。

任务实施

例如，删除 teacher 表中编号为'003'的教师记录。在 MySQL 命令行客户端输入命令，执行结果如图 4-21 所示。

```
delete from teacher where teacher_no='003';
```

```
mysql> delete from teacher where teacher_no='003';
ERROR 1451 (23000): Cannot delete or update a parent row: a foreign key constrai
nt fails (`choose`.`cours`, CONSTRAINT `cours_teacher_fk` FOREIGN KEY (`teacher_
no`) REFERENCES `teacher` (`teacher_no`))
```

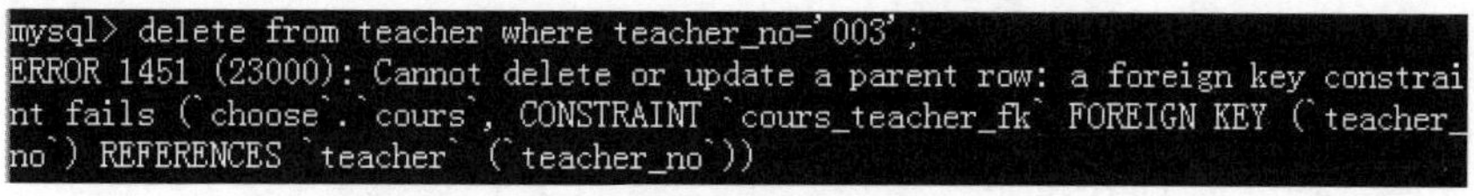

图 4-21　删除编号为'003'的教师

因为 course 表的 teacher_no 列定义了外键约束，参照 teacher 表的主键 teacher_no 列，并且当前 course 表中存在 teacher_no 为'003'的课程数据，所以对 teacher 表的删除操作失败。

删除王老师前，添加一位陈老师，把王老师的"c 语言程序设计"课程转给陈老师，如图 4-22 和图 4-23 所示。

```
insert into teacher values('004','陈老师','14000000000');
```

update course set teacher_no='004' where course_name='c 语言程序设计';

图 4-22　添加编号为'004'的陈教师

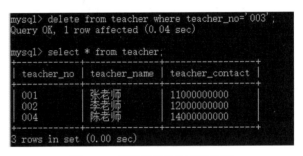

图 4-23　把王老师的"c 语言程序设计"课程转给陈老师

受表之间外键约束关系及级联选项设置的影响,先把原安排给 003 王老师的课程转出,再删除 teacher 表中编号为'003'的教师,以执行 delete 语句,执行结果如图 4-24 所示。

delete from teacher where teacher_no='003';

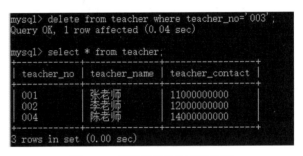

图 4-24　删除编号为'003'的教师

能 力 拓 展

电商网站提供了用户注册功能,用户在注册表单中填写信息后提交表单,就可以注册一个新用户。为了保存用户的数据,需要在数据库中创建一张用户表,其保存的用户信息如下。

用户名:可以使用中文,不允许重复,长度小于 20 个字符。

手机号码:长度为 11 个字符。

性别:有男、女、保密 3 种选择。

注册时间:注册时的日期和时间。

会员等级:表示会员等级的数字,最高为 100。

1. 创建用户表

根据需求创建用户表,为每个字段设置合理的数据类型。具体 SQL 语句如下。

```
CREATE TABLE mydb.user (
id INT UNSIGNED PRIMARY KEY AUTO_INCREMENT COMMENT '用户 id',
```

```
username VARCHAR(20) UNIQUE NOT NULL COMMENT '用户名',
mobile CHAR(11) NOT NULL COMMENT '手机号码',
gender ENUM('男','女','保密') NOT NULL COMMENT '性别',
reg_time TIMESTAMP DEFAULT CURRENT_TIMESTAMP COMMENT '注册时间',
level TINYINT UNSIGNED NOT NULL COMMENT '会员等级'
);
```

从上述 SQL 语句可以看出，用户表的名称为 user，表中有 6 个字段。

2．添加测试记录

创建用户表后，添加测试记录，具体 SQL 语句如下。

```
insert into mydb.user VALUES(NULL,'小明','12311111111',
'男','2018-01-01 11:11:11',1);
```

在上述 SQL 语句中，添加了用户名为小明的用户，用户 id 为 NULL 表示使用自动增长值。

3．调整 id 号为 '1' 的用户的等级为 2 级

```
update user set level=2 where id='1';
```

4．删除用户名为 "小明" 的用户

```
delete from user where username='小明';
```

单 元 小 结

本单元主要介绍了 MySql 中的表数据操作，包括添加数据（insert 语句、replace 语句）、更新数据（update 语句）和删除数据（delete 语句、truncate table 语句），最后强调了约束对表数据操作的限制。通过本章的学习，读者可掌握在 MySQL 中管理表数据的方法，并深刻理解完整性约束对数据的影响。读者应多加练习，熟练掌握数据操纵语言和约束对数据操作的影响。

在实际开发过程中，应更加注重数据库开发过程中的标准和规范，设计数据库时，应具有质量意识、信息素养、创新思维和团队合作意识，提升数据库设计、管理和应用能力。

单 元 测 验

一、选择题

1．以下插入数据的语句，错误的是（　　）。

  A．INSERT 数据表名 VALUE(值列表);

  B．INSERT INTO 数据表名 VALUES(值列表);

  C．INSERT 数据表名 VALUES(值列表);

  D．INSERT 数据表名(值列表);

2．下列选项中，向数据表 Student 添加 id 为 1、name 为小王的 SQL 语句是（　　）。

  A．INSERT INTO Student("id","name") VALUES(1,"小王");

  B．INSERT INTO Student(id,name) VALUES(1,"小王");

  C．INSERT INTO Student VALUES(1,小王);

  D．INSERT INTO Student(id,"name") VALUES (1,"小王");

3. 下列关于删除数据表记录的 SQL 语句，正确的是（　　　）。

    A.　DELETE student,where id=11;

    B.　DELETE FROM student where id=11;

    C.　DELETE INTO student where id=11;

    D.　DELETE student where id=11;

4. 下列关于 update 语句的描述，正确的是（　　　）。

    A.　update 只能更新表中的部分记录

    B.　update 只能更新表中的全部记录

    C.　使用 update 语句更新数据时，可以有条件地更新记录

    D.　以上说法都不对

5. 下列关于更新数据的 SQL 语句，正确的是（　　　）。

    A.　UPDATE user SET id= u001;

    B.　UPDATE user(id,username) VALUES ('u001','jack');

    C.　UPDATE user SET id='u001',username='jack';

    D.　UPDATE INTO user SET id='u001',username='jack';

二、填空题

1. 插入数据时，如果不指定_____，则必须为每个字段添加数据。

2. 在 MySQL 中，使用_____语句更新表中的记录。

3. MySQL 提供_____语句用于删除表中的数据。

4. 在 MySQL 中，可以使用_____语句向数据表中插入数据。

5. 添加新数据时，如果没有为某个字段赋值，则系统自动为该字段添加_____。

三、判断题

1. 使用 insert 语句插入数据时，可以省略字段名。　　　　　　　　　　（　　　）

2. 使用 insert 语句插入数据时，必须按数据表字段的顺序指定字段的名称。（　　　）

3. 如果插入多条数据，则多条数据之间用逗号隔开。　　　　　　　　　　（　　　）

4. 使用 update 语句可以更新数据表中的部分数据和全部数据。　　　　　（　　　）

5. 在 delete 语句中，如果没有使用 where 子句，则删除数据表中的所有数据。

                                             （　　　）

四、简答题

1. 在 MySQL 中，insert 语句有哪几种语法格式？

2. 如何修改表中指定记录的字段的取值？

3. delete 语句和 drop table 语句的区别是什么？

4. delete 语句和 truncate table 语句的区别是什么？

课 后 一 思

王树国校长西安交通大学毕业生典礼上的讲话（扫码查看）

王树国校长西安交通大学
毕业生典礼上的讲话

单元 5　单表查询

学习目标

1. 掌握简单查询，会使用 select 语句查询所有字段和指定字段。
2. 掌握按条件查询，会使用运算符以及不同的关键字进行查询。
3. 掌握高级查询，会使用聚合函数查询、分组查询等。
4. 学会为表和字段起别名。
5. 培养工匠精神和创新思维能力。

通过前面单元的学习，我们知道添加、修改、删除数据的方法，在数据库中，还有一个更重要的操作是查询数据，查询数据是指从数据库中获取所需的数据，用户可以根据自己对数据的需求查询不同的数据。本单元将重点讲解针对 MySQL 数据库中的一张表进行查询的方法。

5.1　select 语句概述

任务描述

除了添加、修改、删除数据等操作，在数据库中还有一个更重要的操作是查询数据。查询数据是指从数据库中获取所需的数据，用户可以根据自己对数据的需求查询不同的数据。

任务要求

通过前面单元的学习，我们知道数据表的创建、数据类型、约束、字符集的设置，以及数据的基本操作。但实际需求会更加复杂，前面学习的内容不能完全满足开发需求，需要深入学习更多的数据操作。例如，为数据表插入大量的测试数据，对查询的数据进行筛选、分组、排序或限量。

数据库中的常用操作是从表中检索所需的数据。本部分将详细讲解使用 select 语句检索表记录的方法，通过本部分的学习，读者可以从数据库表中检索出需要的数据；同时，结合选课系统，讨论该系统部分问题域的解决方法。

知识链接

select 语句是在所有数据库操作中使用频率最高的 SQL 语句。select 语句的执行流程如下：首先数据库用户编写合适的 select 语句；接着通过 MySQL 客户机将 select 语句发送给 MySQL 服务实例，MySQL 服务实例根据该 select 语句的要求进行解析、编译；然后选择合适的执行计划，从表中查找满足特定条件的若干条记录；最后按照规定的格式整理成结果集，并返回给 MySQL 客户机。

5.1.1　select 语句

在 select 语句中，可以根据自己的需求，使用不同的查询条件。select 语句的基本语法格式如下。

```
SELECT [DISTINCT] *|字段名 1,字段名 2,字段名 3,...
FROM  数据源表名
[WHERE  条件表达式 1]
[GROUP BY  分组字段名  [HAVING  条件表达式 2]]
[ORDER BY  排序字段名  [ASC|DESC]]
[LIMIT [N,] M]
```

*|字段名 1,字段名 2,字段名 3,...：用于指定检索字段。

数据源表名：用于指定检索的数据源，可以是表或者视图。

WHERE 子句：用于指定记录的过滤条件。

GROUP BY 子句：用于对检索的数据进行分组。

HAVING 子句：通常与 GROUP BY 子句一起使用，用于过滤分组后的统计信息。

ORDER BY 子句：用于对检索的数据进行排序处理，默认为升序 ASC。

LIMIT [N,]M 子句：LIMIT 是可选参数，用于限制查询结果的数量。LIMIT 后面可以跟两个参数，第一个参数"N"为可选值，表示偏移量，如果不指定，则其默认值为 0；如果偏移量为 0，则从查询结果的第一条记录开始；如果偏移量为 1，则从查询结果中的第二条记录开始，依此类推。第二个参数"M"表示返回查询记录的条数。

5.1.2　使用 select 子句指定字段列表

select 子句

字段列表跟在 select 后，用于指定查询结果集中需要显示的列，可以使用表 5-1 中的方式指定字段列表。

表 5-1　使用 select 子句指定字段列表

字段列表	说明
*	字段列表为数据源的全部字段
字段列表	指定需要显示的若干字段
表名.*	指定某表的全部字段

字段列表可以包含字段名，也可以包含表达式，字段名之间用逗号分隔，并且顺序可以根据需要任意指定。默认情况下，结果集中的列名为字段列表中的字段名或者表达式名，可以为查询结果集中的字段名或表达式指定别名。为字段名或表达式指定别名时，只需将别名放在字段名或表达式后，用空格隔开即可；也可以使用 as 关键字为字段名或表达式指定别名。

1. 查询表中全部字段

查询数据表中所有字段的数据，可以使用星号"*"通配符代替数据表中的所有字段名，基本语法格式如下。

```
SELECT * FROM 数据表名;
```

例如，检索 student 表中的全部记录（全部字段），可以使用下面的 SQL 语句。

```
select * from student;
```

执行结果如图 5-1 所示。

```
+------------+--------------+-----------------+----------+
| student_no | student_name | student_contact | class_no |
+------------+--------------+-----------------+----------+
| 2022001    | 张三         | 15000000000     |        1 |
| 2022002    | 李四         | 16000000000     |        1 |
| 2022003    | 王五         | 17000000000     |        3 |
| 2022004    | 马六         | 18000000000     |        2 |
| 2022005    | 田七         | 19000000000     |        2 |
+------------+--------------+-----------------+----------+
5 rows in set (0.00 sec)
```

图 5-1　使用通配符*检索 student 表中的全部记录

从执行结果可以看出，使用通配符*可以成功查询数据表中所有字段的数据，这种方式比较简单，但执行结果只能按照字段在数据表中定义的顺序显示。当不知道字段的名称时，可以使用通配符获取字段信息。一般情况下，查询数据表中所有字段的数据时，不建议使用通配符，虽然使用通配符可以节省输入查询语句时间，但会降低查询效率。

等效于

```
select student_no,student_name,student_contact,class_no from student;
```

执行结果如图 5-2 所示。

```
+------------+--------------+-----------------+----------+
| student_no | student_name | student_contact | class_no |
+------------+--------------+-----------------+----------+
| 2022001    | 张三         | 15000000000     |        1 |
| 2022002    | 李四         | 16000000000     |        1 |
| 2022003    | 王五         | 17000000000     |        3 |
| 2022004    | 马六         | 18000000000     |        2 |
| 2022005    | 田七         | 19000000000     |        2 |
+------------+--------------+-----------------+----------+
5 rows in set (0.00 sec)
```

图 5-2　指定字段检索 student 表中的全部记录

从执行结果可以看出，使用 select 语句成功查询出了所有字段的数据。在 select 语句的字段列表中，字段的顺序可以改变，无须按照字段在数据表中定义的顺序排列。

2. 查询表中部分字段

查询数据时，有时不需要查询所有字段的信息，可在 select 语句的字段列表中指定要查询的字段，基本语法格式如下。

```
select {字段名 1,字段名 2,字段名 3,…} from 数据表名;
```

例如，检索 student 表中所有学生的学号及姓名信息，可以使用下面的 SQL 语句。

```
select student_no,student_name from student;
```

等效于

```
select student.student_no,student.student_name from student;
```

执行结果如图 5-3 所示。

```
mysql> select student_no,student_name from student;
+------------+--------------+
| student_no | student_name |
+------------+--------------+
| 2022001    | 张三         |
| 2022002    | 李四         |
| 2022003    | 王五         |
| 2022004    | 马六         |
| 2022005    | 田七         |
+------------+--------------+
5 rows in set (0.00 sec)
```

图 5-3　检索数据表中部分字段

5.1.3　使用谓词过滤记录

MySQL 中的两个谓词 distinct 和 limit 可以过滤记录。

（1）使用谓词 distinct 过滤结果集中的重复记录。数据库表中不允许出现重复的记录，但不意味着 select 的查询结果集中不会出现记录重复的现象。如果需要过滤结果集中重复的记录，则可以使用谓词关键字 distinct，语法格式如下。

select distinct 字段名 from 数据表名;

例如，检索 classes 表中的院系名信息，要求院系名不能重复，可以使用下面的 SQL 语句。

select distinct department_name from classes;

执行结果如图 5-4 所示。

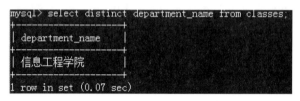

图 5-4　使用谓词 distinct 检索数据表中部分字段

从查询结果可以看出，这次查询只返回一个院系名，没有重复值，说明当前 classes 表数据都属于信息工程学院的。

在 select 语句中，distinct 关键字可以作用于多个字段，语法格式如下。

select distinct 字段名 1, 字段名 2, … from 数据表名;

在上面的语法格式中，distinct 关键字后指定了多个字段名称，只有这些字段的值完全相同，才会被视为重复记录。

（2）使用谓词 limit 查询某几行记录。使用 select 语句时，经常需要返回前几条或者中间某几条记录，可以使用谓词关键字 limit 实现，语法格式如下。

```
select  字段列表
from  数据源
limit [start,]length;
```

limit 接受一个或两个整数参数。start 表示从第几行记录开始检索，length 表示检索行数。表中第一行记录的 start 值为 0（不是 1）。

例如，检索 student 表的前 3 条记录信息，可以使用下面的 SQL 语句。

select * from student limit 0,3;

等效于

select * from student limit 3;

执行结果如图 5-5 所示。

图 5-5　检索 student 表的前 3 条记录信息

例如，检索 choose 表中从第 2 条记录开始的 3 条记录信息，可以使用下面的 SQL 语句。

```
select * from choose limit 1,3;
```

执行结果如图 5-6 所示。

```
mysql> select * from choose limit 1,3;
+-----------+------------+-----------+-------+---------------------+
| choose_no | student_no | course_no | score | choose_time         |
+-----------+------------+-----------+-------+---------------------+
|         2 | 2022001    |         1 |    50 | 2023-03-13 15:07:59 |
|         3 | 2022002    |         3 |    60 | 2023-03-13 15:07:59 |
|         4 | 2022002    |         2 |    70 | 2023-03-13 15:07:59 |
+-----------+------------+-----------+-------+---------------------+
3 rows in set (0.03 sec)
```

图 5-6　检索 choose 表中从第 2 条记录开始的 3 条记录信息

5.1.4　使用 from 子句指定数据源

1．单表查询

查询是指从数据库中获取所需的数据，使用不同的查询方式可以获取不同的数据。一般将只涉及一张数据表的查询称为单表查询，语法格式如下。

```
select 字段列表
from 数据表名
```

from 数据表名：表示从指定名称的数据表中查询数据。

2．多表查询

在实际应用中，业务逻辑较复杂，表与表之间可能存在业务联系，有时需要基于多张数据表进行操作，即多表查询。

设计数据库时，为了避免数据冗余，需要将一张“大表”划分成若干张“小表”（划分原则请参看数据库设计的内容）。检索数据时，常常需要将若干张“小表”保留“缝补”成一张“大表”输出给数据库用户。在 select 语句的 from 子句中指定多个数据源，可轻松实现从多张数据库表（或者视图）中提取数据。多张数据库表（或者视图）“缝补”成一个结果集时，需要指定“缝补”条件，该“缝补”条件称为“连接条件”。这种方法是在 from 子句中使用连接（join）运算，将多个数据源按照某种连接条件“缝补”在一起，语法格式如下。

```
select 字段列表
from 表名 1 [连接类型] join 表名 2 on 表 1 与表 2 的连接条件
```

例如，student 表中存在 class_no 字段，而该字段又是 classes 表的主键，可以通过该字段对 student 表与 classes 表进行连接，“缝补”成一张“大表”输出给数据库用户，此时 class_no 字段就是 student 表与 classes 表的连接字段。

```
select * from student;
```

执行结果如图 5-7 所示。

```
+------------+--------------+-----------------+----------+
| student_no | student_name | student_contact | class_no |
+------------+--------------+-----------------+----------+
| 2022001    | 张三         | 15000000000     |        1 |
| 2022002    | 李四         | 16000000000     |        1 |
| 2022003    | 王五         | 17000000000     |        3 |
| 2022004    | 马六         | 18000000000     |        2 |
| 2022005    | 田七         | 19000000000     |        2 |
| 2022006    | 张三丰       | 20000000000     |     NULL |
+------------+--------------+-----------------+----------+
```

图 5-7　student 表中的数据

```
select * from classes;
```

执行结果如图 5-8 所示。

图 5-8　classes 表中的数据

```
select
student_no,student_name,class_name,department_name
from student join classes on student.class_no=classes.class_no;
```

执行结果如图 5-9 所示。

图 5-9　"大表"中的数据

任务实施

"网上商城系统"中的新增、修改和删除商品的功能已经开放完成，此时商城数据库中也存储了一些商品信息。接下来开发人员需要实现的是商品查询功能。

1. 检索数据表中所有字段的数据

创建 shop 数据库，复制一份与 sh_goods 数据表结构相同的 my_goods 表到 mydb 数据库中，具体 SQL 语句如下。

```
CREATE    DATABASE    mydb;
CREATE    DATABASE    shop;
USE shop;
# 创建商品表
CREATE TABLE sh_goods (
 id INT UNSIGNED PRIMARY KEY AUTO_INCREMENT COMMENT '商品 id',
 category_id INT UNSIGNED NOT NULL DEFAULT 0 COMMENT '分类 id',
 spu_id INT UNSIGNED NOT NULL DEFAULT 0 COMMENT 'SPU id',
 sn VARCHAR(20) NOT NULL DEFAULT '' COMMENT '编号',
 name VARCHAR(120) NOT NULL DEFAULT '' COMMENT '名称',
 keyword VARCHAR(255) NOT NULL DEFAULT '' COMMENT '关键词',
 picture VARCHAR(255) NOT NULL DEFAULT '' COMMENT '图片',
 tips VARCHAR(255) NOT NULL DEFAULT '' COMMENT '提示',
 description VARCHAR(255) NOT NULL DEFAULT '' COMMENT '描述',
 content TEXT NOT NULL COMMENT '详情',
 price DECIMAL(10, 2) UNSIGNED NOT NULL DEFAULT 0 COMMENT '价格',
 stock INT UNSIGNED NOT NULL DEFAULT 0 COMMENT '库存',
 score DECIMAL(3, 2) UNSIGNED NOT NULL DEFAULT 0 COMMENT '评分',
```

```
    is_on_sale TINYINT UNSIGNED NOT NULL DEFAULT 0 COMMENT '是否上架',
    is_del TINYINT UNSIGNED NOT NULL DEFAULT 0 COMMENT '是否删除',
    is_free_shipping TINYINT UNSIGNED NOT NULL DEFAULT 0 COMMENT '是否包邮',
    sell_count INT UNSIGNED NOT NULL DEFAULT 0 COMMENT '销量计数',
    comment_count INT UNSIGNED NOT NULL DEFAULT 0 COMMENT '评论计数',
    on_sale_time DATETIME DEFAULT NULL COMMENT '上架时间',
    create_time DATETIME NOT NULL DEFAULT CURRENT_TIMESTAMP COMMENT '创建时间',
    update_time DATETIME DEFAULT NULL COMMENT '更新时间'
) ENGINE=InnoDB DEFAULT CHARSET=utf8;
# 向商品表添加测试数据
INSERT INTO sh_goods (id, category_id, name, keyword, content, price, stock, score, comment_count)
VALUES
(1, 3, '2B 铅笔', '文具', '考试专用', 0.5, 500, 4.9, 40000),
(2, 3, '钢笔', '文具', '练字必不可少', 15, 300, 3.9, 500),
(3, 3, '碳素笔', '文具', '平时使用', 1, 500, 5, 98000),
(4, 12, '超薄笔记本', '电子产品', '轻小便携', 5999, 0, 2.5, 200),
(5, 6, '智能手机', '电子产品', '人人必备', 1999, 0, 5, 98000),
(6, 8, '桌面音箱', '电子产品', '扩音装备', 69, 750, 4.5, 1000),
(7, 9, '头戴耳机', '电子产品', '独享个人世界', 109, 0, 3.9, 500),
(8, 10, '办公电脑', '电子产品', '适合办公', 2000, 0, 4.8, 6000),
(9, 15, '收腰风衣', '服装', '春节潮流单品', 299, 0, 4.9, 40000),
(10, 16, '薄毛衣', '服装', '居家旅行必备', 48, 0, 4.8, 98000);
# 复制表结构
CREATE TABLE mydb.my_goods LIKE sh_goods;
# 复制已有的表数据
INSERT INTO mydb.my_goods SELECT * FROM sh_goods;
```

例如，查询商品表所有字段的数据。

```
SELECT * FROM sh_goods;
SELECT * FROM mydb.my_goods;
```

2. 检索数据表中部分字段的数据

例如，查询 sh_goods 表中所有商品的名称和价位。

```
SELECT name, price FROM sh_goods;
```

3. 不去重与去重查询数据

例如，查询 sh_goods 表中所有商品的关键词。

```
SELECT keyword FROM sh_goods;
```

例如，查询 sh_goods 表中去除重复记录的关键词字段（有哪几种关键词）。

```
SELECT DISTINCT keyword FROM sh_goods;
```

4. 获取指定区间的记录

获取指定区间的记录通常在项目开发中用于实现数据的分页展示，从而缓解网络和服务器的压力。

例如，查询商品表从第 2 条记录开始，获取 5 条商品记录，商品记录中包含 id、name 和 price。

```
SELECT id, name, price FROM sh_goods LIMIT 1, 5;
```

在上述 SQL 语句中，LIMIT 关键字后的"1"表示第 2 条记录的偏移量，"5"表示从第 2 条记录开始最多获取 5 条记录。

where 子句的条件描述

5.2　使用 where 子句过滤结果集

任务描述

在实际应用中，经常会遇到应用程序只需获取满足用户的数据，因而查询数据时通常指定查询条件，以筛选出用户所需的数据。

任务要求

由于数据库中存储海量的数据，而数据库用户在实际应用中大部分查询不是针对表中的所有数据，而是需要找出满足特定条件的部分记录，因此需要对查询结果进行过滤筛选。使用 where 子句可以设置结果集的过滤条件，对 from 子句中指定的表中记录进行判断，只有满足 where 子句中的筛选条件的行才会返回，不满足条件的行不会出现在查询结果中。where 子句的语法格式比较简单。

where 条件表达式

其中，条件表达式指定从表中选择行的筛选条件，主要是由比较运算符、范围比较运算符、IN 运算符、空值判断运算符、模式匹配运算符及逻辑运算符构成的布尔表达式，表达式的运算结果为逻辑真或假，满足"布尔表达式为真"的记录将出现在 select 结果集中。

知识链接

5.2.1　运算符

1. 算术运算符

算术运算符适用于数值类型的数据，通常应用在 select 查询结果的字段中，在 where 条件表达式中应用较少，具体见表 5-2。

表 5-2　算术运算符

运算符	描述	示例	运算符	描述	示例
+	加运算	SELECT 5+2;	/	除运算	SELECT 5/2;
−	减运算	SELECT 5−2;	%	取模运算	SELECT 5%2;
*	乘运算	SELECT 5*2;			

表 5-2 中，运算符两端的数据可以是真实的数据（如 5）或数据表中的字段（如 price），参与运算的数据一般称为操作数，操作数与运算符组合在一起统称表达式（如 5+2）。另外，在 MySQL 中可以直接利用 select 查看数据的运算结果。算术运算符的使用看似简单，但是在实际应用时需要注意如下几点。

（1）无符号的加减乘法运算。在 MySQL 中，若运算符"+""−"和"*"的操作数都是无符号整型，则运算结果也是无符号整型。

（2）有符号的减法运算结果。在 MySQL 中，默认情况下，若"−"运算符的操作数都为无符号整型，则结果一定是无符号整型。若操作数的差值为负数，那么系统会报错。

（3）含有精度的运算。算术运算除可以对整数运算外，还可以对浮点数进行运算。在对浮点数进行加减运算时，运算结果中的精度（小数点后的位数）等于参与运算的操作数的最大精度。例如 1.2+1.400，1.400 的最大精度为 3，运算结果的精度就为 3；在对浮点数进行乘法运算时，运算结果中的精度以参与运算的操作数的精度和为准。例如 1.2*1.400，1.2 的精度为 1，1.400 的精度为 3，运算结果中的精度就为 4。

例如，查询 sh_goods 表，获取 5 星好评的商品添加 850 件库存后的值，以及 7.5 折促销后的价格，具体 SQL 语句如下。

```
use shop
select name,price ,stock,price*0.75,stock+850 from sh_goods where score=5;
```

执行结果如图 5-10 所示。

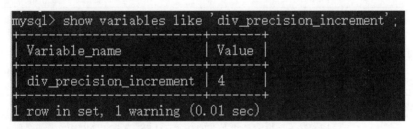

图 5-10　含有精度的运算

上述执行结果中，price 的精度为 2，stock 没有精度。因此，price* 0.75 的运算结果精度为 4；如碳素笔折后价格的小数点后有 4 位，stock+850.00 的运算结果精度为 2，如碳素笔添加库存后小数点后有 2 位。

（4）"/" 运算符。在 MySQL 中，"/" 运算符用于除法操作，且运算结果使用浮点数表示，浮点数的精度等于被除数（"/" 运算符左侧的操作数）的精度加上系统变量 div_precision_increment 设置的除法精度增长值，可通过以下 SQL 语句查找其默认值。

```
show variables like 'div_precision_increment';
```

执行结果如图 5-11 所示。

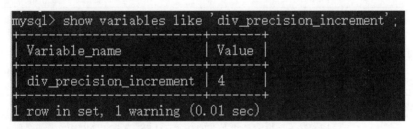

图 5-11　查看 div_precision_increment 的默认值

从执行结果可知，div_precision_increment 的默认值为 4。

（5）NULL 参与算术运算。在算术运算中，NULL 是一个特殊值，它参与的算术运算结果均为 NULL。

（6）DIV 与 MOD 运算符。在 MySQL 中，DIV 与 "/" 运算符都能实现除法运算，区别在于前者的除法运算结果没有小数部分，只有整数部分。除法操作运算符 "/" 的结果为浮点数，而 DIV 的结果为整数。

MySQL 中的 MOD 运算符与 "/" 功能相同，都用于取模。取模结果的正负与被模数（%左边的操作数）的符号相同，与模数（%右边的操作数）的符号无关。

关于算术运算，除上面讲解的算术运算符外，MySQL 中还提供很多数学运算函数。常用数学函数见表 5-3。

表 5-3　常用数学函数

运算符	描述
CEIL(x)	返回大于或等于 x 的最小整数
FLOOR(x)	返回小于或等于 x 的最大整数
FORMAT(x,y)	返回小数点后保留 y 位的 x（进行四舍五入）
ROUND(x[,y])	计算离 x 最近的整数；若设置参数 y，则与 FORMAT(x,y)功能相同
TRUNCATE(x,y)	返回小数点后保留 y 位的 x（舍弃多余小数位，不进行四舍五入）
ABS(x)	获取 x 的绝对值
MOD(x,y)	求模运算，与 x%y 的功能相同
PI()	计算圆周率
SQRT(x)	求 x 的平方根
POW(x,y)	幂运算，计算 x 的 y 次方，与 POWER(x,y)的功能相同
RAND()	默认返回 0～1 的随机数（包括 0）

2. 比较运算符

比较运算符是 MySQL 中的常用运算符，通常应用在条件表达式中限定结果的情况下。在 MySQL 中，比较运算符的结果值有三种，分别为 1（TRUE，表示为真）、0（FALSE，表示为假）和 NULL。比较运算符见表 5-4。

表 5-4　比较运算符

运算符	描述
=	用于相等比较
<=>	可以进行 NULL 值比较的相等运算符
>	表示大于比较
<	表示小于比较
>=	表示大于或等于比较
<=	表示小于或等于比较
<>、!=	表示不等于比较
BETWEEN...AND...	比较一个数据是否在指定的闭区间范围内，若在则返回 1，否则返回 0
NOT BETWEEN...AND...	比较一个数据是否不在指定的闭区间范围内，若不在则返回 1，否则返回 0
IS	比较一个数据是否是 TRUE、FALSE 或 UNKNOWN，若是则返回 1，否则返回 0
IS NOT	比较一个数据是否不是 TRUE、FALSE 或 UNKNOWN，若不是则返回 1，否则返回 0
IS NULL	比较一个数据是否是 NULL，若是则返回 1，否则返回 0
IS NOT NULL	比较一个数据是否不是 NULL，若不是则返回 1，否则返回 0
LIKE	获取匹配到的数据
NOT LIKE	获取匹配不到的数据

比较运算符的使用看似简单，但是在实际应用中需要注意以下几点。

（1）数据类型自动转换。表 5-4 中的所有运算符都可以对数字和字符串进行比较，若参与比较的操作数的数据类型不同，则 MySQL 自动将其转换为相同类型的数据后比较。

（2）比较结果为 NULL。在 MySQL 中，比较运算符=、>、<、>=、<=、<>、! =在与

NULL 比较时，结果均为 NULL。

（3）IS NULL 与 IS NOT NULL。在条件表达式中，若需要判断字段是否为 NULL，可以使用 MySQL 专门提供的运算符 IS NULL 或 IS NOT NULL。

（4）LIKE 与 NOT LIKE。LIKE 运算符的作用就是模糊匹配，用于获取匹配到的数据。NOT LIKE 的使用方式与 LIKE 的相同，用于获取匹配不到的数据。

关于比较运算，除上面讲解的比较运算符外，MySQL 还提供了很多比较运算函数，见表 5-5。

表 5-5　比较运算函数

函数	描述
IN()	比较一个值是否在一组给定的集合内
NOT IN()	比较一个值是否不在一组给定的集合内
GREATEST()	返回最大的参数值，至少两个参数
LEAST()	返回最小的参数值，至少两个参数
ISNULL()	测试参数是否为空
COALESCE()	返回第一个非空参数
INTERVAL()	返回小于第一个参数的参数索引
STRCMP()	比较两个字符串

函数 GREATEST()和 LEAST()至少有两个参数，用于比较后返回一个最大值或最小值。IN()的功能是只要比较的字段或数据在给定的集合内，比较结果就为真；NOT IN()正好与 IN()的功能相反。

3. 逻辑运算符

逻辑运算符也是 MySQL 中的常用运算符，通常应用在条件表达式中的逻辑判断，与比较运算符结合使用。参与逻辑运算的操作数以及逻辑判断的结果只有三种，分别为 1（TRUE，表示为真）、0（FALSE，表示为假）和 NULL。逻辑运算符见表 5-6。

表 5-6　逻辑运算符

运算符	描述
AND 或&&	逻辑与。操作数全部为真，则结果为 1，否则为 0
OR 或||	逻辑或。操作数中只要有一个为真，则结果为 1，否则为 0
NOT 或!	逻辑非。操作数为 0，则结果为 1；操作数为 1，则结果为 0
XOR	逻辑异或。操作数一个为真，一个为假，则结果为 1；若操作数全部为真或全部为假，则结果为 0

在表 5-6 中，只有逻辑非（NOT 或!）是一元运算符，其余均为二元运算符。另外，虽然 NOT 和 "!" 功能相同，但是在一个表达式中同时出现时，先运算 "!"，再运算 NOT。另外，在进行逻辑与操作时，若操作数中含有 NULL，而另一个操作数为 1（真），则结果为 NULL；若另一个操作数为 0（假），则结果为 0。

4. 赋值运算符

在 MySQL 中，"="是一个比较特殊的运算符，既可以用于比较数据，又可以表示赋值。因此，MySQL 为了避免系统分不清运算符 "=" 表示赋值还是比较的含义，特意增加一个符号 ":="，用于表示赋值运算。

5. 运算符优先级

运算符优先级可以理解为运算符在一个表达式中参与运算的顺序，优先级别越高，越早参与运算；优先级别越低，越晚参与运算。运算符优先级见表 5-7。

表 5-7　运算符优先级

序号	运算符
1	INTERVAL
2	BINARY、COLLATE
3	！
4	-（一元，负号）
5	^
6	*、/、DIV、%、MOD
7	-（相减运算符）、+
8	（比较运算符）=、<=>、>=、>、<=、<、<>、! =、IS、like、REGEXP、IN
9	BETWEEN、CASE、WHEN、THEN、ELSE
10	NOT
11	AND、&&
12	XOR
13	OR、‖
14	=（赋值符号）、:=

在表 5-7 中，同行的运算符具有相同的优先级，除赋值运算符从右到左运算外，其余相同级别的运算符在同一个表达式中出现时，运算的顺序为从左到右。除此之外，若要提升运算符的优先级别，则可以使用圆括号，当表达式中同时出现多个圆括号时，最内层的圆括号中的表达式优先级最高。

5.2.2　带关系运算符的查询

在 select 语句中，常使用 where 子句指定查询条件过滤数据。其语法格式如下。

select 字段名 1,字段名 2,...
from 表名
where 条件表达式

其中，"条件表达式"是指 select 语句的查询条件。MySQL 提供一系列关系运算符；在 where 子句中，可以使用关系运算符连接操作数为查询条件过滤数据。

创建学生表的语句如下。

```
CREATE TABLE student(
id INT(3) PRIMARY KEY AUTO_INCREMENT,
name VARCHAR(20) NOT NULL,
grade FLOAT,
gender CHAR(2)
);
```

向学生表插入数据的语句如下。

```
INSERT INTO student(name,grade,gender)
VALUES('songjiang',40,'男'),
('wuyong',100,'男'),
```

```
('qinming',90,'男'),
('husanniang',88,'女'),
('sunerniang',66,'女'),
('wusong',86,'男'),
('linchong',92,'男'),
('yanqing',90,NULL);
```

例如，查询 student 表中 id 为 4 的学生姓名，SQL 语句如下。

SELECT id,name FROM student WHERE id=4;

在 select 语句中，使用 "=" 运算符获取 id 为 4 的数据。执行结果如图 5-12 所示。

```
mysql> SELECT id,name FROM student WHERE id=4;
+----+------------+
| id | name       |
+----+------------+
|  4 | husanniang |
+----+------------+
1 row in set (0.00 sec)
```

图 5-12　获取 id 为 4 的数据

从执行结果可以看到，id 为 4 的学生姓名为 "hasanniang"。其他均不满足查询条件。

例如，使用 select 语句查询 name 为 "wusong" 的学生性别。

SELECT name,gender FROM student WHERE name='wusong';

执行结果如图 5-13 所示。

```
mysql> SELECT name,gender FROM student  WHERE name='wusong';
+--------+--------+
| name   | gender |
+--------+--------+
| wusong | 男     |
+--------+--------+
1 row in set (0.00 sec)
```

图 5-13　查询 name 为 "wusong" 的学生性别

从执行结果可以看到，姓名为 "wusong" 的记录只有一条，其性别为 "男"。

例如，查询 student 表中 grade 大于 80 的学生姓名，SQL 语句如下。

SELECT name,grade FROM student WHERE grade>80;

在 select 语句中，使用运算符 ">" 获取 grade 值大于 80 的数据，执行结果如图 5-14 所示。

```
mysql> SELECT name,grade FROM student WHERE grade>80;
+------------+-------+
| name       | grade |
+------------+-------+
| wuyong     |   100 |
| qinming    |    90 |
| husanniang |    88 |
| wusong     |    86 |
| linchong   |    92 |
| yanqing    |    90 |
+------------+-------+
6 rows in set (0.00 sec)
```

图 5-14　获取 grade 值大于 80 的数据

从执行结果可以看出，所有记录的 grade 字段值均大于 80，而小于或等于 80 的记录不显示。通过以上三个实例可以看出，在查询条件中，如果字段的类型为整型，则直接书写内容；如果字段类型为字符串，则需要在字符串上使用单引号，例如'wusong'。

5.2.3 带 IN 关键字的查询

IN 关键字用于判断某个字段的值是否在指定集合中，如果字段的值在集合中，则满足条件，可查询该字段所在的记录。其语法格式如下。

```
SELECT *|字段名 1,字段名 2,字段名 3,…
FROM 数据表名
WHERE 字段名 [NOT] IN(元素 1,元素 2,…)
```

其中，“元素 1,元素 2,…”表示集合中的元素，即指定的条件范围；NOT 是可选参数，使用 NOT 表示查询不在 IN 关键字指定集合范围中的记录。

例如，查询 student 表中 id 为 1、2、3 的记录，SQL 语句如下。

```
SELECT id,grade,name,gender FROM student WHERE id IN(1,2,3);
```

执行结果如图 5-15 所示。

```
mysql> SELECT id,grade,name,gender FROM student WHERE id IN(1,2,3);
+----+-------+-----------+--------+
| id | grade | name      | gender |
+----+-------+-----------+--------+
|  1 |    40 | songjiang | 男     |
|  2 |   100 | wuyong    | 男     |
|  3 |    90 | qinming   | 男     |
+----+-------+-----------+--------+
3 rows in set (0.00 sec)
```

图 5-15　查询 id 为 1、2、3 的记录

相反，在关键字 IN 之前，使用 NOT 关键字可以查询不在指定集合范围内的记录。

例如，查询 student 表中 id 不为 1、2、3 的记录，SQL 语句如下。

```
SELECT id,grade,name,gender FROM student WHERE id NOT IN(1,2,3);
```

执行结果如图 5-16 所示。

```
mysql> SELECT id,grade,name,gender FROM student WHERE id NOT IN(1,2,3);
+----+-------+-------------+--------+
| id | grade | name        | gender |
+----+-------+-------------+--------+
|  4 |    88 | husanniang  | 女     |
|  5 |    66 | sunerniang  | 女     |
|  6 |    86 | wusong      | 男     |
|  7 |    92 | linchong    | 男     |
|  8 |    90 | yanqing     | NULL   |
+----+-------+-------------+--------+
5 rows in set (0.00 sec)
```

图 5-16　查询 id 不为 1、2、3 的记录

从执行结果可以看到，在 IN 关键字前使用 NOT 关键字，查询结果与上例中的查询结果正好相反，查询出 id 不为 1、2、3 的所有记录。

5.2.4 带 BETWEEN AND 关键字的查询

BETWEEN AND 关键字用于判断某个字段的值是否在指定的范围之内，如果字段的值在指定范围内，则满足条件，该字段所在的记录将被查询出来，反之则不会被查询出来。其语法格式如下。

```
SELECT *|(字段名 1,字段名 2,…)
FROM 表名
WHERE 字段名 [NOT] BETWEEN 值 1 AND 值 2
```

其中，“值 1”表示范围条件的起始值；“值 2”表示范围条件的结束值；NOT 是可选参数，使用 NOT 表示查询指定范围之外的记录，通常“值 1”小于“值 2”，否则查询不到任何结果。

例如，查询 student 表中 id 为 2～5 的学生姓名，SQL 语句如下。

```
SELECT id,name FROM student WHERE id BETWEEN 2 AND 5;
```

执行结果如图 5-17 所示。

图 5-17　查询 id 为 2～5 的学生姓名

从执行结果可以看到，查询出 id 为 2～5 的所有记录，并且起始值 2 和结束值 5 包括在内。

BETWEEN AND 之前用 NOT 关键字，用来查询指定范围之外的记录。

例如，查询 student 表中 id 不为 2～5 的学生姓名，SQL 语句如下。

```
SELECT id,name FROM student WHERE id NOT BETWEEN 2 AND 5;
```

执行结果如图 5-18 所示。

图 5-18　查询 id 不为 2～5 的学生姓名

从执行结果可以看出，查询出的记录 id 均小于 2 或者大于 5。

5.2.5　空值查询

在数据表中，某些列的值可能为空值（NULL），空值不同于 0，也不同于空字符串。在 MySQL 中，使用 IS NULL 关键字判断字段的值是否为空值，其语法格式如下。

```
SELECT *|(字段名 1,字段名 2,...)
FROM 表名
WHERE 字段名 IS [NOT] NULL
```

其中，"NOT"是可选参数，使用 NOT 关键字判断字段不是空值。

例如，查询 student 表中 gender 为空值的记录，SQL 语句如下。

```
SELECT id,name,grade,gender FROM student WHERE gender IS NULL;
```

执行结果如图 5-19 所示。

图 5-19　查询 gender 为空值的记录

从执行结果可以看到，gender 字段为空值，满足查询条件。

在关键字 IS 和 NULL 之间可以使用 NOT 关键字，用来查询字段不为空值的记录。接下来给出具体实例。

例如，查询 student 表中 gender 不为空值的记录，SQL 语句如下。

SELECT id,name,grade,gender FROM student WHERE gender IS NOT NULL;

执行结果如图 5-20 所示。

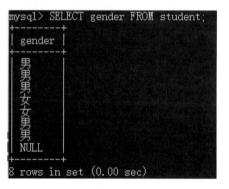

图 5-20　查询 gender 不为空值的记录

从执行结果可以看到，所有记录的 gender 字段值都不为空值。

5.2.6　带 DISTINCT 关键字的查询

很多表中某些字段的数据存在重复的值。例如 student 表中的 gender 字段，使用 select 语句查询 gender 字段，其语法格式如下。

SELECT gender FROM student;

执行结果如图 5-21 所示。

图 5-21　查询 gender 字段

从执行结果可以看到，在查出的 8 条记录中，有 5 条记录的 gender 字段值为 "男"，2 条记录的 gender 字段值为 "女"。有时出于对数据的分析需求，需要过滤查询记录中的重复值。在 select 语句中，可以使用 DISTINCT 关键字实现这种功能。使用 DISTINCT 关键字的语法格式如下。

SELECT DISTINCT 字段名
FROM 表名

其中，字段名表示要过滤重复记录的字段。

例如，查询 student 表中 gender 字段的值，查询记录不能重复，SQL 语句如下。

SELECT DISTINCT gender FROM student;

执行结果如图 5-22 所示。

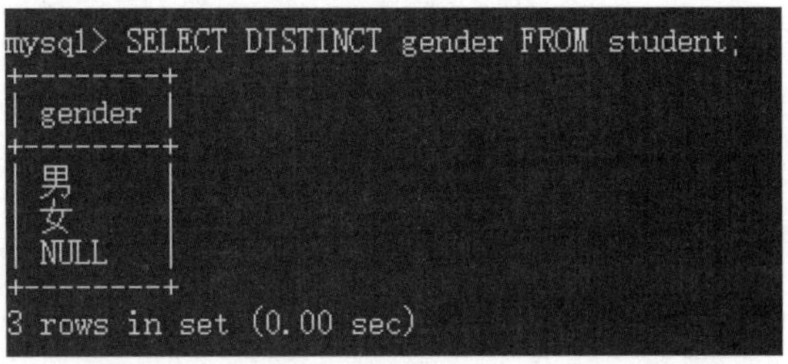

```
mysql> SELECT DISTINCT gender FROM student;
+--------+
| gender |
+--------+
| 男     |
| 女     |
| NULL   |
+--------+
3 rows in set (0.00 sec)
```

图 5-22　查询 gender 字段的值

从执行结果可以看到，这次查询只返回三条记录的 gender 值，分别为“男”“女”和“NULL”，没有重复值。

DISTINCT 关键字也可以作用于多个字段，其语法格式如下。

```
SELECT DISTINCT 字段名 1,字段名 2,… FROM 表名;
```

其中，只有 DISTINCT 关键字后面指定的多个字段值都相同，才认为是重复记录。

例如，查询 student 表中的 gender 和 name 字段，使用 DISTINCT 关键字作用于这两个字段，SQL 语句如下。

```
SELECT DISTINCT gender,name FROM student;
```

执行结果如图 5-23 所示。

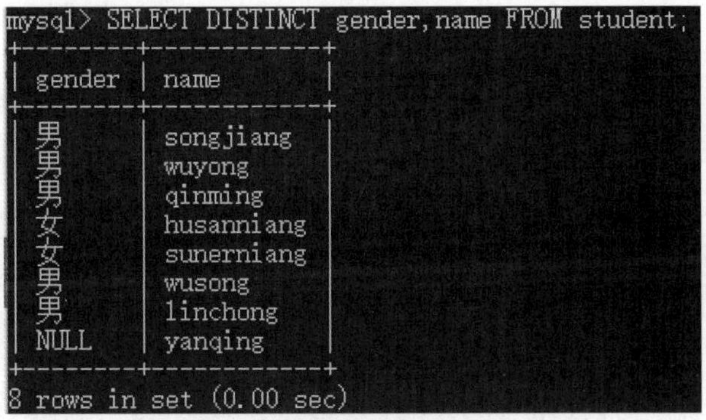

```
mysql> SELECT DISTINCT gender,name FROM student;
+--------+-------------+
| gender | name        |
+--------+-------------+
| 男     | songjiang   |
| 男     | wuyong      |
| 男     | qinming     |
| 女     | husanniang  |
| 女     | sunerniang  |
| 男     | wusong      |
| 男     | linchong    |
| NULL   | yanqing     |
+--------+-------------+
8 rows in set (0.00 sec)
```

图 5-23　查询 gender 和 name 字段

从执行结果可以看到，返回的记录中，gender 字段仍然出现了重复值，因为 DISTINCT 关键字作用于 gender 和 name 两个字段，只有这两个字段的值都相同才认为是重复记录。在 gender 字段值重复的记录中，它们的 name 字段值并不相同。

5.2.7　带 LIKE 关键字的查询

在前面讲过，使用关系运算符“=”可以判断两个字符串是否相等，但有时需要对字符串进行模糊查询。例如查询 student 表中 name 字段值以字符“b”开头的记录，为了完成这种功能，MySQL 提供 LIKE 关键字，LIKE 关键字可以判断两个字符串是否匹配。使用 LIKE 关键字的语法格式如下。

```
SELECT   *|{字段名 1,字段名 2,…}
FROM 表名
WHERE 字段名 [NOT] LIKE '匹配字符串';
```

其中，NOT 是可选参数，使用 NOT 表示查询与指定字符串不匹配的记录；“匹配字符串”指定用来匹配的字符串，其值可以是一个普通字符串，也可以是包含百分号（%）和下划线（_）的通配字符串，百分号和下划线统称通配符，它们在通配字符中有特殊含义，两者的作用如下。

1. 百分号（%）通配符

　　百分号通配符可以匹配任意长度的字符串，包括空字符串。例如，字符串"c%"匹配以字符 c 开始、任意长度的字符串，如"cS""cut""curreut"等。

　　例如，查询 student 表中 name 字段值以字符"s"开头的学生 id，SQL 语句如下。

SELECT id,name FROM student WHERE name LIKE "s%";

　　执行结果如图 5-24 所示。

图 5-24　查询 name 字段值以字符"s"开头的学生 id

　　从执行结果可以看到，返回的记录中，name 字段值均以字符"s"开头，"s"后面可以跟任意数量的字符。

　　百分号通配符可以出现在通配字符串的任意位置。

　　例如，查询 student 表中 name 字段值以字符"w"开始、以字符"g"结束的学生 id，SQL 语句如下。

SELECT id,name FROM student WHERE name LIKE 'w%g';

　　执行结果如图 5-25 所示。

图 5-25　查询 name 字段值以字符"w"开始、以字符"g"结束的学生 id

　　从执行结果可以看到，字符"w"与"g"之间的百分号通配符匹配两个字符之间任意数量的字符。

　　在通配字符串中，可以出现多个百分号通配符。

　　例如，查询 student 表中 name 字段值包含字符"y"的学生 id，SQL 语句如下。

SELECT id,name FROM student WHERE name LIKE '%y%';

　　执行结果如图 5-26 所示。

图 5-26　查询 name 字段值包含字符"y"的学生 id

　　从执行结果可以看出，返回的记录中，name 字段值都包含字符"y"。

　　例如，查询 student 表中 name 字段值不包含字符"y"的学生 id，SQL 语句如下。

SELECT id,name　FROM student WHERE name NOT LIKE '%y%';

执行结果如图 5-27 所示。

图 5-27　查询 name 字段值不包含字符"y"的学生 id

从执行结果可以看出，返回的记录中，name 字段值都不包含字符"y"。

2．下划线（_）通配符

与百分号通配符不同，下划线通配符只匹配单个字符。如果要匹配多个字符，需要使用多个下划线通配符。例如，字符串"cu_"匹配以字符串"cu"开始、长度为 3 的字符串，如 cut、cup，字符串"c_1"匹配在字符"c"与"1"之间包含两个字符的字符串，如"cool""coal"等。如果使用多个下划线匹配多个连续字符，则下划线之间不能有空格。

例如，查询 student 表中 name 字段值以字符串"wu"开始、以字符串"ong"结束，并且两个字符串之间只有一个字符的记录，SQL 语句如下。

SELECT * FROM student WHERE name LIKE 'wu_ong';

执行结果如图 5-28 所示。

图 5-28　执行结果

从执行结果可以看出，查询的记录中，name 字段值为"wuyong"和"wusong"。通配字符串"wu_ong"中，一个下划线匹配一个字符。修改上述 SQL 语句，将匹配字符串修改为"wu_ng"，SQL 语句如下。

SELECT * FROM student WHERE name LIKE 'wu_ng';

执行结果如图 5-29 所示。

图 5-29　执行结果

从执行结果可以看到，返回记录为空。这是因为匹配字符串中只有一个下划线通配符，无法匹配两个字符。

例如，查询 student 表中 name 字段值包含 7 个字符且以字符串"ing"结束的记录。SQL 语句如下。

SELECT * FROM student WHERE name LIKE '____ing';

执行结果如图 5-30 所示。

图 5-30　查询 name 字段值包含 7 个字符且以字符串 "ing" 结束的记录

从执行结果可以看到，在通配字符串中使用了 4 个下划线通配符，匹配 name 字段值中 "ing" 前面的 4 个字符。

百分号和下划线是通配符，它们在通配字符串中有特殊含义。如果要匹配字符串中的百分号和下划线，就需要在通配字符串中使用右斜线（"\"）对百分号和下划线进行转义。例如，"\%" 匹配百分号字面值，"_" 匹配下划线字面值。

例如，查询 student 表中 name 字段值包括 "%" 的记录，

在查询之前，向 student 表中添加一条记录，SQL 语句如下。

INSERT INTO student(name,grade,gender)　VALUES('sun%er',95,'男');

从上面的 SQL 语句可以看到，添加记录的 name 字段值为 "sun%er"，包含一个百分号字面值。接下来，通过 select 语句查询这条记录，SQL 语句如下。

SELECT * FROM student WHERE name LIKE '%\%%';

从上面的 SQL 语句可以看到，在通配字符串 "%\%%" 中，"\%" 匹配百分号字面值，第一个和第三个百分号匹配任意数量的字符，执行结果如图 5-31 所示。

```
mysql> SELECT * FROM student WHERE name LIKE '%\%%';
+----+--------+-------+--------+
| id | name   | grade | gender |
+----+--------+-------+--------+
|  9 | sun%er |    95 | 男     |
+----+--------+-------+--------+
1 row in set (0.00 sec)
```

图 5-31　执行结果

从执行结果可以看到，查询出 name 字段值为 "sun%er" 的新记录。

5.2.8　带 AND 关键字的多条件查询

使用 select 语句查询数据时，有时为了使查询结果更加精确，可以使用多个查询条件。MySQL 提供一个 AND 关键字，使用 AND 关键字可以连接多个查询条件，只有满足所有条件的记录才返回。其语法格式如下。

SELECT　*|{字段名 1,字段名 2,...)
FROM　表名
WHERE 条件表达式 1 AND 条件表达式 2(... AND 条件表达式 m);

从上面的语法格式可以看到，在 WHERE 关键字后面跟着多个条件表达式。每两个条件表达式之间用 AND 关键字分隔。

例如，查询 student 表中 id 字段值小于 5 且 gender 字段值为 "女" 的学生姓名，SQL 语句如下。

SELECT id,name,gender FROM student WHERE id<5 AND gender='女';

执行结果如图 5-32 所示。

图 5-32　执行结果

从执行结果可以看到，返回记录的 id 字段值为 4，gender 字段值为"女"，也就是说，查询结果必须同时满足 AND 关键字连接的两个条件表达式。

例如，查询 student 表 id 字段值为 1、2、3、4，name 字段值以字符串"ng"结束，并且 grade 字段值小于 80 的记录，SQL 语句如下。

```
SELECT id,name,grade,gender
FROM student
WHERE id in(1,2,3,4) AND name LIKE '%ng' AND grade<80;
```

在 select 语句中，使用两个 AND 关键字连接三个条件表达式，执行结果如图 5-33 所示。

图 5-33　执行结果

从执行结果可以看出，返回的记录同时满足 AND 关键字连接的三个条件表达式。

5.2.9　带 OR 关键字的多条件查询

使用 select 语句查询数据时，也可以使用 OR 关键字连接多个查询条件。与 AND 关键字不同，使用 OR 关键字时，只要记录满足任一条件就可被查询出来。其语法格式如下。

```
SELECT    *|(字段名 1,字段名 2,...)
FROM  表名
WHERE 条件表达式 1 OR  条件表达式 2(... OR  条件表达式 m);
```

从上面的语法格式可以看到，在 WHERE 关键字后面跟着多个条件表达式，每两个条件表达式之间用 OR 关键字分隔。

例如，查询 student 表中 id 字段值小于 3 或者 gender 字段值为"女"的学生名，SQL 语句如下。

```
SELECT id,name,gender FROM student WHERE id<3 OR gender='女';
```

执行结果如图 5-34 所示。

图 5-34　执行结果

从执行结果可以看到，返回的四条记录中，其中两条是 id 字段值小于 3 的记录，其 gender 字段值为"男"；两条 gender 字段值为"女"的记录，其 id 值大于 3。说明只要记录满足 OR 关键字连接的任一条件就会被查询出来，而不需要同时满足两个条件表达式。

例如，查询 student 表中 name 字段值以字符“h”开始或 gender 字段值为“女”或 grade 字段值为 100 的记录，SQL 语句如下。

```
SELECT id,name,grade,gender
FROM student
WHERE name LIKE 'h%' OR gender='女' OR grade=100;
```

执行结果如图 5-35 所示。

```
mysql> SELECT id,name,grade,gender
    -> FROM student
    -> WHERE name LIKE 'h%' OR gender='女' OR grade=100;
+----+------------+-------+--------+
| id | name       | grade | gender |
+----+------------+-------+--------+
|  2 | wuyong     |   100 | 男     |
|  4 | husanniang |    88 | 女     |
|  5 | sunerniang |    66 | 女     |
+----+------------+-------+--------+
3 rows in set (0.00 sec)
```

图 5-35　执行结果

从执行结果可以看到，返回的一条记录至少满足 OR 关键字连接的三个条件之一，OR 关键字和 AND 关键字可以一起使用，但 AND 关键字的优先级高于 OR 关键字，因此当两者一起使用时，应该先运算 AND 关键字两边的条件表达式，再运算 OR 关键字两边的条件表达式。

例如，查询 student 表中 gender 字段值为“女”或者 gender 字段值为“男”，并且 grade 字段值为 100 的学生姓名，SQL 语句如下。

```
SELECT name,grade,gender
FROM student
WHERE gender='女' OR gender='男' AND grade=100;
```

执行结果如图 5-36 所示。

```
mysql> SELECT name,grade,gender
    -> FROM student
    -> WHERE gender='女' OR gender='男' AND grade=100;
+------------+-------+--------+
| name       | grade | gender |
+------------+-------+--------+
| wuyong     |   100 | 男     |
| husanniang |    88 | 女     |
| sunerniang |    66 | 女     |
+------------+-------+--------+
3 rows in set (0.00 sec)
```

图 5-36　执行结果

从执行结果可以看到，如果 AND 关键字的优先级与 OR 关键字相同或者比 OR 关键字低，则 AND 操作最后执行，查询结果只会返回一条记录，记录的 grade 字段值为 100。而本例中追回了三条记录，说明先执行的是 AND 操作，后执行的是 OR 操作，即 AND 关键字的优先级高于 OR 关键字。

任务实施

本任务将围绕网上商城数据库中的 my_goods 表进行简单单表查询练习。

1. 复制已有表结构

若需要创建一个与已有数据表结构相同的数据表，则可以通过以下语法完成表结构的

复制。例如，从 shop 数据库中复制一份与 sh_goods 数据表相同结构的 my_ goods 表到 mydb
数据库，具体 SQL 语句如下。

```
USE shop;
CREATE TABLE mydb.my_goods LIKE sh_goods;
```

2. 复制已有表数据

数据复制也称蠕虫复制，是新增数据的一种方式，其原理是从已有数据中获取数据，并且将获取到的数据插入对应的数据表，实现成倍的增加。此种方式获取数据与插入数据的表结构要相同，否则可能会遇到插入不成功的情况。

例如，从 sh_goods 表中复制数据到 my_goods 表，具体 SQL 语句如下。

```
INSERT INTO my_goods SELECT * FROM sh_goods;
```

使用 select 语句查看商品数据的添加情况。

```
select * from my_goods;
```

3. 去除重复记录

实际应用中，出于对数据的分析需求，有时需要去除查询记录中重复的数据。例如，查看商品表中共有几种分类的商品，具体 SQL 语句如下。

```
SELECT DISTINCT keyword FROM sh_goods;
```

执行结果如图 5-37 所示。

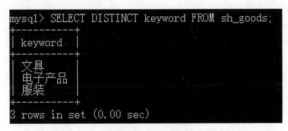

图 5-37　执行结果

从执行结果可以看出，查询的 keyword 字段值有 3 条为"文具"，5 条为"电子产品"，2 条为"服装"，即使有重复的数据，在默认情况下也保存了所有查询记录。

4. 条件查询

例如，下面查询 sh_goods 表，获取将 4 星以上好评的商品添加 500 件库存后的值，以 6.5 折促销后的价格，具体 SQL 语句如下。

```
SELECT name, price, stock, price*0.65, stock+500.00
FROM sh_goods WHERE score >=4;
```

例如，在活动日，将库存量大于 200 的商品 5 折优惠卖出 4/5 库存，查询活动后剩余的库存量，具体 SQL 语句如下。

```
SELECT name,stock,stock/5 FROM sh_goods WHERE stock > 200;
```

例如，获取 sh_goods 表中价格为 2000～6000 的商品，商品信息包括 id、name 和 price，具体 SQL 语句如下。

```
SELECT id, name, price FROM sh_goods WHERE price BETWEEN 2000 AND 6000;
```

例如，获取 sh_goods 表中关键词不为空的商品 id、name、price 和 keyword，具体 SQL 语句如下。

```
SELECT id, name, price, keyword FROM sh_goods
WHERE keyword IS NOT NULL;
```

例如，在 sh_goods 表中，获取商品名称中含有"笔"的商品 id、name、price 和 content，具体 SQL 语句如下。

```
SELECT id, name, price, content FROM sh_goods WHERE name LIKE '%笔%';
```

例如，获取 sh_goods 表中描述字段内含有"人"或"必备"词语的商品 id、name 和 content 字段内容，具体 SQL 语句如下。

```
SELECT id, name, content FROM sh_goods WHERE content REGEXP '人|必备';
```

例如，获取 sh_goods 表中 category_id 为 3 或 15 的商品 id、name、keyword 和 category_id，具体 SQL 语句如下。

```
SELECT id, name, keyword, category_id FROM sh_goods
WHERE category_id IN(3, 15);
```

例如，查询 sh_goods 表中关键词为"电子产品"的 5 星商品，信息包括商品的 id、name 和 price，具体 SQL 语句如下。

```
SELECT id, name, price FROM sh_goods
WHERE keyword = '电子产品' && score = 5;
```

例如，查询 sh_goods 表中评分为 4.5 或价格小于 10 的商品，信息包括商品的 id、name、price 和 score，具体 SQL 语句如下。

```
SELECT id, name, price FROM sh_goods
WHERE score = 4.5 || price < 10;
```

5.3　高级查询

任务描述

单表查询指查询的数据来自同一个表，单表查询的主要关键字是 SELECT 与 FROM，SELECT 是指要查询的字段名称，可以使用关键字 DISTINCT、AS 或者四则运算。FROM 是指来自哪个数据表。WHERE 用来设置查询条件，可以使用关键字 IN、NULL、BETWEEN....AND...等。分组使用关键字 GROUP BY；排序使用关键字 ORDER BY；聚合函数通常与分组排序组合使用，常用的聚合函数有 MAX、MIN、AVG、SUM 和 COUNT 等。

任务要求

通过条件查询可以查询到符合条件的数据，但要实现计算字段值、根据一个或多个字段对查询结果进行分组等操作，就需要使用更高级的查询，MySQL 提供了聚合函数、分组查询、排序查询、限量查询、内置函数以实现更复杂的查询需求。下面针对这些高级查询的知识进行讲解。

知识链接

对创建完成的存储过程是否正确，能否按照操作需要完成存储过程的调用，对创建的存储过程如何查看，如果出现创建错误如何修改，如何删除等问题进行深入分析，可便于完整操作存储过程。

项目开发时，存储在数据库的海量数据可以根据项目需求实现增、删、改、查操作，其每条数据也都可以变得更有价值，高效满足用户的要求。通常会对数据进行统计分析，如分组、统计、排序、限量等。

1．分组

在 MySQL 中，可以使用 GROUP EY 语句根据一个或多个字段进行分组，字段值相同的为一组。另外，可以使用 HAVING 对分组的数据进行条件筛选。

2．统计

在对数据进行统计时，经常需要结合 MySQL 提供的聚合函数以统计出具有价值的数据。常用的聚合函数有 COUNT()、SUM()、AVG()、MAX()、MIN()等。

3．排序

为了使查询的数据结果满足用户的要求，通常会对查询出的数据进行上升或下降排序。select 语句的查询结果集的排序由数据库系统动态确定，其往往是无序的。order by 子句用于对结果集排序。

4．限量

一次性查询出的大量记录不仅不便于阅读查看，还浪费系统效率。为此，MySQL 提供了 LIMIT 关键字，可以限定记录的数量，也可以指定查询从哪一条记录开始。

5.3.1　聚合函数

在实际开发中，经常需要对某些数据进行统计，例如统计某个字段的最大值、最小值、平均值等。MySQL 提供的聚合函数见表 5-8。

聚合函数的用法

表 5-8　聚合函数

函数名称	作用
COUNT()	返回某列的行数
SUM()	返回某列值的和
AVG()	返回某列的平均值
MAX()	返回某列的最大值
MIN()	返回某列的最小值

表 5-8 中的函数用于对一组值进行统计，并返回唯一值，这些函数称为聚合函数。

1．COUNT()函数

COUNT()函数用来统计记录的条数，其语法格式如下。

`SELECT COUNT(*) FROM 表名`

使用上面的语法格式可以求出表中有多少条记录。

例如，查询 student 表中的记录数量，SQL 语句如下。

`SELECT COUNT(*) FROM student;`

执行结果如图 5-38 所示。

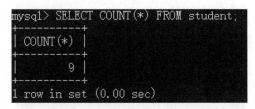

图 5-38　执行结果

从执行结果可以看出，student 表中共有 8 条记录。

2. SUM()函数

SUM()是求和函数，用于求出表中某个字段所有值的总和，其语法格式如下。

SELECT SUM(字段名) FROM student;

使用上面的语句可以求出指定字段值的总和。

例如，求出 student 表中 grade 字段的总和，SQL 语句如下。

SELECT SUM(grade) FROM student;

执行结果如图 5-39 所示。

图 5-39　执行结果

从执行结果可以看到，所有学生 grade 字段的总和为 747。

3. AVG()函数

AVG()函数用于求出某个字段所有值的平均值，其语法格式如下。

SELECT AVG(字段名) FROM student;

使用上面的语句，可以求出指定字段所有值的平均值。

例如，求出 student 表中 grade 字段的平均值，SQL 语句如下。

SELECT AVG(grade) FROM student;

执行结果如图 5-40 所示。

```
mysql> SELECT AVG(grade) FROM student;
+-----------+
| AVG(grade) |
+-----------+
|        83 |
+-----------+
1 row in set (0.00 sec)
```

图 5-40　执行结果

从执行结果可以看到，所有学生 grade 字段的平均值为 83。

4. MAX()函数

MAX()函数是求最大值的函数，用于求出某个字段的最大值，其语法格式如下。

SELECT MAX(字段名) FROM student;

例如，求出 student 表中所有学生 grade 字段的最大值，SQL 语句如下。

SELECT MAX(grade) FROM student;

执行结果如图 5-41 所示。

```
mysql> SELECT MAX(grade) FROM student;
+-----------+
| MAX(grade) |
+-----------+
|       100 |
+-----------+
1 row in set (0.00 sec)
```

图 5-41　执行结果

从执行结果可以看到，所有学生 grade 字段的最大值为 100。

5．MIN()函数

MIN()函数是求最小值的函数，用于求出某个字段的最小值，其语法格式如下。

```
SELECT MIN(字段名) FROM student;
```

例如，求出 student 表中 grade 字段的最小值，SQL 语句如下。

```
SELECT MIN(grade) FROM student;
```

执行结果如图 5-42 所示。

```
mysql> SELECT MIN(grade) FROM student;
+------------+
| MIN(grade) |
+------------+
|         40 |
+------------+
1 row in set (0.00 sec)
```

图 5-42　执行结果

从执行结果可以看到，所有学生 grade 字段的最小值为 40。

5.3.2　对查询结果排序

从表中查询的数据可能是无序的，或者其排列顺序不是用户期望的。为了使查询结果满足用户的要求，可以使用 ORDER BY 语句对查询结果进行排序，其语法格式如下。

```
SELECT 字段名 1,字段名 2,...
FROM 表名
ORDER BY 字段名 1  [ASC | DESC],字段名 2  [ASC |DESC]...
```

其中，指定的字段名 1、字段名 2 等是对查询结果排序的依据；ASC 表示按照升序进行排序；DESC 表示按照降序进行排序。在默认情况下，按照 ASC 方式排序。

例如，查出 student 表中的所有记录，并按照 grade 字段排序，SQL 语句如下。

```
SELECT  FROM  student  ORDER  BY  grade;
```

执行结果如图 5-43 所示。

```
mysql> SELECT * FROM student
    -> ORDER BY grade;
+----+------------+-------+--------+
| id | name       | grade | gender |
+----+------------+-------+--------+
|  1 | songjiang  |    40 | 男     |
|  5 | sunerniang |    66 | 女     |
|  6 | wusong     |    86 | 男     |
|  4 | husanniang |    88 | 女     |
|  3 | qinming    |    90 | 男     |
|  8 | yanqing    |    90 | NULL   |
|  7 | linchong   |    92 | 男     |
|  9 | sun%er     |    95 | 男     |
|  2 | wuyong     |   100 | 男     |
+----+------------+-------+--------+
9 rows in set (0.00 sec)
```

图 5-43　执行结果

从执行结果可以看到，返回的记录按照 ORDER BY 指定的字段 grade 排序，并且默认按升序排列。

例如，查出 student 表中的所有记录，使用参数 ASC 按照 grade 字段升序排列，SQL 语句如下。

```
SELECT * FROM student ORDER BY grade ASC;
```

执行结果如图 5-44 所示。

```
mysql> SELECT * FROM student ORDER BY grade ASC;
+----+-------------+-------+--------+
| id | name        | grade | gender |
+----+-------------+-------+--------+
|  1 | songjiang   |    40 | 男     |
|  5 | sunerniang  |    66 | 女     |
|  6 | wusong      |    86 | 男     |
|  4 | husanniang  |    88 | 女     |
|  3 | qinming     |    90 | 男     |
|  8 | yanqing     |    90 | NULL   |
|  7 | linchong    |    92 | 男     |
|  9 | sun%er      |    95 | 男     |
|  2 | wuyong      |   100 | 男     |
+----+-------------+-------+--------+
9 rows in set (0.00 sec)
```

图 5-44 执行结果

从执行结果可以看到，在 ORDER BY 中使用了 ASC 关键字，返回结果与上例的查询结果一致。

例如，查出 student 表中的所有记录，使用 DESC 按照 grade 字段降序排列，SQL 语句如下。

```
SELECT * FROM student ORDER BY grade DESC;
```

执行结果如图 5-45 所示。

```
mysql> SELECT * FROM student ORDER BY grade DESC;
+----+-------------+-------+--------+
| id | name        | grade | gender |
+----+-------------+-------+--------+
|  2 | wuyong      |   100 | 男     |
|  9 | sun%er      |    95 | 男     |
|  7 | linchong    |    92 | 男     |
|  3 | qinming     |    90 | 男     |
|  8 | yanqing     |    90 | NULL   |
|  4 | husanniang  |    88 | 女     |
|  6 | wusong      |    86 | 男     |
|  5 | sunerniang  |    66 | 女     |
|  1 | songjiang   |    40 | 男     |
+----+-------------+-------+--------+
9 rows in set (0.00 sec)
```

图 5-45 执行结果

从执行结果可以看到，在 ORDER BY 中使用了 DESC 关键字，返回的记录按照 grade 字段的降序排列。

在 MySQL 中，可以指定按照多个字段对查询结果进行排序。例如，将查询出的 student 表中所有记录按照 gender 和 grade 字段排序。在排序过程中，先按照 gender 字段排序。如果遇到 gender 字段值相同的记录，则把这些记录按照 grade 字段排序。

例如，查询 student 表中的所有记录，按照 gender 字段的升序和 grade 字段的降序排列，SQL 语句如下。

```
SELECT * FROM student
ORDER BY gender ASC,grade DESC;
```

执行结果如图 5-46 所示。

```
mysql> SELECT * FROM student
    -> ORDER BY gender ASC,grade DESC;
+----+-------------+-------+--------+
| id | name        | grade | gender |
+----+-------------+-------+--------+
|  8 | yanqing     |    90 | NULL   |
|  4 | husanniang  |    88 | 女     |
|  5 | sunerniang  |    66 | 女     |
|  2 | wuyong      |   100 | 男     |
|  9 | sun%er      |    95 | 男     |
|  7 | linchong    |    92 | 男     |
|  3 | qinming     |    90 | 男     |
|  6 | wusong      |    86 | 男     |
|  1 | songjiang   |    40 | 男     |
+----+-------------+-------+--------+
9 rows in set (0.00 sec)
```

图 5-46 执行结果

从执行结果可以看到，先按照 gender 字段值的升序排序，然后 gender 值为“男”和“女”的记录分别按照 grade 字段值的降序排列。

注意：按照指定字段升序排列时，如果某条记录的字段值为 NULL，则这条记录会在第一条显示，因为 NULL 值可以被认为是最小值。

5.3.3　分组进行数据查询

在对表中数据进行统计时，可能需要按照一定的类别进行。比如，分别统计 student 表中 gender 字段值为“男”“女”“NULL”的学生成绩（grade 字段）之和。在 MySQL 中，可以使用 GROUP BY 按某个字段或者多个字段中的值进行分组，字段中值相等的为一组，其语法格式如下。

```
SELECT 字段名 1,字段名 2...
FROM 表名
GROUP BY 字段名 1,字段名 2,... [HAVING 条件表达式];
```

其中，指定的字段名 1、字段名 2 等是对查询结果分组的依据。HAVING 关键字指定条件表达式对分组后的内容进行过滤。GROUP BY 一般与聚合函数一起使用，如果查询的字段出现在 GROUP BY，但没有包含在聚合函数中，则该字段显示分组后的第一条记录的值，可能导致查询结果不符合预期。

分组查询比较复杂，接下来将分三种情况讲解。

1. 单独使用 GROUP BY 分组

单独使用 GROUP BY 关键字，可以查询每个分组中的一条记录。

例如，查询 student 表中的记录，按照 gender 字段值进行分组，SQL 语句如下。

```
SELECT * FROM student GROUP BY gender;
```

执行结果如图 5-47 所示。

```
mysql> SELECT * FROM student GROUP BY gender;
+----+------------+-------+--------+
| id | name       | grade | gender |
+----+------------+-------+--------+
|  1 | songjiang  |    40 | 男     |
|  4 | husanniang |    88 | 女     |
|  8 | yanqing    |    90 | NULL   |
+----+------------+-------+--------+
3 rows in set (0.00 sec)
```

图 5-47　执行结果

从执行结果可以看到，返回了三条记录。这三条记录中 gender 字段的值分别“NULL”“男”“女”，说明查询结果按照 gender 字段中的不同值进行分类。然而这种查询结果只显示每个分组中的一条记录，意义不大。一般情况下，GROUP BY 和聚合函数一起使用。

2. GROUP BY 和聚合函数一起使用

GROUP BY 和聚合函数一起使用，可以统计出某个字段或者某些字段在一个分组中的最大值、最小值、平均值等。

例如，将 student 表按照 gender 字段值进行分组查询，计算出每个分组的学生数量，SQL 语句如下。

```
SELECT COUNT(*),gender FROM student GROUP BY gender;
```

执行结果如图 5-48 所示。

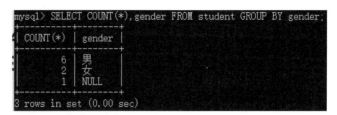

图 5-48   执行结果

从执行结果可以看到，GROUP BY 对 student 表按照 gender 字段中的不同值进行了分组，并通过 COUNT()函数统计出 gender 字段值为"NULL"的学生有 1 个，gende 字段值为"男"的学生有 6 个，gender 字段值为"女"的学生有 2 个。

3. GROUP BY 和 HAVING 关键字一起使用

HAVING 关键字与 WHERE 关键字的作用相同，都用于设置条件表达式对查询结果进行过滤。两者的区别在于，HAVING 关键字后可以跟聚合函数，而 WHERE 关键字不能。通常情况下，HAVING 关键字与 GROUP BY 一起使用，用于对分组后的结果进行过滤。

例如，将 student 表按照 gender 字段进行分组查询，查询出 grade 字段值之和小于 300 的分组，SQL 语句如下。

SELECT sum(grade),gender FROM student GROUP BY gender HAVING SUM(grade)<300;

执行结果如图 5-49 所示。

```
mysql> SELECT sum(grade),gender FROM student GROUP BY gender HAVING SUM(grade)<300;
+------------+--------+
| sum(grade) | gender |
+------------+--------+
|        154 | 女     |
|         90 | NULL   |
+------------+--------+
2 rows in set (0.00 sec)
```

图 5-49   执行结果

从执行结果可以看到，只有 gender 值为"NULL"和"女"的分组的 grade 字段值之和小于 300。为了验证执行结果的正确性，下面查询 gender 值为"男"的所有学生的 grade 字段值之和，SQL 语句如下。

SELECT sum(grade),gender FROM student GROUP BY gender='男';

执行结果如图 5-50 所示。

```
mysql> SELECT sum(grade),gender FROM student where gender='男';
+------------+--------+
| sum(grade) | gender |
+------------+--------+
|        503 | 男     |
+------------+--------+
1 row in set (0.00 sec)
```

图 5-50   执行结果

从执行结果可以看到，gender 字段值为"男"的所有学生 grade 字段值之和为 503，可以说明上面分组查询结果的正确性。

5.3.4   使用 LIMIT 限制查询结果的数量

LIMIT 限制查询

查询数据时，可能返回很多条记录，而用户需要的记录可能只是其中一条或者多条。例如实现分页功能，每页显示 10 条信息，每次查询只需查出 10 条记录。为此，MySQL 提供了 LIMIT 关键字，可以指定查询结果从哪条记录开始以及查询多少条信息，其语法格式如下。

```
SELECT 字段名 1,字段名 2...
FROM 表名
LIMIT [OFFSET,]记录数
```

其中，LIMIT 关键字后面可以跟两个参数，第一个参数 OFFSET 表示偏移量，如果偏移量为 0，则从查询结果的第一条记录开始；如果偏移量为 1，则从查询结果的第二条记录开始，依此类推。OFFSET 为可选值，如果不指定其默认值为 0，则第二个参数“记录数”表示返回查询记录数。

例如，查询 student 表中的前 4 条记录，SQL 语句如下。

```
SELECT * FROM student LIMIT 4;
```

执行结果如图 5-51 所示。

```
mysql> SELECT * FROM student LIMIT 4;
+----+------------+-------+--------+
| id | name       | grade | gender |
+----+------------+-------+--------+
|  1 | songjiang  |    40 | 男     |
|  2 | wuyong     |   100 | 男     |
|  3 | qinming    |    90 | 男     |
|  4 | husanniang |    88 | 女     |
+----+------------+-------+--------+
4 rows in set (0.00 sec)
```

图 5-51　执行结果

从执行结果可以看到，执行语句中没有指定返回记录的偏移量，只指定了查询记录数 4，因此返回结果从第一条记录开始，一共返回 4 条记录。

例如，查询 student 表中 grade 字段值从第 5 位到第 8 位的学生（从高到低），SQL 语句如下。

```
SELECT * FROM student ORDER BY grade DESC LIMIT 4,4;
```

其中，LIMIT 关键字后面跟了两个参数，第一个参数表示偏移量为 4，即从第 5 条记录开始查询；第二个参数表示一共返回 4 条记录，即从第 5 位到第 8 位学生。使用 ORDER BY ...DESC 使学生按照 grade 字段值从高到低的顺序排列，执行结果如图 5-52 所示。

```
mysql> SELECT * FROM student ORDER BY grade DESC LIMIT 4,4;
+----+------------+-------+--------+
| id | name       | grade | gender |
+----+------------+-------+--------+
|  8 | yanqing    |    90 | NULL   |
|  4 | husanniang |    88 | 女     |
|  6 | wusong     |    86 | 男     |
|  5 | sunerniang |    66 | 女     |
+----+------------+-------+--------+
4 rows in set (0.00 sec)
```

图 5-52　执行结果

从执行结果可以看到，返回了 4 条记录，为了验证返回记录的 grade 字段值是从第 5 位到第 8 位，下面对 student 表中的所用记录按照 grade 字段从高到低的顺序排列，执行结果如图 5-53 所示。

```
mysql> SELECT * FROM student ORDER BY grade DESC ;
+----+------------+-------+--------+
| id | name       | grade | gender |
+----+------------+-------+--------+
|  2 | wuyong     |   100 | 男     |
|  9 | sun%er     |    95 | 男     |
|  7 | linchong   |    92 | 男     |
|  3 | qinming    |    90 | 男     |
|  8 | yanqing    |    90 | NULL   |
|  4 | husanniang |    88 | 女     |
|  6 | wusong     |    86 | 男     |
|  5 | sunerniang |    66 | 女     |
|  1 | songjiang  |    40 | 男     |
+----+------------+-------+--------+
9 rows in set (0.00 sec)
```

图 5-53　执行结果

通过对比可以看到，使用 LIMIT 关键字查询的结果正好是所有记录的第 5 位到第 8 位。

5.3.5　对查询结果进行排序

select 语句的查询结果集的排序由数据库系统动态确定，往往是无序的。ORDER BY 子句用于对结果集排序。在 select 语句中添加 ORDER BY 子句，可以使结果集中的记录按照一个或多个字段的值排序，排序的方向可以是升序（ASC）或降序（DESC），默认排序方式为 ASC，语法格式如下。

```
SELECT 字段名 1,字段名 2...
FROM 表名
ORDER BY 字段名 1 [ASC|DESC] [...字段名 n [ASC|DESC]]
```

在 ORDER BY 子句中，可以指定多个字段作为排序的关键字，其中第一个字段为排序主关键字，第二个字段为排序次关键字，依此类推。排序时，先按照主关键字的值排序，若主关键字的值相同，再按照次关键字的值排序，依此类推。

例如，对 student 表中的成绩降序排序，可以使用下面的 SQL 语句。

```
SELECT * FROM student ORDER BY grade；
```

5.3.6　函数列表

MySQL 提供了丰富的函数，可以简化用户对数据的操作。MySQL 的函数包括数学函数、字符串函数、日期和时间函数、条件判断函数、加密函数等。函数较多，不可能一一讲解，下面对常用函数的作用进行说明。

ABS(x)：返回 x 的绝对值。

SQRT(x)：返回 x 的非负 2 次方根。

MOD(x,y)：返回 x 被 y 除后的余数。

CEILING(x)：返回不小于 x 的最小整数。

FLOOR(x)：返回不大于 x 的最大整数。

ROUND(x,y)：对 x 进行四舍五入操作，小数点后保留 y 位。

TRUNCATE(x,y)：舍去 x 中小数点 y 位后面的数。

SIGN(x)：返回 x 的符号，1.0 或者 1。

LENGTH(str)：返回字符串 str 的长度。

CONCAT(s1,s2,...)：返回一个或者多个字符串连接产生的新字符串。

TRIM(str)：删除字符串两侧的空格。

REPLACE(str,s1,s2)：使用字符串 s2 替换字符串 str 中所有的字符串 s1。

SUBSTRING(str,n,len)：返回字符串 str 的子串，起始位置为 n，长度为 len。

REVERSE(str) ：返回字符串反转的结果。

LOCATE(s1,str)：返回字串 s1 在字符串 str 中的起始位置。

CURDATE()：获取系统当前日期。

CURTIME()：获取系统当前时间。

SYSDATE()：获取当前系统日期和当前时间。

TIME_TO_SEC()：返回将时间转换成秒的结果。

ADDDATE()：执行日期的加运算。

SUBDATE()：执行日期的减运算。

DATE_FORMAT()：格式化输出日期和时间值。

MD5(str)：对字符串 str 进行 MD5 加密。

ENCODE(str,pwd_str)：使用 pwd 作为密码加密字符串 str。

DECODE(str,pwd_str)：使用 pwd 作为密码解密字符串 str。

例如，查询 student 表中的所有记录，使用下划线 "_" 连接各字段值，SQL 语句如下。

SELECT CONCAT(id,'_',name,'_',grade,'_',gender) FROM student;

执行结果如图 5-54 所示。

图 5-54　执行结果

从执行结果可以看到，通过调用 CONCAT() 函数将 student 表中各字段值使用下划线连接。CONCAT(str1,str2,...) 的返回结果为连接参数产生的字符串，如有任一参数为 NULL，则返回值为 NULL。

例如，查询 student 表中的 id 和 gender 字段值，如果 gender 字段值为 "男"，则返回 1；如果 gender 字段值不为 "男"，则返回 0，SQL 语句如下。

SELECT id,IF(gender='男',1,0) FROM student;

执行结果如图 5-55 所示。

图 5-55　执行结果

从执行结果可以看到，student 表中 gender 字段值为 "男" 的记录都返回 1，gender 字段值为 "女" 或者 "NULL" 的记录都返回 0。

任务实施

在电子商务网站迅速发展的今天，商品的种类与数量数以万计，甚至更多。因此，人们查看某种商品时，经常需要进行排序，让满足要求的数据显示到最前面，方便下一步操作。同时，为了提高执行效率，经常需要对操作的数据进行限制。

例如，按照商品价格从高到低依次显示 sh_goods 表中的所有商品，SQL 语句如下。

SELECT id, name, price FROM sh_goods ORDER BY price DESC;

例如，查询 sh.goods 表中的数据，显示数据时，先按商品分类 category_id 升序排序，再按商品价格 price 从高到低排序，SQL 语句如下。

```
SELECT category_id, id, name, price FROM sh_goods
ORDER BY category_id, price DESC;
```

按照指定字段升序排列时，如果某条记录的字段值为 NULL，则系统将 NULL 看作最小值，从而将其显示在查询结果中的第一条记录的位置。

例如，查询 sh_goods 表中价格最高的商品，具体 SQL 语句如下。

```
SELECT id, name, price FROM sh_goods ORDER BY price DESC LIMIT 1;
```

例如，将 sh_goods 表中价格最低的两种商品库存设置为 500，具体 SQL 语句如下。

```
UPDATE sh_goods SET stock = 500 ORDER BY price ASC LIMIT 2;
SELECT id, name, price, stock FROM sh_goods ORDER BY price;
```

例如，采用聚合函数 MAX( ) 获取每个分类下商品的最高价格，具体 SQL 语句如下。

```
SELECT category_id, MAX(price) FROM sh_goods GROUP BY category_id;
```

例如，根据 sh_goods 表中的分类 id（category_id）进行分组降序，查询并显示分组后每组的商品 id 以及商品名称，具体 SQL 语句如下。

```
SELECT category_id, GROUP_CONCAT(id), GROUP_CONCAT(name)
FROM sh_goods GROUP BY category_id order by category_id desc;
```

例如，对 sh_goods 表以评分 score 降序分组，再以评论数 comment_count 升序排序，获取的数据包括商品数量、指定分组下的商品名称以及对应的评论数，具体 SQL 语句如下。

```
SELECT score, COUNT(*), GROUP_CONCAT(name), comment_count
FROM sh_goods GROUP BY score order by score, comment_count DESC;
```

例如，查询 sh_goods 表，获取在评分 score 和评分数 comment_count 不同的情况下，含有两件商品的对应商品 id。具体 SQL 语句如下。

```
SELECT score, comment_count, GROUP_CONCAT(id) FROM sh_goods
GROUP BY score, comment_count HAVING COUNT(*) = 2;
```

5.4　为表和字段取别名

别名的用法

任务描述

查询数据时，可以为表和字段取别名，别名可以代替其指定的表和字段。

任务要求

本节将讲解为表和字段取别名的方法。

知识链接

5.4.1　为表取别名

进行查询操作时，如果表名很长，使用起来就不太方便，可以为表取一个别名，用别名代替表的名称，SQL 语句如下。

```
SELECT 字段名 1,字段名 2... FROM 表名 [AS] 别名;
```

其中，AS 关键字用于指定表名的别名，可以省略。

例如，为 student 表起一个别名 s，并查询 student 表中 gender 字段值为 "女" 的记录，

SQL 语句如下。

> SELECT * FROM student AS s WHERE s.gender='女';

其中，student AS s 表示 student 表的别名为 s；s.gender 表示 student 表的 gender 字段，执行结果如图 5-56 所示。

图 5-56　执行结果

5.4.2　为字段取别名

在前面的查询操作中，每条记录中的列名都是定义表时的字段名，有时为了让显示查询结果更加直观，可以为字段取一个别名，SQL 语句如下。

> SELECT 字段名 [AS] 别名[,字段名 [AS] 别名,...] FROM 表名;

其中，为字段名指定别名的 AS 关键字可以省略。

例如，查询 student 表中的所有记录的 name 和 gender 字段值，并为这两个字段起别名 stu_name 和 stu_gender，SQL 语句如下。

> SELECT name AS stu_name,gender stu_gender FROM student;

执行结果如图 5-57 所示。

图 5-57　执行结果

从执行结果可以看到，显示的是指定的别名而不是 student 表中的字段名。

任务实施

在前面介绍分组查询、聚合函数查询和后面章节将涉及的嵌套子查询内容中，有时需要对表中的计算字段取别名，显示结果为指定的列别名，这样就增强了查询结果的可读性。

例如，将商品表 sh_goods 按照分类 id 字段值进行分组查询，计算出每个分组中价格最高的商品价格。SQL 语句如下。

> SELECT category_id 分类 id, MAX(price) 最高价格 FROM sh_goods GROUP BY 分类 id HAVING 分类 id = 3 OR 分类 id = 6;

执行结果如图 5-58 所示。

图 5-58　执行结果

SELECT g.category_id cid, MAX(g.price) max_price FROM sh_goods g GROUP BY cid HAVING cid = 3 OR cid = 6;

执行结果如图 5-59 所示。

图 5-59　执行结果

例如，查询"钢笔"所在的分类下有哪些商品。SQL 语句如下。

SELECT DISTINCT g1.id, g1.name FROM sh_goods g1

JOIN sh_goods g2

ON g2.name = '钢笔' AND g2.category_id = g1.category_id;

执行结果如图 5-60 所示。

图 5-60　执行结果

能 力 拓 展

学习数据库在于多看、多学、多想、多动手，只有将理论与实际结合，才能够体现出数据开发与管理的重要性，展现知识学习的价值与力量。下面根据文字提示，完成商品表（sh_goods）与商品评论表（sh_goods_comment）各种需求的查询操作。

1. 查询商品 id 等于 8 且有效的评论内容

利用比较运算符"="和逻辑运算符"&&"完成指定需求记录的查询，SQL 语句如下。

SELECT id, content FROM sh_goods_comment

WHERE goods_id = 8 && is_show = 1;

执行结果如图 5-61 所示。

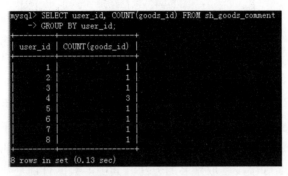

图 5-61　执行结果

2. 查询每个用户评论的商品数量。

由于一个用户可以评论多件商品，因此，若要查询每个用户评论的商品数量，则先根据用户 id 进行分组，再利用聚合函数 COUNT() 获取每个分组下的商品数量，SQL 语句如下。

```
SELECT user_id, COUNT(goods_id) FROM sh_goods_comment
GROUP BY user_id;
```

执行结果如图 5-62 所示。

图 5-62　执行结果

3. 查询最新发布的 5 条有效商品评论信息

根据文字描述可知，查询的评论信息先是有效的，再是最新发布的 5 条记录，SQL 语句如下。

```
SELECT id, content, user_id, goods_id
FROM sh_goods_comment
WHERE is_show = 1
ORDER BY create_time DESC
LIMIT 5;
```

执行结果如图 5-63 所示。

图 5-63　执行结果

4. 查询评论过两种以上不同商品的用户 id 及对应的商品 id

根据文字提示可知，首先根据用户 id 进行分组；其次利用 HAVING 执行查询的需求，限制评论的商品数量大于或等于 2；最后获取用户 id 和该用户评价过的商品 id，SQL 语句如下。

```
SELECT user_id, GROUP_CONCAT(goods_id)
FROM sh_goods_comment
GROUP BY user_id
HAVING COUNT(DISTINCT goods_id) >= 2;
```

执行结果如图 5-64 所示。

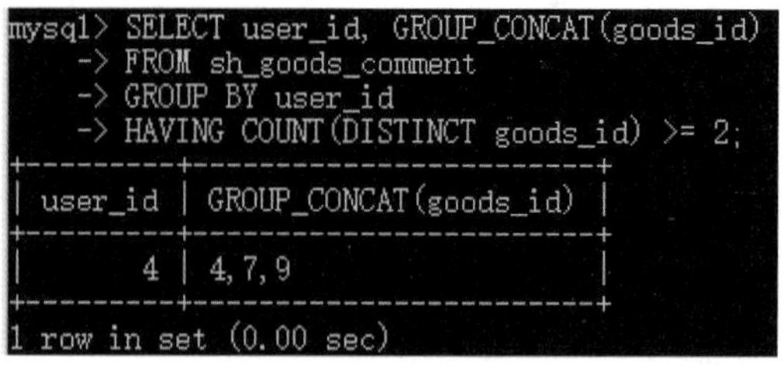

图 5-64　执行结果

单 元 小 结

本单元主要讲解了单表查询的方法。首先介绍了 select 语句中的 select 子句、from 子句、where 子句、order by 子句、group by 子句、having 子句、limit 子句；然后讲解了条件描述和条件查询；接着介绍了常用聚合函数的用法和高级查询涉及的分组、排序及限定；最后用案例演示为表名和字段名取别名的方法。其中，数据查询是数据库操作中需要重点掌握的内容，读者应该多加练习，熟练掌握单表查询的基本操作，为后面单元的学习打下坚实基础。

单 元 测 验

一、选择题

1. 下列选项中，查询 student 表 id 值不在 2～5 之间的学生的 SQL 语句是（　　　）。

A. SELECT * FROM student where id!=2,3,4,5;

B. SELECT * FROM student where id not between 5 and 2;

C. SELECT FROM student where id not between 2 and 5;

D. SELECT * FROM student where id not in 2,3,4,5;

2. 设有关系 Students(学号,姓名,年龄,性别,系名,家庭住址)，如果要查询姓"李"且家庭住址包含"科技路"的学生学号、姓名及所在系，则对应的 select 语句如下：

SELECT 学号,姓名,系名　FROM Students

WHERE　姓名 LIKE '李%'AND　（　　　）；

A. 家庭住址 LIKE '%科技路%'　　　　B. 家庭住址 LIKE '*科技路**'

C. 家庭住址 AS '%科技路%'　　　　　D. 家庭住址 AS '*科技路*'

3. 商品关系 P(商品名,条形码,产地,价格)中的条形码可以作为主键，查询由"北京"生产的 185 升电冰箱的 SQL 语句如下：

SELECT 商品名，产地 FROM P

WHERE 产地='北京' AND（　　　）；

    A．条形码=185 升电冰箱　　　　　　B．条形码="185 升电冰箱"

    C．商品名=185 升电冰箱　　　　　　D．商品名="185 升电冰箱"

4．下列选项中，用于求出表中某个字段值之和的函数是（　　　）

    A．AVG()　　　　B．SUM()　　　　C．MIN()　　　　D．MAX()

5．下列选项中，可以查询 student 中 id 字段值小于 5 且 gender 字段值为"女"的学生姓名的 SQL 语句是（　　　）。

    A．SELECT name FROM student WHERE id<5 OR gender='女';

    B．SELECT name FROM student WHERE id<5 AND gender='女';

    C．SELECT name FROM student WHERE id<5,gender='女';

    D．SELECT name FROM student WHERE id<5 AND WHERE gender='女';

二、填空题

1．MySQL 提供了＿＿＿＿＿关键字，可以在查询时去除重复值。

2．使用 ORDER BY 对查询结果排序时，默认按＿＿＿＿＿排列。

3．LIMIT 2,3 表示从第＿＿＿＿＿条记录开始，最多取＿＿＿＿＿条记录。

4．为了使查询结果满足用户的要求，可以使用＿＿＿＿＿对查询结果排序。

5．在聚合函数中，用于求出某个字段平均值的函数是＿＿＿＿＿。

三、判断题

1．当 DISTINCT 作用于多个字段时，只有 DISTINCT 关键字后指定的多个字段值都相等，才视为重复记录。（　　　）

2．在数据表中，某列的值可能为空值（NULL），在 SQL 语句中，可以通过=NULL 判断是否为空值。（　　　）

3．对字符串进行模糊查询时，一个下划线通配符可匹配多个字符。（　　　）

4．在 select 语句的 WHERE 条件中，BETWEEN...AND...用于判断某个字段值是否在指定范围内。（　　　）

5．在 select 语句中，可以使用 AS 关键字指定表名的别名或字段的别名，AS 关键字也可以省略。（　　　）

四、简答题

1．简述 WHERE 与 HAVING 的区别。

2．在 MySQL 中，如何使用 LIKE 关键字实现模糊查询？

课 后 一 思

林俊德院士：宁可透支生命，绝不拖欠使命（扫码查看）

林俊德院士：宁可透支生命，绝不拖欠使命

单元6 多表操作

学习目标

1. 了解外键的含义，会为表添加外键约束和删除外键约束。
2. 了解三种关联关系，会为关联表添加和删除数据。
3. 学会使用交叉连接、内连接、外连接。
4. 掌握复合条件连接查询多表中的数据。
5. 掌握子查询，会使用 IN、EXISTS、ANY、ALL 等关键字。
6. 掌握使用比较运算符查询多表中的数据。
7. 培养工匠精神和创新思维能力。

　　前面单元涉及的内容都是针对一张表的操作，即单表操作。然而在实际开发中，业务逻辑较复杂，常常需要对多张表进行操作，即多表操作。本单元将详细讲解多表操作的相关知识。

6.1　外　　键

添加外键约束

任务描述

　　外键指的是在一张表中引用另一张表的一列或多列，被引用的列应该具有主键约束或唯一性约束，从而保证数据的一致性和完整性。其中，被引用的表称为主表，引用外键的表称为从表。

　　进行数据库设计时，为了保证不同表中相同含义数据的一致性和完整性，可为数据表添加外键约束。例如，在员工表中添加部门表中不存在的部门 id，会出现数据信息保存不对等的情况，若在员工表中将部门 id 设置为外键，则只需插入部门表中的记录 id，即可对相关的操作产生约束。这些需求可以由外键约束实现。

任务要求

　　在实际开发中，一个健壮数据库中的数据一定具有很好的参照完整性。例如有学生档案和成绩单两张表，如果成绩单中有张三的成绩，学生档案中没有张三的档案，就会产生垃圾数据或者错误数据。为了保证数据的完整性，为两表之间的数据建立关系，需要在成绩表中添加外键约束。

知识链接

　　为了维护数据库中数据与现实世界的一致性，需要对关系数据库的插入、删除和修改操作有一定的约束条件，这些约束条件实际上是现实世界的要求。任何关系在任何时刻都要满足这些约束。

　　在关系模型中，有三种完整性约束，即实体完整性、参照完整性和用户自定义完整性。

其中，实体完整性和参照完整性是关系模型必须满足的完整性约束条件，称为关系的两个不变性。所有关系数据库都应该支持这两种完整性。

1. 实体完整性

实体完整性是指主键的值不能为空或部分为空。关系模型中的一个元组对应一个实体，一个关系对应一个实体集。现实世界中的实体是可以区分的，即它们具有唯一性标识。与此对应，在关系模型中以主键唯一标识元组。

2. 参照完整性

如果关系 R2 的外键 X 与关系 R1 的主键相符，则 X 的每个值等于 R1 中主键的某个值或者取空值。

例如，在学生选课系统中，学生关系 s 的字段"院系"（dept）与院系关系 d 的主码"院系"（dept）对应，因此，学生关系 s 的字段 dept 是该关系的外键，学生关系 s 是参照关系，院系关系 d 是被参照关系，学生关系中某个学生（如 s1）"院系"的取值必须能够在院系关系中主键"院系"的值中找到，否则表示把该学生分配到一个不存在的院系，这显然不符合语义。如果某个学生（如 s9）"院系"取空值，则表示该学生尚未分配到任一院系；否则，只能取院系关系中某个元组的院系值。

再如，如果按照参照完整性规则，选课关系 sc 中的外码"学号"和"课程号"可以取多值或者取被参照关系中存在的值。但由于"学号+课程号"是选课关系中的主键，根据实体完整性规则，两个属性都不能为空，因此选课关系中的外键"学号"和"课程号"只能取被参照完整性中存在的值。

3. 用户自定义完整性

用户自定义完整性是针对某具体关系数据库的约束条件，它反映某具体应用涉及的数据必须满足的语义要求。例如，属性值根据实际需要具备一些约束条件，如规定选课关系中成绩属性的取值为 0～100。又如，某些数据的输入格式有一些限制等。关系模型应该提供定义和检验这类完整性的机制，以便用统一的、系统的方法进行处理，而不应由应用程序承担该功能。

6.1.1　添加外键约束

创建数据表（CREATE TABLE）或修改数据结构（ALTER TABLE）时添加外键约束，在相应的位置添加以下 SQL 语句即可，其基本语法如下。

```
[CONSTRAINT symbol] FOREIGN KEY [index_name] (index_col_name,…)
REFERENCES tbl_name (index_col_name,…)
[ON DELETE (RESTRICT | CASCADE | SET NULL | NO ACTION | SET DEFAULT}]
[ON UPDATE (RESTRICT | CASCADE | SET NULL | NO ACTION | SET DEFAULT})
```

其中，MySQL 可以通过 FOREIGN KEY REFERENCES 关键字向数据表中添加外键约束；可选关键字 CONSTRAINT 用于定义外键约束的名称 symbol，如果省略，MySQL 将会自动生成一个名字；index_name 也是可选参数，表示外键索引名称，如果省略，MySQL 也会在建立外键时自动创建一个外键索引，以提高查询速度。

第一行的参数"index_col_name,…"表示从表中外键名称列表；"tbl_name"表示主表，主表后的参数列表"index_col_name,…"表示主键约束或唯一性约束字段。"ON DELETE"与"ON UPDATE"用于设置主表中的数据被删除或修改时，从表对应数据的处理方法。添加外键约束的参数说明见表 6-1。

表 6-1　添加外键约束的参数说明

参数名称	功能描述
RESTRICT	默认值，拒绝主表删除或修改外键关联字段
CASCADE	在主表中删除或更新记录时，同时自动删除或更新从表中对应的记录
SET NULL	在主表中删除或更新记录时，使用 NULL 值替换从表中对应的记录（不适用于 NOT NULL 字段）
NO ACTION	与默认值 RESTRICT 相同，拒绝主表删除或修改外键关联字段
SET DEFAULT	设默认值，但 InnoDB 目前不支持

只有 InnoDB 存储引擎支持外键约束，且建立外键关系的两个数据表的相关字段数据类型必须相似，也就是要求字段的数据类型可以相互转换。例如 INT 和 TINYINT 类型的字段可以建立外键关系，而 INT 和 CHAR 类型的字段不可以建立外键关系。

在数据库中，以班级表（grade）和学生表（student）为例，讲解 CREATE TABLE 和 ALTER TABLE 时添加外键约束的两种方式。

1. CREATE TABLE 时添加外键约束

为了使从表创建外键约束，首先要保证数据库中存在主表，否则程序会报"不能添加外键约束"的错误，具体 SQL 语句如下。

```
CREATE TABLE grade(
    id int(4) NOT NULL PRIMARY KEY,
    name varchar(36)
);
CREATE TABLE student(
    sid int(4) NOT NULL PRIMARY KEY,
    sname varchar(36),
    gid int(4) NOT NULL,
    CONSTRAINT FK_ID FOREIGN KEY(gid) REFERENCES grade(id) ON DELETE RESTRICT
        ON UPDATE CASCADE
);
```

其中，为 student 表中的 gid 字段添加外键约束，与主表 grade 中的主键 id 关联。同时，利用 ON DELETE 指定从表此关联字段含有数据时，拒绝主表 grade 执行删除操作，利用 ON UPDATE 设置主表 grade 执行更新操作时，从表 student 中的相关字段也执行更新操作。

定义外键约束名称（如 FK_ID）时，不能加单引号和双引号。例如，添加外键约束时，使用 CONSTRAINT 'FK_ID'或 CONSTRAINT "FK_ID"的设置方式都会报错。

2. ALTER TABLE 时添加外键约束

对于已经创建的数据表，可以通过 ALTER TABLE 方式添加外键约束。例如，若数据库中有两张数据表 grade 和 student，创建 student 表时未添加外键约束，可以通过 ALTER TABLE 方式实现。

```
alter table student add constraint FK_ID foreign key(gid) REFERENCES grade(id);
```

3. 查看外键约束

添加外键约束后，可以利用 DESC 查看数据表 student 中添加外键约束的字段信息，SQL 语句如下。

```
desc grade;
```

执行结果如图 6-1 所示。

```
mysql> desc grade;
+-------+-------------+------+-----+---------+-------+
| Field | Type        | Null | Key | Default | Extra |
+-------+-------------+------+-----+---------+-------+
| id    | int         | NO   | PRI | NULL    |       |
| name  | varchar(36) | YES  |     | NULL    |       |
+-------+-------------+------+-----+---------+-------+
2 rows in set (0.07 sec)
```

图 6-1　执行结果

desc student;

执行结果如图 6-2 所示。

```
mysql> desc student;
+-------+-------------+------+-----+---------+-------+
| Field | Type        | Null | Key | Default | Extra |
+-------+-------------+------+-----+---------+-------+
| sid   | int         | NO   | PRI | NULL    |       |
| sname | varchar(36) | YES  |     | NULL    |       |
| gid   | int         | NO   | MUL | NULL    |       |
+-------+-------------+------+-----+---------+-------+
3 rows in set (0.02 sec)
```

图 6-2　执行结果

由执行结果可知，添加外键约束的 gid 字段的 Key（索引）值为 MUL，表示非唯一性索引（MULTIPLE KEY），值可以重复。由此可见，创建外键约束时，MySQL 会自动为没有索引的外键字段创建索引。

另外，还可以在 MySQL 中使用 SHOW CREATE TABLE 查看 student 表的外键，具体 SQL 语句如下。

SHOW CREATE TABLE student;

执行结果如图 6-3 所示。

```
| SHOW | CREATE TABLE `student` (
  `sid` int NOT NULL,
  `sname` varchar(36) DEFAULT NULL,
  `gid` int NOT NULL,
  PRIMARY KEY (`sid`),
  KEY `FK_ID` (`gid`),
  CONSTRAINT `FK_ID` FOREIGN KEY (`gid`) REFERENCES `grade` (`id`)
) ENGINE=InnoDB DEFAULT CHARSET=utf8mb4 COLLATE=utf8mb4_0900_ai_ci
```

图 6-3　执行结果

由执行结果可知，为 gid 字段添加外键约束后，当 gid 没有索引时，服务器自动为其创建与外键同名的索引。

由于 ON DELETE RESTRICT 设置的拒绝主表的删除操作属于默认值，因此显示表创建语句时省略了此设置。若设置为删除主表记录，则从表对应字段设置为 NULL，可在表的详细结构中显示 ON DELETE SET NULL 的设置。

6.1.2　关联表操作

从前面学习的内容可知，实体之间具有一对一、一对多和多对多的联系，而具有关联的表中数据，可以通过连接查询的方式获取，并且没有添加外键约束时，关联表中的数据插入、更新和删除操作互不影响。但是对于添加外键约束的关联表而言，数据的插入、更新和删除操作都会受到一定的约束。下面详细讲解具有外键约束关系的关联表操作。

1. 添加数据

为具有外键约束的从表插入数据时，外键字段值会受主表数据的约束，保证从表插入的数据符合约束规范的要求，如不能向从表外键字段插入主表中不存在的数据。

例如，主表 grade 中未添加数据时，向 student 表中插入一条记录，具体 SQL 语句如下。

INSERT INTO student(sid,sname,gid)VALUES(1,'王红',1);

执行结果如图 6-4 所示。

```
mysql> INSERT INTO student(sid,sname,gid)VALUES(1,'王红',1);
ERROR 1452 (23000): Cannot add or update a child row: a foreign key constraint f
ails (`chapter05`.`student`, CONSTRAINT `FK_ID` FOREIGN KEY (`gid`) REFERENCES `
grade` (`id`))
```

图 6-4　执行结果

从执行结果可知，从表外键字段插入的值必须选取主表中相关联字段存在的数据，否则会上报错误提示信息。

先为 grade 表添加两条记录，再利用上述示例中的 SQL 语句为 student 表添加数据，执行结果如图 6-5 所示。

```
mysql> INSERT INTO grade(id,name)VALUES(1,'软件一班');
Query OK, 1 row affected (0.19 sec)

mysql> INSERT INTO grade(id,name)VALUES(2,'软件二班');
Query OK, 1 row affected (0.14 sec)

mysql> INSERT INTO student(sid,sname,gid)VALUES(1,'王红',1);
Query OK, 1 row affected (0.06 sec)
```

图 6-5　执行结果

从执行结果可知，只有在主表 grade 中含有 id 为 1 的班级信息后，从表 student 中才能插入此班级的学生信息。

2. 更新数据

对于建立外键约束的关联数据表来说，若对主表进行更新操作，则从表按照其建立外键约束时设置的 ON UPDATE 参数自动进行相应的操作。例如，当参数设置为 CASCADE 时，如果主表更新，则从表也会对相应的字段进行更新。

下面对具有外键约束关系的 student（从表）和 grade（主表）进行操作，具体 SQL 语句如下。

update grade set id=3 where name= '软件一班';

执行结果如图 6-6 所示。

```
mysql> update grade set id=3 where name='软件一班';
ERROR 1451 (23000): Cannot delete or update a parent row: a foreign key constrai
nt fails (`chapter05`.`student`, CONSTRAINT `FK_ID` FOREIGN KEY (`gid`) REFERENC
ES `grade` (`id`))
```

图 6-6　执行结果

消除方法如下。

alter table student drop constraint FK_ID;

alter table student add constraint FK_ID foreign key(gid) REFERENCES grade(id) ON DELETE RESTRICT ON UPDATE CASCADE;

update grade set id=3 where name= '软件一班';

执行结果如图 6-7 所示。

图 6-7 执行结果

由执行结果可知，仅将主表 grade 中名为"软件一班"的 id 修改为 3，从表 student 中的相关学生的外键 gid 也被修改为 3。

小提示：外键约束既有优势又有劣势。

优势如下。

- 外键可减少开发量。
- 外键能约束数据有效性，防止非法数据插入。

劣势如下。

- 使用外键约束会带来额外的开销。
- 当主表被锁定时，从表也会被锁定。
- 删除主表的数据时，需先删除从表的数据。
- 含有外键约束的从表字段不能修改表结构。

6.1.3 删除外键约束

对于建立外键约束的关联数据表来说，若要对主表执行删除操作，则从表按照其建立外键约束时设置的 ON DELETE 参数自动进行相应的操作。例如，当参数设置为 RESTRICT 时，如果主表进行删除操作，同时从表中的外键字段有关联记录，就会阻止主表的删除操作。

例如，对具有外键约束关系的 student（从表）和 grade（主表）进行删除操作，在 grade 表中删除软件二班，具体 SQL 语句如下。

```
delete from grade where id=2;
```

执行结果如图 6-8 所示。

图 6-8 执行结果

从执行结果可知，删除主表 grade 中 id 等于 2 的记录时，由于从表 student 含有班级编号等于 2 的学生信息，因此会报错误提示信息。

此时，若要删除具有 ON DELETE RESTRICT 约束关系的主表记录，则先删除从表中对应的数据，再删除主表中的数据，具体 SQL 语句如下。

delete from student where gid=2;
delete from grade where id=2;

执行结果如图 6-9 所示。

```
mysql> delete from student where gid=2;
Query OK, 2 rows affected (0.26 sec)

mysql> delete from grade where id=2;
Query OK, 1 row affected (0.42 sec)
```

图 6-9　执行结果

从上述操作可知，关联表进行删除操作时使用 DISTRICT 严格模式，在主表中删除每条记录时，都要保证从表中没有相关记录的对应数据，对开发造成很大的不便。因此，添加外键约束的 ON DELETE 一般使用 SET NULL 模式，即删除主表记录时，将从表中对应的记录设置为 NULL，同时保证从表中对应的外键字段允许为空，否则不允许设置该模式。

任务实施

"网上商城系统"的新增、修改和删除商品功能已经开发完成，此时商城数据库中存储了一些商品信息。下面需要实现商品查询功能。

1. 检索数据表中所有字段的数据

创建 shop 数据库时，复制一份与 sh_goods 数据表结构相同的 my_goods 表到 mydb 数据库中，具体 SQL 语句如下。

```
CREATE DATABASE mydb;
CREATE DATABASE shop;
USE shop;
# 创建商品表
CREATE TABLE sh_goods (
  id INT UNSIGNED PRIMARY KEY AUTO_INCREMENT COMMENT '商品 id',
  category_id INT UNSIGNED NOT NULL DEFAULT 0 COMMENT '分类 id',
  spu_id INT UNSIGNED NOT NULL DEFAULT 0 COMMENT 'SPU id',
  sn VARCHAR(20) NOT NULL DEFAULT " COMMENT '编号',
  name VARCHAR(120) NOT NULL DEFAULT " COMMENT '名称',
  keyword VARCHAR(255) NOT NULL DEFAULT " COMMENT '关键词',
  picture VARCHAR(255) NOT NULL DEFAULT " COMMENT '图片',
  tips VARCHAR(255) NOT NULL DEFAULT " COMMENT '提示',
  description VARCHAR(255) NOT NULL DEFAULT " COMMENT '描述',
  content TEXT NOT NULL COMMENT '详情',
  price DECIMAL(10, 2) UNSIGNED NOT NULL DEFAULT 0 COMMENT '价格',
  stock INT UNSIGNED NOT NULL DEFAULT 0 COMMENT '库存',
  score DECIMAL(3, 2) UNSIGNED NOT NULL DEFAULT 0 COMMENT '评分',
  is_on_sale TINYINT UNSIGNED NOT NULL DEFAULT 0 COMMENT '是否上架',
  is_del TINYINT UNSIGNED NOT NULL DEFAULT 0 COMMENT '是否删除',
  is_free_shipping TINYINT UNSIGNED NOT NULL DEFAULT 0 COMMENT '是否包邮',
  sell_count INT UNSIGNED NOT NULL DEFAULT 0 COMMENT '销量计数',
  comment_count INT UNSIGNED NOT NULL DEFAULT 0 COMMENT '评论计数',
  on_sale_time DATETIME DEFAULT NULL COMMENT '上架时间',
  create_time DATETIME NOT NULL DEFAULT CURRENT_TIMESTAMP COMMENT '创建时间',
  update_time DATETIME DEFAULT NULL COMMENT '更新时间'
) ENGINE=InnoDB DEFAULT CHARSET=utf8;
# 向商品表添加测试数据
```

```
INSERT INTO sh_goods (id, category_id, name, keyword, content, price, stock, score, comment_count) VALUES
(1, 3, '2B 铅笔', '文具', '考试专用', 0.5, 500, 4.9, 40000),
(2, 3, '钢笔', '文具', '练字必不可少', 15, 300, 3.9, 500),
(3, 3, '碳素笔', '文具', '平时使用', 1, 500, 5, 98000),
(4, 12, '超薄笔记本', '电子产品', '轻小便携', 5999, 0, 2.5, 200),
(5, 6, '智能手机', '电子产品', '人人必备', 1999, 0, 5, 98000),
(6, 8, '桌面音箱', '电子产品', '扩音装备', 69, 750, 4.5, 1000),
(7, 9, '头戴耳机', '电子产品', '独享个人世界', 109, 0, 3.9, 500),
(8, 10, '办公电脑', '电子产品', '适合办公', 2000, 0, 4.8, 6000),
(9, 15, '收腰风衣', '服装', '春节潮流单品', 299, 0, 4.9, 40000),
(10, 16, '薄毛衣', '服装', '居家旅行必备', 48, 0, 4.8, 98000);
# 复制表结构
CREATE TABLE mydb.my_goods LIKE sh_goods;
# 复制已有的表数据
INSERT INTO mydb.my_goods SELECT * FROM sh_goods;
```

例如，查询商品表所有字段的数据。

```
SELECT * FROM sh_goods;
SELECT * FROM mydb.my_goods;
```

2．检索数据表中部分字段的数据

例如，查询 sh_goods 表中所有商品的名称和价位。

```
SELECT name, price FROM sh_goods;
```

3．不去重与去重查询数据

例如，查询 sh_goods 表中所有商品的关键词。

```
SELECT keyword FROM sh_goods;
```

例如，查询 sh_goods 表中去除重复记录的关键词字段（有哪几种关键词）。

```
SELECT DISTINCT keyword FROM sh_goods;
```

4．获取指定区间的记录

获取指定区间的记录通常在项目开发中用于实现数据的分页展示，从而缓解网络和服务器的压力。

例如，查询商品表从第 2 条记录开始，获取 5 条商品记录，商品记录包含 id、name 和 price。

```
SELECT id, name, price FROM sh_goods LIMIT 1, 5;
```

在上述 SQL 语句中，LIMIT 关键字后的"1"表示第 2 条记录的偏移量，"5"表示从第 2 条记录开始，最多获取 5 条记录。

6.2　多表查询

任务描述

在实际开发过程中，在关系型数据库管理系统中建立表时，不必确定各数据之间的关系，通常将每个实体的所有信息存放在一张表中，当查询数据时，通过连接操作查询多个表中的实体信息。当多张表中存在意义相同的字段时，可以通过这些字段对不同的表进行连接查询。连接查询包括交叉连接查询、内连接查询、外连接查询。本节详细讲解连接查询。

任务要求

在实际应用中，进行数据查询时，往往需要用多张表中的数据组合、提炼出所需的信息。如果一个查询任务需要对多张表进行操作，就称为多关系数据查询。多关系数据查询是通过各表之间共同字段的关联性查询数据的，这种字段称为连接字段。多关系数据查询的目的是通过加在连接字段上的条件连接多张表，以便从多张表中查询数据。

知识链接

在实际应用中，可以关联关系连接多张数据表。表的连接方法有以下两种。

（1）表之间满足一定条件的行进行连接时，FROM 子句指明进行连接的表名，WHERE 子句指明连接的列名及连接条件，语法格式如下。

```
SELECT [ALL|DISTINCT] [TOP N [PERCENT] [WITH TIES]] <字段名 1> [as 别名 1][{,<字段名 2>
[AS 别名 2]}]
FROM <表名 1> [[AS] 表 1 别名] [,<表名 2> [[AS] 表 2 别名,...}]
[WHERE <检索条件>]
[GROUP BY <列名 1> [HAVING <条件表达式>]
[ORDER BY <列名 2> [ASC|DESC]];
```

（2）利用关键字 JOIN 连接，语法格式如下。

```
SELECT [ALL|DISTINCT] [TOP N [PERCENT] [WITH TIES] 字段名 1 [AS 别名 1][,字段名 2 [AS 别
名 2]...]
FROM 表名 1[[AS] 表 1 别名 [INNER|[LEFT|RIGHT|FULL[OUTER]]|CROSS] JOIN 表名 2 [AS] 表
2 别名]
ON 条件;
```

相关说明如下。

INNER JOIN 称为内连接，用于显示符合条件的记录，此为默认值。

LEFT [OUTER] JOIN 称为左（外）连接，用于显示符合条件的记录以及左边表中不符合件的记录（此时右边表记录以 NULL 显示）。

RIGHT [OUTER] JOIN 称为右（外）连接，用于显示符合条件的记录以及右边表中不符合条件的记录（此时左边表记录以 NULL 显示）。

FULL [OUTER] JOIN 称为全（外）连接，用于显示符合条件的记录以及左边表和右边表中不符合条件的记录（此时缺乏数据的记录以 NULL 显示）。MySQL 暂不支持全外接，但可通过左外连接和右外连接联合实现。

CROSS JOIN 称为交叉连接，用于将一张表的所有记录与另一张表的所有记录匹配成新的记录。

当将 JOIN 关键字放在 FROM 子句中时，应有关键词 ON 与之对应，以表明连接的条件。

6.2.1　交叉连接

交叉连接即笛卡儿乘积，单纯的交叉连接可以查询两张表中所有记录的全部组合。交叉连接返回的结果是被连接的两张表中所有数据行的笛卡儿积，也就是返回第一张表中符合查询条件的数据行数乘以第二张表中符合查询条件的数据行数。例如 department 表中有 4 个部门，employee 表中有 4 名员工，交叉连接的结果就有 4×4=16 条数据。

交叉连接的语法格式如下。

```
SELECT * from 表 1 CROSS JOIN 表 2;
```

交叉连接

其中，CROSS JOIN 用于连接两张要查询的表，可以查询两张表中所有的数据组合。

下面通过具体案例演示交叉连接。首先在数据库中创建两张表——department 表和 employee 表，具体语句如下。

```
CREATE TABLE department(
    did int(4) NOT NULL PRIMARY KEY,
    dname varchar(36)
);
CREATE TABLE employee (
    id int(4) NOT NULL PRIMARY KEY,
    name varchar(36),
    age int(2),
    did int(4) NOT NULL
);
```

向两张表中分别录入相关数据，语句如下。

```
INSERT INTO department(did,dname)VALUES(1,'网络部');
INSERT INTO department(did,dname)VALUES(2,'媒体部');
INSERT INTO department(did,dname)VALUES(3,'研发部');
INSERT INTO department(did,dname)VALUES(5,'人事部');
INSERT INTO employee(id,name,age,did)VALUES(1,'王红',20,1);
INSERT INTO employee(id,name,age,did)VALUES(2,'李强',22,1);
INSERT INTO employee(id,name,age,did)VALUES(3,'赵四',20,2);
INSERT INTO employee(id,name,age,did)VALUES(4,'郝娟',20,4);
```

数据添加成功后，可以进行交叉连接。

例如，使用交叉连接查询部门表与员工表中的所有数据，SQL 语句如下。

```
SELECT * FROM department CROSS JOIN employee;
```

执行结果如图 6-10 所示。

```
mysql> SELECT * FROM department CROSS JOIN employee;
+-----+--------+----+------+-----+-----+
| did | dname  | id | name | age | did |
+-----+--------+----+------+-----+-----+
|   1 | 网络部 |  1 | 王红 |  20 |   1 |
|   2 | 媒体部 |  1 | 王红 |  20 |   1 |
|   3 | 研发部 |  1 | 王红 |  20 |   1 |
|   5 | 人事部 |  1 | 王红 |  20 |   1 |
|   1 | 网络部 |  2 | 李强 |  22 |   1 |
|   2 | 媒体部 |  2 | 李强 |  22 |   1 |
|   3 | 研发部 |  2 | 李强 |  22 |   1 |
|   5 | 人事部 |  2 | 李强 |  22 |   1 |
|   1 | 网络部 |  3 | 赵四 |  20 |   2 |
|   2 | 媒体部 |  3 | 赵四 |  20 |   2 |
|   3 | 研发部 |  3 | 赵四 |  20 |   2 |
|   5 | 人事部 |  3 | 赵四 |  20 |   2 |
|   1 | 网络部 |  4 | 郝娟 |  20 |   4 |
|   2 | 媒体部 |  4 | 郝娟 |  20 |   4 |
|   3 | 研发部 |  4 | 郝娟 |  20 |   4 |
|   5 | 人事部 |  4 | 郝娟 |  20 |   4 |
+-----+--------+----+------+-----+-----+
16 rows in set (0.00 sec)
```

图 6-10　执行结果

从执行结果可以看出，交叉连接的结果是两张表中所有数据的组合。在实际开发中，这种业务需求很少见，一般不会使用交叉连接，所以交叉连接经常与 WHERE 子句组合使用，以查询符合具体条件的正确数据。

内连接

6.2.2 内连接

内连接是一种常见的连接查询，简称为连接或自然连接。当使用内连接时，内连接使用比较运算符比较两张表中的数据，如果两张表的相关字段满足连接条件，就从这两张表中提取数据并组合成新的记录，也就是只有满足条件的记录才能出现在查询结果中。内连接查询的语法格式如下。

SELECT 查询字段 FROM 表 1 [INNER] JOIN 表 2 ON 表 1.关系字段=表 2.关系字段;

其中，ON 用于指定内连接的查询条件，不设置 ON 时，与交叉连接等价，可以使用 WHERE 完成条件的限定，效果与设置 ON 相同，但由于 WHERE 限定全部查询出来的记录，在数据量很大的情况下会浪费很多性能，因此推荐使用 ON 实现内连接的条件匹配。

SELECT employee.name, department.dname FROM department,employee
WHERE department.did=employee.did;

执行结果如图 6-11 所示。

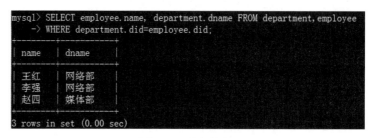

图 6-11　执行结果

例如，在 department 表与 employee 表之间使用内连接查询，SQL 语句如下。

SELECT employee.name, department.dname FROM department JOIN employee
ON department.did=employee.did;

执行结果如图 6-12 所示。

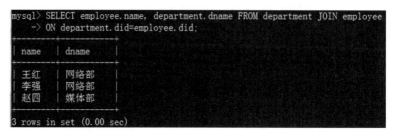

图 6-12　执行结果

从执行结果可知，只有 employee 表的 did 与 department 表中的 did 相等，员工姓名和部门名才会显示。另外，查询数据时，employee 和 department 表中含有同名的字段，为了避免重名出现错误，使用"数据表.字段名"或"表别名.字段名"的方式区分。

小提示：在标准的 SQL 中，交叉连接（CROSS JOIN）与内连接（INNER JOIN）的含义不同，前者一般只连接表的笛卡儿积，后者获取符合 ON 筛选条件的连接数据。在 MySQL 中，CROSS JOIN 与 INNER JOIN（或 JOIN）的语法功能相同，都可以使用 ON 设置连接的筛选条件，可以互换使用，但是不推荐将交叉连接与内连接混用。

6.2.3 外连接

内连接的查询结果是满足连接条件的记录，然而有时要求多表查询时列出某张表的全部信息，即使另一张表中没有匹配的信息，此时需要使用外连接。外连接只限一张表中的数据必须满足连接条件，而另一张表中的数据可以不满足连接条件。外连接分为左连接（左外连接）、右连接（右外连接）及全外连接。

外连接的语法格式如下。

```
SELECT 所查字段
FROM   表1 LEFT|RIGHT [OUTER] JOIN 表2 ON 表1.关系字段=表2.关系字段
WHERE 条件
```

外连接的语法格式与内连接的类似，但使用的是 LEFT JOIN、RIGHT JOIN 关键字，其中关键字左边的表称为左表，关键字右边的表称为右表。

使用左连接和右连接查询时，查询结果不一致，具体如下。

（1）LEFT JOIN（左连接）：返回包括左表中的所有记录和右表中符合连接条件的记录。

（2）RIGHT JOIN（右连接）：返回包括右表中的所有记录和左表中符合连接条件的记录。

1. LEFT JOIN（左连接）

左连接的结果包括 LEFT JOIN 中指的左表的所有记录，以及所有满足连接条件的记录。如果左表的某条记录在右表中不存在，则在右表中显示为空。

例如，在 department 表与 employee 表之间使用左连接查询，SQL 语句如下。

```
SELECT department.did,department.dname,employee.name FROM department
LEFT JOIN employee on department.did=employee.did;
```

执行结果如图 6-13 所示。

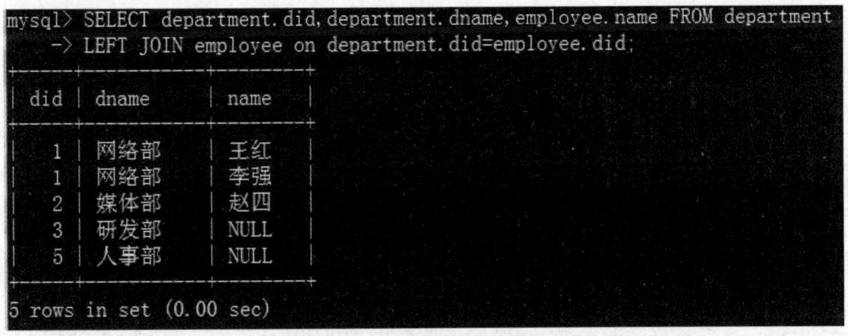

```
mysql> SELECT department.did,department.dname,employee.name FROM department
    -> LEFT JOIN employee on department.did=employee.did;
+-----+--------+------+
| did | dname  | name |
+-----+--------+------+
|   1 | 网络部 | 王红 |
|   1 | 网络部 | 李强 |
|   2 | 媒体部 | 赵四 |
|   3 | 研发部 | NULL |
|   5 | 人事部 | NULL |
+-----+--------+------+
5 rows in set (0.00 sec)
```

图 6-13　执行结果

从执行结果可以看出，左连接查询时，即使主表 department 中的记录与从表 employee 中记录都不符合匹配条件，也会在查询结果中保留主表 department 中的此条记录，而从表 employee 对应的字段值为 NULL。

2. RIGHT JOIN（右连接）

右连接用于返回连接关键字（RIGHT JOIN）右表（主表）中的所有记录，以及左表（从表）中符合连接条件的记录。当右表的某行记录在左表中没有匹配的记录时，左表中相关的记录设为 NULL。

例如，使用右连接查询，以 employee 为主表，以 department 为从表，查询所有员工的分配部门，具体 SQL 语句如下。

```
SELECT department.did,department.dname,employee.name FROM department
RIGHT JOIN employee ON department.did=employee.did;
```

执行结果如图 6-14 所示。

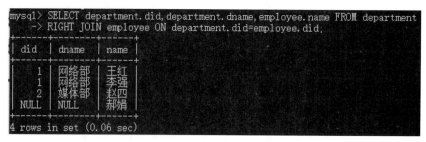

图 6-14　执行结果

从执行结果可以看出，右连接查询的结果保存了主表 employee 中的所有记录。其中，主表 employee 中与从表 department 没有符合匹配条件的记录，从表 department 对应的字段 did 和 dname 值为 NULL。

总之，外连接是常用的一种查询数据的方式，分为左外连接（LEFT JOIN）和右外连接（RIGHT JOIN）。它与内连接的区别是，内连接只能获取符合连接条件的记录；而外连接不仅可以获取符合连接条件的记录，还可以保留主表与从表不匹配的记录。

另外，右连接查询的数据正好与左连接相反。因此，应用外连接时，只需调整关键字（LEFT JOIN 或 RIGHT JOIN）和主、从表的位置，即可实现左连接和右连接的互换使用。

6.2.4　复合条件连接查询

复合条件连接查询是指在连接查询的过程中，通过添加过滤条件限制查询结果，使执行结果更精确。

例如，在 department 表与 employce 表之间使用内连接查询，并将查询结果按照年龄从大到小排序，SQL 语句如下。

```
SELECT employee.name, employee.age, department.dname FROM department JOIN employee ON department.did=employee.did order by age;
```

执行结果如图 6-15 所示。

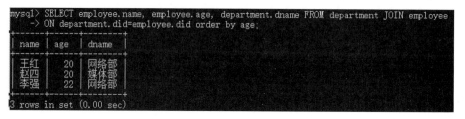

图 6-15　执行结果

从执行结果可以看出，使用复合条件连接查询的结果更精确、更符合实际需要。

6.2.5　联合查询

联合查询是多表查询的一种方式，在保证多个 select 语句的查询字段数相等的情况下，合并多个查询的结果。联合查询经常应用在分表操作中。联合查询的基本语法格式如下。

```
SELECT 语句 1
UNION [ALL|DISTINCT] SELECT 语句 2
[UNION [ALL|DISTINCT] SELECT 语句 3] [...n]
```

其中，UNION 是实现联合查询的关键字。ALL 和 DISTINCT 是联合查询的选项，其中 ALL 表示显示结果集所有行，省略 ALL 时，自动删除结果集中的重复行；DISTINCT 是默认值，表示去除完全重复的记录，可以省略。

例如，在 employee 表中，以联合查询的方式获取 did 为 2 的员工信息及 employee 为 4 的员工信息，具体 SQL 语句如下。

```
SELECT * from employee where did=2
 UNION
SELECT * from employee where did=4;
```

执行结果如图 6-16 所示。

```
mysql> SELECT * from employee where did=2
    -> UNION
    -> SELECT * from employee where did=4;
+----+------+------+-----+
| id | name | age  | did |
+----+------+------+-----+
|  3 | 赵四 |   20 |   2 |
|  4 | 郝娟 |   20 |   4 |
+----+------+------+-----+
2 rows in set (0.00 sec)
```

图 6-16　执行结果

在上述 SQL 语句中，SELECT 查询的字段数必须相等，且联合查询的结果中只保留第一个 select 语句对应的字段名称，即使 UNION 后 SELECT 查询的字段与第一个 SELECT 查询的字段表达含义或数据类型不同，MySQL 也会根据查询字段出现的顺序合并结果。

任务实施

在实际应用中，可以根据多表之间的关联关系连接多张数据表。

例如，以内连接的方式查询商品表 sh_goods 和商品分类表 sh_goods_category 中对应商品的分类 id 及 name，具体 SQL 语句如下。

```
SELECT g.id gid, g.name gname, c.id cid, c.name cname
FROM sh_goods g JOIN sh_goods_category c
ON g.category_id = c.id;
```

执行结果如图 6-17 所示。

```
mysql> SELECT g.id gid, g.name gname, c.id cid, c.name cname
    -> FROM sh_goods g JOIN sh_goods_category c
    -> ON g.category_id = c.id;
+-----+------------+-----+--------+
| gid | gname      | cid | cname  |
+-----+------------+-----+--------+
|   1 | 2B铅笔     |   3 | 文具   |
|   2 | 钢笔       |   3 | 文具   |
|   3 | 碳素笔     |   3 | 文具   |
|   4 | 超薄笔记本 |  12 | 笔记本 |
|   5 | 智能手机   |   6 | 手机   |
|   6 | 桌面音箱   |   8 | 音箱   |
|   7 | 头戴耳机   |   9 | 耳机   |
|   8 | 办公电脑   |  10 | 电脑   |
|   9 | 收腰风衣   |  15 | 风衣   |
|  10 | 薄毛衣     |  16 | 毛衣   |
+-----+------------+-----+--------+
10 rows in set (0.01 sec)
```

图 6-17　执行结果

例如，如果查询“钢笔”所在分类下的商品，就可以使用自连接查询，具体 SQL 语句如下。

```
SELECT DISTINCT g1.id, g1.name FROM sh_goods g1
JOIN sh_goods g2
ON g2.name = '钢笔' AND g2.category_id = g1.category_id;
```

执行结果如图 6-18 所示。

图 6-18　执行结果

在上述 SQL 语句中，别名为 g1 和 g2 的表在物理上是同一张数据表 sh_goods，在 ON 的匹配条件中，指定 g1 表与 g2 表内商品名为"钢笔"，并且它们是同分类的记录进行自连接，从而获取 sh_goods 表中"钢笔"分类下的所有商品。

例如，使用左连接查询，以 sh_goods 表为主表，以 sh_goods_category 表为从表，查询所有 5 星商品对应的分类名称，具体 SQL 语句如下。

```
SELECT g.id gid, g.name gname, c.id cid, c.name cname
FROM sh_goods g LEFT JOIN sh_goods_category c
ON g.category_id = c.id AND g.score = 5;
```

例如：使用右连接查询，以 sh_goods_category 为主表，以 h_goods 为从表，查询所有 5 星评价商品的对应分类名称，具体 SQL 语句如下。

```
SELECT g.id gid, g.name gname, c.id cid, c.name cname
FROM sh_goods g RIGHT JOIN sh_goods_category c
ON c.id = g.category_id AND g.score = 5;
```

执行结果如图 6-19 所示。

图 6-19　执行结果

例如，在 shop.sh_goods 表中，以联合查询的方式获取 category_id 为 9 的商品 id、name 和 price，以及 category_id 为 6 的商品 id、name 和 keyword，具体 SQL 语句如下。

```
SELECT id, name, price FROM sh_goods WHERE category_id = 9
UNION
SELECT id, name, keyword FROM sh_goods WHERE category_id = 6;
```

执行结果如图 6-20 所示。

```
mysql> SELECT id, name, price FROM sh_goods WHERE category_id = 9
    -> UNION
    -> SELECT id, name, keyword FROM sh_goods WHERE category_id = 6;
+----+-----------+--------------+
| id | name      | price        |
+----+-----------+--------------+
|  7 | 头戴耳机   | 109.00       |
|  5 | 智能手机   | 电子产品      |
+----+-----------+--------------+
2 rows in set (0.00 sec)
```

图 6-20   执行结果

例如，以联合查询的方式对 sh_goods 表中 category_id 为 3 的商品按价格升序排序，其他类型的产品按价格降序排序，查询的商品信息为 id、name 和 price，具体 SQL 语句如下。

(SELECT id, name, price FROM sh_goods WHERE category_id <> 3 ORDER by price DESC LIMIT 7)
UNION
(SELECT id, name, price FROM sh_goods WHERE category_id = 3 ORDER by price ASC LIMIT 3);

执行结果如图 6-21 所示。

```
mysql> (SELECT id, name, price FROM sh_goods WHERE category_id <> 3 ORDER by price DESC LIMIT 7)
    -> UNION
    -> (SELECT id, name, price FROM sh_goods WHERE category_id = 3 ORDER by price ASC LIMIT 3);
+----+------------+---------+
| id | name       | price   |
+----+------------+---------+
|  4 | 超薄笔记本  | 5999.00 |
|  8 | 办公电脑    | 2000.00 |
|  5 | 智能手机    | 1999.00 |
|  9 | 收腰风衣    | 299.00  |
|  7 | 头戴耳机    | 109.00  |
|  6 | 桌面音箱    | 69.00   |
| 10 | 薄毛衣      | 48.00   |
|  1 | 2B铅笔      | 0.50    |
|  3 | 碳素笔      | 1.00    |
|  2 | 钢笔        | 15.00   |
+----+------------+---------+
10 rows in set (0.00 sec)
```

图 6-21   执行结果

6.3 子 查 询

子查询

任务描述

子查询是多表数据查询的一种有效方法，当数据查询的条件依赖其他查询的结果时，使用子查询可以有效解决此类问题。本任务将讲解子查询作为表达式、子查询作为相关数据、子查询作为派生表、子查询作为数据更改条件及子查询作为数据删除条件等查询技巧。

任务要求

在很多查询中需要使用子查询。使用子查询可以一次性完成很多逻辑上需要多个步骤完成的 SQL 操作，同时可以避免事务或者表锁死。子查询可以使查询语句更灵活。

一般子查询用在主查询的 where 子句或 having 子句中，与比较运算符或者逻辑运算符一起构成 where 筛选条件或 having 筛选条件。子查询的返回结果也可以用于 FROM 数据源，实现表子查询。

知识链接

子查询又称为嵌套查询，是一个 select 命令语句，它可以嵌套在 select 语句、insert 语句、update 语句或 delete 语句中。包含子查询的 select 命令称为外层查询或父查询。子查询可以把一个复杂的查询分解成一系列逻辑步骤，通过使用单个查询命令解决复杂的查询问题。

在含有子查询的语句中，子查询必须书写在圆括号内。SQL 语句先执行子查询中的语句，再将返回的结果作为外层 SQL 语句的过滤条件。当同一个 SQL 语句中含有多层子查询时，从最里层的子查询开始执行。一般在子查询中使用比较运算符、IN 关键字、ANY 关键字及 EXISTS 关键字等。

6.3.1　IN 子查询

子查询经常与 IN 运算符一起使用，用于比较一个表达式的值与子查询返回的一列值，如果表达式的值是此列中的值，则条件表达式的结果为 true，否则为 false。

使用 IN 关键字进行子查询时，内层查询语句仅返回一个数据列，该数据列中的值将供外层查询语句进行比较操作。

例如，查询存在年龄小于 18 岁员工的部门，SQL 语句如下。

SELECT * FROM department WHERE did IN(SELECT did FROM employee WHERE age<18);

执行结果如图 6-22 所示。

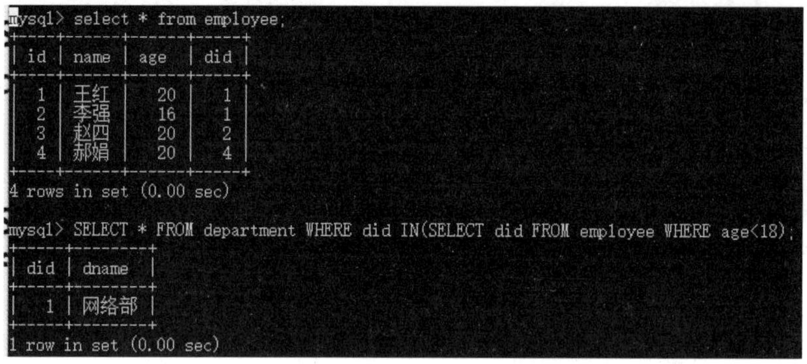

图 6-22　执行结果

从执行结果可以看出，只有网络部有年龄小于 18 岁的员工。在查询过程中，首先执行内层子查询，得到年龄小于 18 岁的员工的部门 id，然后根据部门 id 与外层查询的比较条件，得到符合条件的数据。

select 语句中还可以使用 NOT IN 关键字，其作用正好与 IN 相反。

例如，查询不存在年龄大于 35 岁员工的部门，SQL 语句如下。

SELECT * FROM department WHERE did NOT IN(SELECT did FROM employee WHERE age>35);

执行结果如图 6-23 所示。

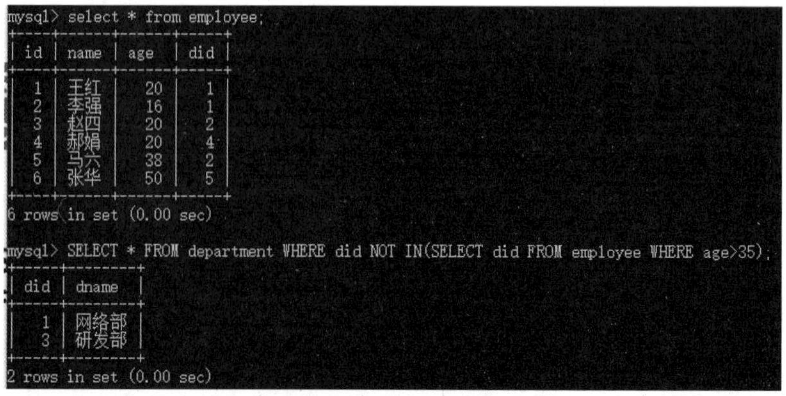

图 6-23　执行结果

从执行结果可以看出，只有研发部与网络部不存在年龄大于 35 岁的员工。明显可以看出，使用 NOT IN 关键字的查询结果与使用 IN 关键字的查询结果正好相反。

6.3.2 带 EXISTS 关键字的子查询

EXISTS 逻辑运算符用于检测子查询的结果集是否包含记录。如果结果集中至少包含一条记录，则 EXISTS 的结果为 true，否则为 false。EXISTS 关键字后的参数可以是任一子查询，该子查询的作用相当于测试，不产生任何数据。在 EXISTS 前面加上 not 时，结果与上述结果恰恰相反。

例如，查询 employee 表中是否存在年龄大于 21 岁的员工，如果存在，则查询 department 表中的所有记录，SQL 语句如下。

```
SELECT *   FROM department WHERE EXISTS(select did from employee where age > 21);
```

执行结果如图 6-24 所示。

```
mysql> SELECT *  FROM department WHERE EXISTS(select did from employee where age > 21);
+-----+--------+
| did | dname  |
+-----+--------+
|   1 | 网络部 |
|   2 | 媒体部 |
|   3 | 研发部 |
|   5 | 人事部 |
+-----+--------+
4 rows in set (0.00 sec)
```

图 6-24 执行结果

由于 employee 表中有年龄大于 21 岁的员工，因此子查询的返回结果为 true，执行外层的查询语句，即查询出所有部门信息。EXISTS 关键字比 IN 关键字的运行效率高，在实际开发中，特别是数据量大时，推荐使用 EXISTS 关键字。

6.3.3 带 ANY 关键字的子查询

ANY 关键字表示满足其中任一条件，它允许创建一个表达式对子查询的返回值列表进行比较，只要满足内层子查询中的任一比较条件，就返回一个结果，作为外层查询条件。ANY 关键字通常与比较运算符一起使用。使用 ANY 关键字时，通过比较运算符将一个表达式的值与子查询返回的一列值逐一比较，若某次比较结果为 true，则整个表达式的值为 true，否则为 false。ANY 关键字的语法格式如下。

```
表达式 比较运算符 any(子查询)
```

举例来说，当比较运算符为大于号（>）时，“表达式>any（子查询）”表示至少大于子查询结果集中的某个值（或者说大于结果集中的最小值），那么整个表达式的结果为 true。

例如，使用带 ANY 关键字的子查询查询满足条件的部门，SQL 语句如下。

```
SELECT * FROM department WHERE did>any(select did from employee);
```

执行结果如图 6-25 所示。

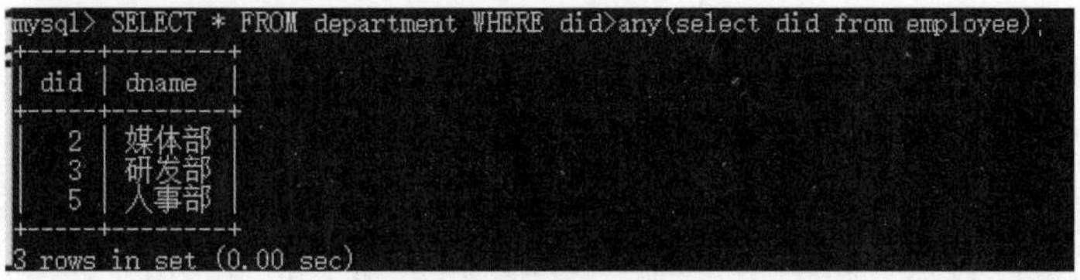

```
mysql> SELECT * FROM department WHERE did>any(select did from employee);
+-----+--------+
| did | dname  |
+-----+--------+
|   2 | 媒体部 |
|   3 | 研发部 |
|   5 | 人事部 |
+-----+--------+
3 rows in set (0.00 sec)
```

图 6-25 执行结果

在上述语句执行过程中，首先子查询将 employee 表中的所有 did 查询出来，分别为 1、

2、3、4、5、6；然后将 department 表中 did 值与之比较，只要大于 employee.did 中的任一值，就是符合条件的查询结果。由于 department 表中的媒体部、研发部、人事部的 did 值都大于 employee 表中的 did 值（did=1），因此输出结果为媒体部、研发部和人事部。

6.3.4 带 ALL 关键字的子查询

ALL 关键字与 ANY 关键字类似，但带 ALL 关键字的子查询的返回结果需同时满足所有内层查询条件。ALL 关键字通常与比较运算符一起使用。使用 ALL 关键字时，通过比较运算符将一个表达式的值与子查询返回的一列值逐一比较，若每次的比较结果都为 true，则整个表达式的值为 true，否则为 false。ALL 关键字的语法格式如下。

表达式 比较运算符 ALL(子查询)

举例来说，当比较运算符为大于号（>）时，"表达式> all（子查询）"表示大于子查询结果集中的任一值（或者说大于结果集中的最大值），则结果为 true。

例如，使用带 ALL 关键字的子查询查询满足条件的部门，SQL 语句如下。

SELECT *　FROM department WHERE did>all(select did from employee);

执行结果如图 6-26 所示。

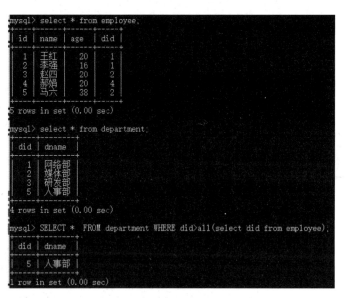

图 6-26　执行结果

在上述语句执行过程中，首先子查询将 employee 表中的所有 did 查询出来，分别为 1、2、3、4、5；然后将 department 表中 did 值与之比较，只有大于 employee.did 的所有值，才是符合条件的查询结果。由于只有人事部的 did=5，大于 employee 表中的所有 did，因此最终查询结果为人事部。

6.3.5 带比较运算符的子查询

前面讲解的 ANY 关键字和 ALL 关键字的子查询中使用了">"比较运算符，子查询还可以使用其他比较运算符，如"<""<="">"">="=""!="等。

当子查询返回单个值时，可以将一个表达式的值与子查询的结果集进行比较。

例如，使用带比较运算符的子查询，查询赵四是哪个部门的员工，SQL 语句如下。

SELECT * FROM department WHERE did=(select did from employee where name='赵四');

执行结果如图 6-27 所示。

图 6-27　执行结果

从执行结果可以看出，赵四是媒体部的员工。首先通过子查询知道赵四的部门 did=2；然后将该 did 作为外层查询的条件；最后可以知道赵四是媒体部的员工。

6.3.6　FROM 子句中使用子查询

前面的子查询都是作为查询条件的，子查询还可以作为表。将子查询放在 FROM 关键字后，该子查询也称派生表，FROM 子句中的子查询必须包含一个别名，以便为子查询结果提供一个表名。执行该类查询语句时，先执行子查询中的语句，再将返回结果作为外层查询的数据源使用。语法格式如下。

SELECT ... FROM (子查询) [as] 别名 ...

例如，查询年龄高于平均年龄的员工的 id、name、age 和部门 did，SQL 语句如下。

```
select id,name,age,did
from employee,(select avg(age) as avg_age from employee) av
where employee.age>av.avg_age;
```

执行结果如图 6-28 所示。

图 6-28　执行结果

任务实施

子查询可以理解为在一个 SQL 语句 A（select、insert、update 等）中嵌入一个查询语句 B 作为执行的条件或查询的数据源（代替 FROM 后的数据表），B 就是子查询语句，它是一条完整的 select 语句，能够独立执行。SQL 语句先执行子查询中的语句，再将返回结果作为外层 SQL 语句的过滤条件或数据源。当同一个 SQL 语句中含有多层子查询时，从最里层的子查询开始执行。

例如，从 sh_goods_category 表中获取商品名为"智能手机"的商品分类名称，具体 SQL 语句如下。

```
SELECT name FROM sh_goods_category
WHERE id = (SELECT category_id FROM sh_goods WHERE name='智能手机');
```

执行结果如图 6-29 所示。

图 6-29　执行结果

从上述 SQL 语句可知，根据需求确定第一条 select 语句的主要查询对象，如商 品分类名称；根据提示的条件确定子查询语句要获取的数据，如获取"智能手机"对应的 category_id 分类 id；在主要查询语句中利用 where 完成条件的判断，如 sh_goods_category 表中的 id 是否等于子查询返回的 category_id 值，若相等，则返回分类名。

例如，从 sh_goocls_category 表中获取添加商品的商品分类名称，具体 SQL 语句如下。

```
SELECT name FROM sh_goods_category
WHERE id IN(SELECT DISTINCT category_id FROM sh_goods);
```

执行结果如图 6-30 所示。

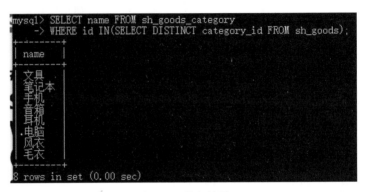

图 6-30　执行结果

从执行结果可知，首先确定要获取的主要查询对象，即商品分类名称；然后根据提示的条件获取 sh_goods 表中所有商品的 category*分类 id；最后在主查询对象中判断 sh_goods_category 中的 id 是否在子查询的结果中，若在，则返回对应的分类名。

例如，从 sh_goods 表中获取价格最高且评分最低的商品信息（id、name、price、score、content），具体 SQL 语句如下。

```
SELECT id, name, price, score, content FROM sh_goods WHERE
(price, score) = (SELECT MAX(price), MIN(score) FROM sh_goods);
```

执行结果如图 6-31 所示。

```
mysql> SELECT id, name, price, score, content FROM sh_goods WHERE
    -> (price, score) = (SELECT MAX(price), MIN(score) FROM sh_goods);
+----+------------+---------+-------+---------+
| id | name       | price   | score | content |
+----+------------+---------+-------+---------+
|  4 | 超薄笔记本  | 5999.00 |  2.50 | 轻小便携 |
+----+------------+---------+-------+---------+
1 row in set (0.00 sec)
```

图 6-31　执行结果

在该 SQL 语句中，首先确定要获取的主要查询对象，即商品信息；然后根据提示的条件获取 sh_goods 表中最高的价格及最低的商品评分；最后在主要查询对象中,利用 WHERE 完成条件的判断。

例如，从 sh_goods 表中获取每个商品分类下价格最高的商品信息（id、name、price、category_id），具体 SQL 语句如下。

```
SELECT a.id, a.name, a.price, a.category_id FROM sh_goods a,
(SELECT category_id, MAX(price) max_price FROM sh_goods
GROUP BY category_id) b
WHERE a.category_id = b.category_id AND a.price = b.max_price;
```

执行结果如图 6-32 所示。

图 6-32　执行结果

在上述语句中，表子查询用于获取每个分类下商品最高的价格和对应分类 id，将此查询结果作为一个数据表 b，判断 sh_goods 表中分类 id 与价格是否与表 b 中的分类 id 和价格都相等，若条件符合，则可以获取每个分类下价格最高的商品信息。

例如，当 sh_goods_category 表中存在名称为"厨具"的分类时，将 sh_goods 表中 id 等于 5 的商品修改为电饭煲，价格修改为 599，分类修改为"厨具"对应的 id，具体 SQL 语句如下。

```
UPDATE sh_goods SET name='电饭煲', price=599,
category_id=(SELECT id FROM sh_goods_category WHERE name='厨具')
WHERE EXISTS(SELECT id FROM sh_goods_category WHERE name='厨具')
AND id=5;
```

执行结果如图 6-33 所示。

```
mysql> UPDATE sh_goods SET name='电饭煲', price=599,
    -> category_id=(SELECT id FROM sh_goods_category WHERE name='厨具')
    -> WHERE EXISTS(SELECT id FROM sh_goods_category WHERE name='厨具')
    -> AND id=5;
Query OK, 0 rows affected (0.00 sec)
Rows matched: 0  Changed: 0  Warnings: 0
```

图 6-33　执行结果

在上述 SQL 语句中，当 sh_goods_category 表中不存在厨具时，子查询无结果，EXISTS() 的返回结果为 0。此时，UPDATE 语句的更新条件不满足，不会更新 sh_goods 中对应的语句。当需要相反的操作时，还可以使用 NOT EXISTS 判断子查询的结果，若没有返回结果，则返回 1，否则返回 0。

例如，从 sh_goods_category 中获取分类下商品价格低于 500 的商品分类名称，具体 SQL 语句如下。

```
SELECT name FROM sh_goods_category
WHERE id =
ANY(SELECT DISTINCT category_id FROM sh_goods WHERE price<500);
```

执行结果如图 6-34 所示。

```
mysql> SELECT name FROM sh_goods_category
    -> WHERE id =
    -> ANY(SELECT DISTINCT category_id FROM sh_goods WHERE price<500);
+------+
| name |
+------+
| 文具 |
| 箱包 |
| 耳机 |
| 风衣 |
| 毛衣 |
+------+
5 rows in set (0.00 sec)
```

图 6-34　执行结果

在上述 SQL 语句中，首先获取 ANY 子查询语句的结果，共 5 条 category_id 的记录，分别为 3、8、9、15、16；然后将 sh_goods_category 表中的 id 与子查询结果集进行比较，只要 id 与子查询结果集中的一个值相等，就返回该条记录对应的 name 值，因此输出的结果为文具、音箱、耳机、风衣和毛衣。

例如，获取 sh_goods 表中分类 id 为 3 的商品价格比分类为 8 的商品价格都低的商品信息（id, name, price, keyword），具体 SQL 语句如下。

```
SELECT id, name, price, keyword FROM sh_goods
WHERE category_id=3 AND price <
ALL(SELECT DISTINCT price FROM sh_goods WHERE category_id = 8);
```

执行结果如图 6-35 所示。

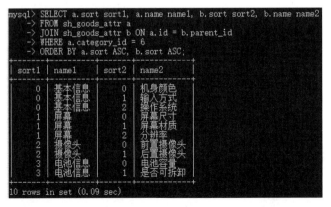

图 6-35　执行结果

在上述 SQL 语句中，首先通过 ALL 子查询语句获取分类 id 等于 8 的所有商品价格，然后获取分类等于 3 且价格比子查询的所有结果都低的商品信息。

能　力　拓　展

学习数据库在于多看、多学、多想、多动手，只有将理论与实际结合，才能够体现出数据开发与管理的重要性，展现知识学习的价值与力量。此实践的任务是根据文字提示，完成 Shop 数据库中的 sh_goods_attr 商品属性表和 sh_goods_attr_value 商品属性值表的查询需求。

（1）查询 id 为 6 的分类（手机）具有的属性信息，并将属性按照层级并排显示。

查询时，应注意 sh_goods_attr 表中有一个 sort 字段，表示排序值，输出属性信息时，应按照 sort 字段的值升序排列。SQL 语句如下。

```
SELECT a.sort sort1, a.name name1, b.sort sort2, b.name name2
FROM sh_goods_attr a
JOIN sh_goods_attr b ON a.id = b.parent_id
WHERE a.category_id = 6
ORDER BY a.sort ASC, b.sort ASC;
```

执行结果如图 6-36 所示。

图 6-36　执行结果

（2）查询 id 为 5 的商品（智能手机）的所有属性信息，将属性名称和属性值并排显示。SQL 语句如下。

```
SELECT b.name, a.attr_value FROM sh_goods_attr_value a
JOIN sh_goods_attr b ON a.attr_id = b.id
WHERE a.goods_id = 5;
SELECT c.sort sort1, c.name name1, b.sort sort2, b.name name2,
a.attr_value FROM sh_goods_attr_value a
JOIN sh_goods_attr b ON a.attr_id = b.id
JOIN sh_goods_attr c ON b.parent_id = c.id
WHERE a.goods_id = 5
ORDER BY c.sort ASC, b.sort ASC;
```

执行结果如图 6-37 所示。

图 6-37   执行结果

（3）查询 id 为 1 的属性的所有子属性值，可以通过子查询实现，具体 SQL 语句如下。

```
SELECT attr_value FROM sh_goods_attr_value WHERE attr_id IN
(SELECT id FROM sh_goods_attr WHERE parent_id = 1);
```

执行结果如图 6-38 所示。

```
mysql> SELECT attr_value FROM sh_goods_attr_value WHERE attr_id IN
    -> (SELECT id FROM sh_goods_attr WHERE parent_id = 1);
+------------+
| attr_value |
+------------+
| 黑色       |
| 触摸屏     |
| Android    |
+------------+
3 rows in set (0.00 sec)
```

图 6-38   执行结果

（4）查询拥有属性值个数大于 1 的商品 id 和名称。

首先通过子查询在商品属性值表中找出所有属性值数大于 1 的商品 id，然后获取这些商品的 id 和名称，具体 SQL 语句如下。

```
SELECT id, name FROM sh_goods WHERE id IN
(SELECT goods_id FROM sh_goods_attr_value GROUP BY goods_id
 HAVING COUNT(id) > 1);
```

单 元 小 结

本单元主要讲解了多表操作的相关知识，包括子查询、多表之间的关联关系、关联表的操作，主要是多表操作中添加数据、删除数据、修改数据以及查询数据。其中查询数据是比较重要的部分，特别是连接查询和子查询。通过本单元的学习，希望读者能够熟练掌握多表查询中的连接查询和子查询。

单 元 测 验

一、填空题

1. 带有_____关键字的子查询，只要查询结果中有一个符合要求就返回真。

2. 子查询根据位置的不同可分为 WHERE 子查询和_____。

3. 含有 3 个字段的商品表（5 条记录）与含有 4 个字段的分类表（6 条记录）交叉连接查询后的记录数为_____。

4. 当_____查询不设置连接条件时，与交叉连接等价。

5. 在行子查询中，表达式(a,b)<>(x,y)等价于含有逻辑运算符的_____。

二、判断题

1. 进行左连接时，如果左表的某条记录在右表中不存在，则在右表中显示为 NULL。
　　　　　　　　　　　　　　　　　　　　　　　　　　　　　　　（　　　）

2. 子查询是指一个查询语句嵌套在另一个语句内部的查询。　　　（　　　）

3. 右连接查询不一定返回右表中的所有记录。　　　　　　　　　（　　　）

4. 内连接使用 INNER JOIN 关键字连接两张表，其中 INNER 关键字可以省略。
　　　　　　　　　　　　　　　　　　　　　　　　　　　　　　　（　　　）

5. 默认情况下，联合查询可去除完全重复的记录。　　　　　　　（　　　）

三、实训题

有部门表 dept 和员工表 employee，根据如下条件编写 SQL 语句。

（1）查询存在年龄大于 21 岁员工的部门信息。

（2）采用自连接查询方式，查询与王红在同一个部门的员工。

课 后 一 思

以文化力量实现
中华民族伟大复兴

以文化力量实现中华民族伟大复兴（扫码查看）

单元 7　视图与索引

学习目标

1. 能说出视图的概念和作用。
2. 能运用视图的创建、查看、修改和删除等操作解决实际问题。
3. 能说出索引的概念和作用，会创建和删除索引。
4. 培养质量意识、集体意识和团队合作精神，创新思维能力。

7.1　视图概述

任务描述

在"网上商城系统"的数据库设计中，项目王经理安排实习生海龙完成从数据库中多个真实的数据表中虚拟出一张数据表，进而方便调用和操作数据，减少对基础数据表的影响。实习生海龙通过学习发现，在数据库中，视图能够解决这个任务，实习生海龙对数据库视图的概念和作用进行了深入的学习，完成了工作中的任务。

任务要求

数据库设计中，在查询语句的使用过程中会出现大量重复操作，在数据库数据调用过程中又存在数据安全的风险，真实表结构的变化会影响查询语句的改变，应用程序也会随之更改，视图能够解决这些问题。

面对这些问题，你能说出视图在数据库开发中的作用吗？你对视图的概念又有哪些了解呢？

知识链接

在数据库的设计中，为了更安全并减少对真实表结构带来的影响，可以运用视图简化查询语句，将一次复杂的查询构建成一张视图，用户只要查询视图就可以获取想要得到的信息，不需要编写复杂的 SQL 语句，把复杂问题简单化、安全化、数据独立化。

视图概念及作用

7.1.1　视图的概念

视图是从一张或多张表中导出的数据表，它是一种虚拟存在的表，其内容由查询定义。与真实的表一样，视图包含一系列带有名称的列数据和行数据。但是，视图不在数据库中以存储的数据值集形式存在。行数据和列数据来自由定义视图的查询所引用的表，并且在引用视图时动态生成。

7.1.2　视图的作用

视图一方面可以帮助我们使用部分表数据而不是所有表数据；另一方面通过对不同权

限的用户指定不同的查询视图，方便地控制权限。比如，针对一名网上商城有限公司的不同层级的管理人员，我们只想给他看部分数据，而不会给他看某些特殊的数据（比如商城物品所有的销售情况）。再比如，人员薪酬是敏感的话题，只为某个级别以上的人员开放，其他人的查询视图中不提供这个字段。

视图是一种向用户提供基表数据的表现形式。通常情况下，在小型项目的数据库中，视图的使用价值较小；但是在大型项目中及数据表比较复杂的情况下，视图的价值就凸显出来了，它可以帮助我们把经常查询的结果集放到虚拟表中，提高使用效率。

虽然视图也是一种数据表，但与直接操作基本表相比，视图具有以下优点。

（1）查询语句简化。视图可以简化查询语句、简化用户的查询操作，使查询更加快捷。在日常开发中，可以将经常使用的查询定义为视图，从而避免大量重复操作。

（2）提高数据的安全性。视图可以更方便地控制权限，用户只能查询和修改他们所能见到的数据，数据库中的其他数据既不能看到又不能获取。数据库授权命令可以使每个用户对数据库的检索限制到特定的数据库对象上，但不能授权到数据库特定行和特定列上。

（3）逻辑数据独立性强。视图可以屏蔽真实表结构变化带来的影响。例如，当其他应用程序查询数据时，若直接查询数据表，则一旦表结构发生改变，查询的 SQL 语句就会发生改变，应用程序随之更改。但若为应用程序提供视图，则修改表结构后只需修改视图对应的 select 语句，无须更改应用程序。

任务实施

根据公司提供的"网上商城系统"的数据库表，结合对视图概念的理解，尝试创建一个简单的视图。

1. 创建视图的语法格式

创建视图使用 CREATE VIEW 语句，基本语法格式如下。

```
CREATE [OR REPLACE] [ALGORITHM = {UNDEFINED | MERGE | TEMPTABLE}]
[DEFINER={user|CURRENT_USER}]
[SQL SECURITY {DEFINER|INVOKER}]
VIEW view_name [(column_list)]
AS select_statement
[WITH [CASCADED | LOCAL] CHECK OPTION]
```

从上述语法格式可以看出，创建视图的语句是由多条子句构成的。下面对语法格式中的各部分进行具体讲解。

（1）CREATE：创建视图的关键字。

（2）OR REPLACE：可选，表示替换已有视图。

（3）ALGORITHM：可选，表示视图算法，会影响查询语句的解析方式，其值有如下三个，一般使用 UNDEFINED。

- UNDEFINED（默认）：由 MySQL 自动选择算法。
- MERGE：将 select_statement 和查询视图时的 select 语句合并起来查询。
- TEMPTABLE：先将 select_statement 的查询结果存入临时表，再用临时表查询。

（4）DEFINER：可选，表示定义视图的用户，与安全控制有关，默认为当前用户。

（5）SQL SECURITY：可选，用于视图的安全控制，其值有如下两个。

- DEFINER（默认）：由定义者指定的用户的权限执行。
- INVOKER：由调用视图的用户的权限执行。

（6）view_name：表示要创建的视图名称。

（7）column_list：可选，用于指定视图中各列的名称。默认情况下，与 SELECT 语句查询的列相同。

（8）AS：表示视图要执行的操作。

（9）select_statement：一个完整的查询语句，表示从某些表或视图中查询出某些满足条件的记录，并将这些记录导入视图。

（10）WITH CHECK OPTION：可选，用于视图数据操作时的检查条件。若省略此子句，则不进行检查。其值有如下两个。

- CASCADED（默认）：操作数据时，要满足所有相关视图和表定义的条件。例如，当在一个视图的基础上创建另一个视图时，需进行级联检查。
- LOCAL：操作数据时，满足该视图本身定义的条件即可。

2．创建一个"网上商城系统"数据库视图

通过创建"网上商城系统"视图，直观地理解视图的使用效果。查询数据如图 7-1 所示。

图 7-1　查询数据

在图 7-1 中，第①步是创建数据库；第②步是查询数据表 e_sh_goods，显示查询结果。创建、查询、删除视图如图 7-2 所示。

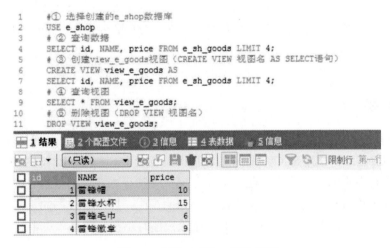

图 7-2　创建、查询、删除视图

在图 7-2 中，第③步是创建 view_e_goods 视图，语法格式为"CREATE VIEW 视图名　AS SELECT 语句"，此处将 AS 后面的 SELECT 语句指定为第②步的查询语句。

视图创建后，第④步是使用 SELECT 语句查询 view_e_goods 视图，可以看到查询结果与第②步显示相同。此处第③步 SELECT 语句中的 LIMIT 子句也可以移动到第④步，不影响查询结果，LIMIT 查询视图如图 7-3 所示。

```
1    # 创建view_e_goods视图SELECT语句中移除LIMIT子句
2    CREATE VIEW view_e_goods AS
3    SELECT id, NAME, price FROM e_sh_goods ;
4    # 查询视图时使用LIMIT子句
5    SELECT * FROM view_e_goods LIMIT 4;
```

图 7-3   LIMIT 查询视图

查询视图时，SELECT 字段列表中的字段只能是创建视图时指定的 SELECT 语句中的字段，即 id、name、price 字段，而 e_sh_goods 表中的其他字段无法通过 view_e_goods 视图查询。

7.2   视 图 管 理

任务描述

通过学习视图概念和作用，实习生海龙明白了视图具有简化查询语句、安全性和保证逻辑数据独立性等作用，认识到管理视图是非常重要的。对"学生选课管理系统"数据库进行操作，视图管理中的任务有创建视图、查看视图、修改视图、删除视图等，在视图中进行数据添加、数据修改、数据删除、视图查询等操作，掌握视图管理内容，进而能够完成岗位工作，提高软件数据库质量和安全性，也更加注重数据库开发中的集体意识和团队合作精神。

任务要求

视图简化了对数据库中数据的操作方法，提高了数据的安全性，方便了数据处理工作，更好地管理和运用视图对提高数据库质量和软件产品质量有至关重要的作用，结合"学生选课管理系统"数据库案例，完成对视图的创建、查看、修改、更新、查询等任务。

知识链接

创建视图时，可以在单表上创建，也可以在多表上创建，对视图中列名称进行自定义，通过指定 DEFINER 和 SQL SECURITY 控制视图的安全性。通过 SHOW VIEW 权限查看视图方式，查看视图中的字段信息、状态信息、创建语句等方式。当基本表中的某些字段发生变化时，通过修改视图完成修改数据库中存在的视图，以保证视图的正常使用。在使用视图的过程中，可以删除不再使用的视图，删除视图时不会删除基本表中的数据。

7.2.1   创建视图

创建视图时，除图 7-2 中的创建方式外，还可以创建多表视图、自定义视图中的列名称、进行安全控制等。

1. 在多表上创建视图

除了在单表上创建视图，还可以在多张基本表上创建视图。图 7-4 所示为在 e_sh_goods 和 sh_goods_category 两张表上创建视图。

图 7-4　在两张表上创建视图

从上述案例可以看出，当在创建视图时指定的 SELECT 语句涉及多张表的查询时，创建的视图就是多表视图。

2. 自定义列名称

通过创建视图的语法格式可知，可以自定义视图的列名称。下面通过案例演示创建视图时自定义列名称，如图 7-5 所示。

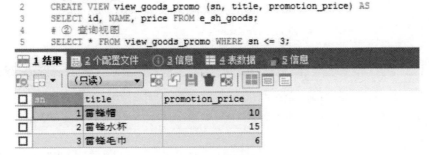

图 7-5　自定义视图列名称

从上述结果可以看出，创建视图时，自定义列名称的顺序与 AS 后 SELECT 字段列表的顺序一致，即 sn 对应 id，title 对应 name，promotion_price 对应 price。自定义列名称的数量必须与 SELECT 字段列表的数量一致，若不一致，则 MySQL 会报错，无法创建视图。

3. 视图安全控制

从创建视图的语法格式可知，创建视图时指定 DEFINER 和 SQL SECURITY 可以控制视图的安全性。示例如图 7-6 所示。

```
1    # ① 创建测试用户shop_test
2    CREATE USER shop_test;
3    # ② 创建第1个视图，权限控制使用默认值
4    CREATE VIEW view_goods_t1 AS
5    SELECT id, NAME FROM e_sh_goods LIMIT 1;
6    # ③ 创建第2个视图，设置DEFINER为shop_test用户
7    CREATE DEFINER='shop_test' VIEW view_goods_t2 AS
8    SELECT id, NAME FROM e_sh_goods LIMIT 1;
9    # ④ 创建第3个视图，设置SQL SECURITY为INVOKER
10   CREATE SQL SECURITY INVOKER VIEW view_goods_t3 AS
11   SELECT id, NAME FROM e_sh_goods LIMIT 1;
12   # ⑤ 为shop_test用户赋予前面创建的3个视图的SELECT权限
13   GRANT SELECT ON view_goods_t1 TO 'shop_test';
14   GRANT SELECT ON view_goods_t2 TO 'shop_test';
15   GRANT SELECT ON view_goods_t3 TO 'shop_test';
```

图 7-6　视图安全控制

在创建的三个视图中，view_goods_t1 的 DEFINER 为当前用户 root，SQL SECURITY 为 DEFINER；view_goods_t2 的 DEFINER 为 shop_test 用户，SQL SECURITY 为 DEFINER；view_goods_t3 的 DEFINER 为当前用户 root，SQL SECURITY 为 INVOKER。

接下来重新打开一个命令行窗口，通过 mysql –ushop_test 登录 shop_test 用户，然后执行如下操作，测试视图是否可用。

从图 7-7 至图 7-9 显示的结果可以看出，只有 view_goods_t1 查询成功，因为该视图使用的 root 用户有权限查询基本表 e_sh_goods，view_goods_t2 和 view_goods_t3 使用的 shop_test 用户没有权限查询基本表 e_sh_goods，因此查询失败。

图 7-7　有用户表 SELECT 权限

```
1    #选择创建的e_shop数据库
2    USE e_shop;
3    # ① 第1个视图的DEFINER为root，该用户有e_sh_goods表的SELECT权限
4    SELECT * FROM view_goods_t1;
5    # ② 第2个视图的DEFINER为shop_test，该用户没有e_sh_goods表的SELECT权限
6    SELECT * FROM view_goods_t2;
```
ⓘ 1 信息　▦ 2 表数据　▤ 3 信息
1 queries executed, 0 success, 1 errors, 0 warnings

查询：SELECT * FROM view_goods_t2 LIMIT 0, 1000

错误代码: 1356
View 'e_shop.view_goods_t2' references invalid table(s) or column(s) or function(s) or definer/invoker of view lack rights to use them

图 7-8　无用户表 SELECT 权限

```
1    #选择创建的e_shop数据库
2    USE e_shop;
3    # ① 第1个视图的DEFINER为root，该用户有e_sh_goods表的SELECT权限
4    SELECT * FROM view_goods_t1;
5    # ② 第2个视图的DEFINER为shop_test，该用户没有e_sh_goods表的SELECT权限
6    SELECT * FROM view_goods_t2;
7    # ③ 第3个视图的SQL SECURITY为INVOKER，
8    # 会判断当前用户shop_test有无e_sh_goods表的SELECT权限
9    SELECT * FROM view_goods_t3;
```
ⓘ 1 信息　▦ 2 表数据　▤ 3 信息
1 queries executed, 0 success, 1 errors, 0 warnings

查询：SELECT * FROM view_goods_t3 LIMIT 0, 1000

错误代码: 1356
View 'e_shop.view_goods_t3' references invalid table(s) or column(s) or function(s) or definer/invoker of view lack rights to use them

图 7-9　无用户表 SELECT 权限

7.2.2　查看视图

查看视图是指查看数据库中已经创建并存在的视图，查看视图必须有 SHOW VIEW 的权限。查看视图有如下三种查看方式。

1. 查看视图的字段信息

MySQL 提供的 DESCRIBE（DESC）语句不仅可以查看数据表的字段信息，还可以查看视图的字段信息。view_e_goods 视图字段信息如图 7-10 所示。

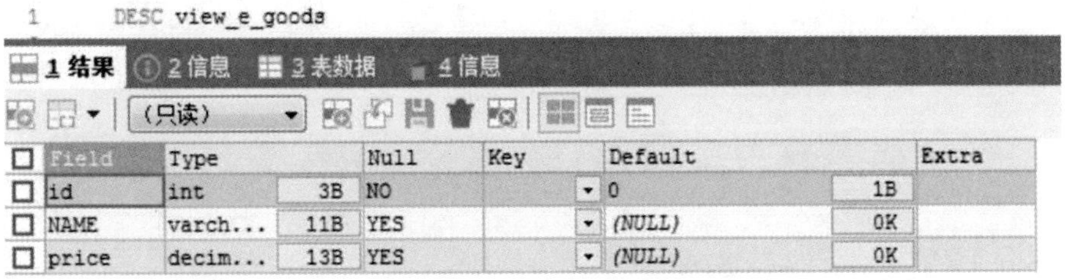

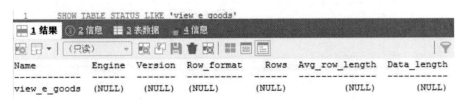

图 7-10　view_e_goods 视图字段信息

2. 查看视图状态信息

MySQL 提供的 SHOW TABLE STATUS 语句不仅可以查看数据表的状态信息，还可以查看视图的状态信息。view_e_goods 视图状态信息如图 7-11 所示，除 Name 外，其他信息均为 NULL。

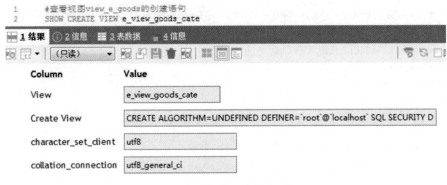

图 7-11　查看视图状态信息

3. 查看视图的创建语句

使用 SHOW CREATE VIEW（或 SHOW CREATE TABLE）语句可以查看创建视图时的定义语句及视图的字符编码。e_view_goods_cate 创建的语句和字符编码等信息如图 7-12 所示。

图 7-12　查看视图创建语句

7.2.3　修改视图

修改视图是指修改数据库中存在的视图定义。例如，当基本表中的某些字段发生变化时，需要修改视图以正常使用。在 MySQL 中修改视图的方式有如下两种。

1. 替换已有的视图

通过 CREATE OR REPLACE VIEW 语句可以在创建视图时替换已有的同名视图，如果视图不存在，则创建一个视图。查看视图和修改视图分别如图 7-13 和图 7-14 所示。

从图 7-13 和图 7-14 的显示结果可以看出，第①步创建的 e_view_goods 视图包含 price 字段；而第②步修改已有视图后，没有 price 字段。通过第③步的查询结果可知，e_view_goods 视图已经被第②步操作修改成功。

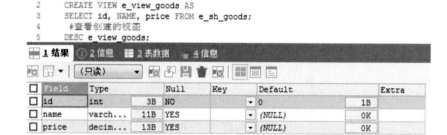

图 7-13　查看视图

图 7-14　修改视图

2. 使用 ALTER VIEW 语句修改视图

使用 ALTER VIEW 语句可以修改视图，其基本语法格式如下。

```
ALTER [ALGORITHM = {UNDEFINED | MERGE | TEMPTABLE }]
[DEEINER ={user | CURRENT_USER }]
[SQL SECURITY { DEFINER | INVOKER }]
VIEW view_name [(column_list)]
AS SELECT_statement
[WITH [CASCADED | LOCAL ] CHECK OPTION ]
```

其中，ALTER 后面的各部分子句与 CREATE VIEW 语句中的子句含义相同。下面演示 ALTER VIEW 语句的使用，具体示例如图 7-15 所示。

图 7-15　修改视图

从结果可以看出，view_goods 视图修改成功。

7.2.4　更新视图

视图更新方法

更新视图是指通过视图更新、插入、删除基本表中的数据。因为视图是一个虚拟表，其中没有数据，所以通过视图更新数据其实是更新基本表中的数据，增加或删除视图中的数据实际上就是增加或删除基本表中的数据。下面介绍三种更新视图的方法。

1. 使用 UPDATE 语句更新视图

在 MySQL 中，可以使用 UPDATE 语句更新视图中的原有数据。如更新视图 e_view_goods 中 name 字段对应的内容，则字段内容改为"雷锋故事书"，SQL 语句如下。

UPDATE e_view_goods SET NAME = '雷锋故事书';

在更新数据之前，使用 SELECT 查询语句分别查看 e_view_goods 视图和 e_sh_goods 表中 name 字段的内容信息，查询结果如图 7-16 所示。

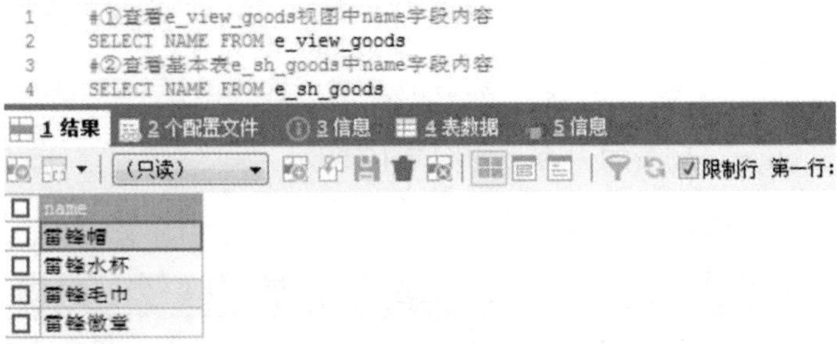

图 7-16　查询结果

上述查询结果显示了 e_view_goods 视图和 e_sh_goods 表中 name 字段的内容信息，分别是雷锋帽、雷锋水杯、雷锋毛巾、雷锋徽章。

下面使用 UPDATE 语句更新视图 e_view_goods 中的 name 字段值，执行结果如图 7-17 所示。

图 7-17　更新视图字段值

更新视图后，再次查询 e_view_goods 视图中的 name 字段和 e_sh_goods 表信息，执行结果如图 7-18 所示。

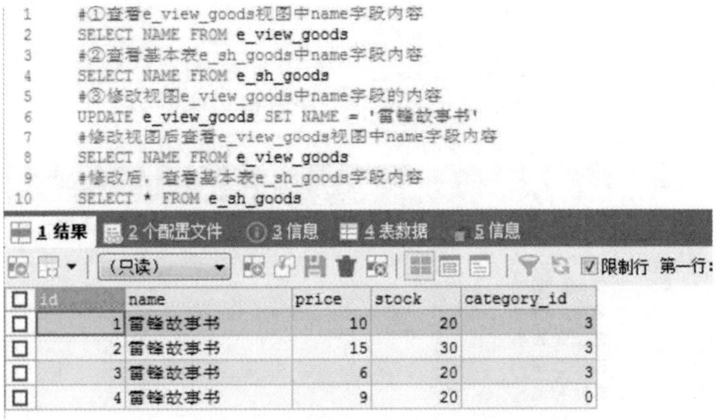

图 7-18　查看更新后的视图字段

通过执行结果可以看出，通过更新语句将 e_view_goods 视图中的 name 字段内容更新为"雷锋故事书"，同时基本表 e_sh_goods 表中的 name 字段内容和基于基本表建立的视图中 name 字段的值都变为"雷锋故事书"。

2. 使用 INSERT 语句更新视图

在 MySQL 中，可以使用 INSERT 语句向表中插入一条记录。

使用 INSERT 语句向 e_sh_goods 表中插入一条数据。其中 id 字段的值为 5，name 字段的值为"雷锋背包"，price 字段的值为 100，stock 字段的值为 100，category_id 字段的值为 1。SQL 语句如下。

INSERT INTO e_sh_goods VALUES (5,'雷锋背包',100,100,1)

更新前查看 e_sh_goods 表的内容，如图 7-19 所示。

图 7-19　查看表内容

更新前查看 e_view_goods 视图内容，如图 7-20 所示。

图 7-20　查看视图内容

执行更新语句后，使用 SELECT 语句查看更新后的 e_view_goods 视图内容，如图 7-21 所示。

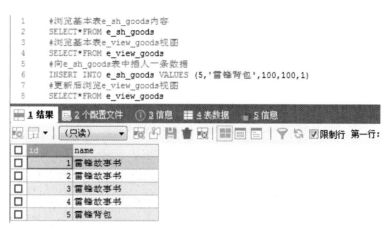

图 7-21　查看更新后的视图内容

从执行结果可以看出，在 e_sh_goods 表插入数据后，e_view_goods 视图中的数据也随
之改变。由此可见，基本表中的数据发生变化之后，与基本表对应的视图数据同时改变。

3. 使用 DELETE 语句更新视图

在 MySQL 中，可以使用 DELETE 语句删除视图中的部分记录。

使用 DELETE 语句在 e_view_goods 视图中删除一条记录，SQL 语句如下。

DELETE FROM e_view_goods WHERE NAME = '雷锋背包'

执行删除语句前，查询 e_view_goods 视图内容，如图 7-22 所示。

图 7-22　删除前查询视图内容

执行删除语句前，查询基本表 e_sh_goods 表内容，如图 7-23 所示。

图 7-23　删除前查询表内容

执行删除语句后，查询 e_view_goods 视图内容，如图 7-24 所示。

```
1    #删除前查询e_view_goods视图内容
2    SELECT * FROM e_view_goods
3    #删除前查询e_sh_goods表内容
4    SELECT * FROM e_sh_goods
5    #执行删除name字段的雷锋背包内容
6    DELETE FROM e_view_goods WHERE NAME = '雷锋背包'
7    #删除后查询e_view_goods视图内容
8    SELECT * FROM e_view_goods
9    #删除后查询e_sh_goods表内容
10   SELECT * FROM e_sh_goods
```

图 7-24　删除后查询视图内容

从查询结果可以看出，在视图 e_view_goods 中删除 name="雷锋背包"的记录后，视图中的一整行记录全部被删除了。

执行删除语句后，查询基本表 e_sh_goods 表内容，如图 7-25 所示。

```
1    #删除前查询e_view_goods视图内容
2    SELECT * FROM e_view_goods
3    #删除前查询e_sh_goods表内容
4    SELECT * FROM e_sh_goods
5    #执行删除name字段的雷锋背包内容
6    DELETE FROM e_view_goods WHERE NAME = '雷锋背包'
7    #删除后查询e_view_goods视图内容
8    SELECT * FROM e_view_goods
9    #删除后查询e_sh_goods表内容
10   SELECT * FROM e_sh_goods
```

id	name	price	stock	category_id
1	雷锋水壶	10	20	3
2	雷锋徽章	15	30	3
3	雷锋书包	6	20	3
4	雷锋故事书	9	20	0

图 7-25   删除后查询表内容

从查询结果可以看出，e_sh_goods 表中的 name="雷锋背包"的整行记录也被删除了。因为视图中的删除操作最终是通过删除基本表中的相关记录实现的。

尽管更新视图有多种方式，但是并非所有情况下都能执行视图的更新操作。当视图中包含如下内容时，不能执行视图的更新操作。

（1）视图中包含基本表中被定义为非空的列。

（2）在定义视图的 SELECT 语句后的字段列表中使用了数学表达式。

（3）在定义视图的 SELECT 语句后的字段列表中使用了聚合函数。

（4）在定义视图的 SELECT 语句中使用了 DISTINCT、UNION、TOP、GROUP BY 或 HAVING 子句。

7.2.5 删除视图

当不再需要视图时，可以将其删除。删除视图时，只删除视图的定义，不会删除基本表中的数据。删除一个或多个视图可以使用 DROP VIEW 语句，删除视图的基本语法格式如下。

```
DROP VIEW [IF EXISTS]
view_name [,view_namel]…
[ RESTRICT | CASCADE ]
```

其中，view_name 是要删除的视图的名称，可以添加多个视图名称，各名称之间使用逗号隔开，删除视图必须拥有 DROP 权限。

删除 view_e_goods1 视图，SQL 语句如下。

```
DROP VIEW IF EXISTS view_e_goods1;
```

上述 SQL 语句执行成功后，可删除 view_e_goods1 视图。为了验证视图是否删除功，使用 SELECT 语句查看 view_e_goods1 视图，查询结果如图 7-26 所示。

```
1    #删除view_e_goods1视图
2    DROP VIEW IF EXISTS view_e_goods1
3    #删除后浏览view_e_goods1视图
4    SELECT * FROM view_e_goods1
```

① 1 信息 ▦ 2 表数据   ▦ 3 信息

1 queries executed, 0 success, 1 errors, 0 warnings

查询: SELECT * FROM view_e_goods1 LIMIT 0, 1000

错误代码: 1146
Table 'e_shop.view_e_goods1' doesn't exist

图 7-26 验证删除视图

从查询结果可以看出，查询结果显示 view_e_goods1 视图不存在，说明视图被成功删除。

任务实施

通过学习视图，结合本章课程任务要求，针对"学生选课管理系统"中运用的视图进行操作，完成课程任务，熟练掌握在实际开发中创建和使用视图的完整过程。

学生通过"学生选课管理系统"选择课程，并按要求学习课程，参加考试后，要对各科成绩评定等级，现需要对其结果进行查询和管理，90 分以上为"优秀"，70～90 分为"良好"，60～70 分为"合格"，60 分以下为不合格。需要创建三个表来管理学生信息，分别是学生表、学院表、成绩表，其主键（s_id）是统一的，表结构见表 7-1 至表 7-3，表数据见表 7-4 至表 7-6。

表 7-1 stu 表结构

字段名	数据类型	主键	外键	非空	唯一	自增
s_id	INT (11)	是	否	是	是	否
s_name	VARCHAR (20)	否	否	是	否	否
addr	VARCHAR (50)	否	否	否	否	否
tel	VARCHAR (50)	否	否	是	否	否

表 7-2 course 表结构

字段名	数据类型	主键	外键	非空	唯一	自增
s_id	INT (11)	是	否	是	是	否
s_name	VARCHAR (20)	否	否	是	否	否
s_college	VARCHAR (50)	否	否	否	否	否
s_cour	VARCHAR (50)	否	否	是	否	否

表 7-3 stu_mark 表结构

字段名	数据类型	主键	外键	非空	唯一	自增
s_id	INT (11)	是	否	是	是	否
s_name	VARCHAR (20)	否	否	是	否	否
s_cour	VARCHAR (50)	否	否	否	否	否
mark	INT (11)	否	否	是	否	否

表 7-4   stu 表数据

s_id	s_name	addr	tel
1	张三	洛阳	138****0018
2	李四	广州	134****8907
3	王五	郑州	135****9018
4	赵六	上海	136****0189
5	海龙	深圳	139****8700

表 7-5   course 表数据

s_id	s_name	s_college	s_cour
1	张三	软件学院	软件工程
2	李四	软件学院	MySQL
3	王五	软件学院	软件工程
4	赵六	软件学院	MySQL
5	海龙	软件学院	MySQL

表 7-6   stu_mark 表数据

s_id	s_name	s_cour	mark
1	张三	软件工程	85
2	李四	MySQL	91
3	王五	软件工程	87
4	赵六	MySQL	88
5	海龙	MySQL	95

1. 创建学生表 stu，插入 5 条学生记录

登录数据库，进入 student 数据库，创建学生表，SQL 语句如图 7-27 所示。

```
1   #创建学生表stu
2   CREATE TABLE stu(
3     s_id INT(11) PRIMARY KEY,
4     s_name VARCHAR (20) NOT NULL,
5     addr VARCHAR (50) NOT NULL,
6     tel VARCHAR (50) NOT NULL);
```

图 7-27   创建学生表

上述 SQL 语句执行成功后，表示学生表 stu 创建成功，使用 INSERT 语句向表中插入数据，SQL 语句如图 7-28 所示。

图 7-28   插入数据

上述 INSERT 语句执行成功后，向表中插入了 5 条记录，分别是学生的学号、姓名、地址、电话号码，使用 SELECT 语句查看 stu 表的数据信息，查询结果如图 7-28 所示。

从查询结果可以看出，在数据库中创建了一个 stu 表，并成功插入 5 条学生记录，stu 表的主键为 s_id。

2. 创建学院表 course，插入 5 条记录

使用 CREATE TABLE 语句创建学院表，SQL 语句如图 7-29 所示。

```
1    #创建course学院表
2  ⊟CREATE TABLE course(
3    s_id INT(11) PRIMARY KEY,
4    s_name VARCHAR (20) NOT NULL,
5    s_college VARCHAR (50) NOT NULL,
6   └s_cour VARCHAR (50) NOT NULL);
```

图 7-29 创建学院表

上述 SQL 语句执行成功后，学院表 course 创建成功，下面使用 INSERT 语句向 course 表中插入数据，SQL 语句如图 7-30 所示。

```
1    #向course表插入5条数据
2    INSERT INTO course
3    VALUES(1,'张三','软件学院','软件工程'),
4    (2,'李四','软件学院','MySQL'),
5    (3,'王五','软件学院','软件工程'),
6    (4,'赵六','软件学院','MySQL'),
7    (5,'海龙','软件学院','MySQL');
8    #查看插入的数据
9    SELECT * FROM course;
```

s_id	s_name	s_college	s_cour
1	张三	软件学院	软件工程
2	李四	软件学院	MySQL
3	王五	软件学院	软件工程
4	赵六	软件学院	MySQL
5	海龙	软件学院	MySQL

图 7-30 插入表数据

上述 INSERT 语句执行成功后，向表中插入了 5 条记录，分别是学生的学号、姓名、学院、课程名称，使用 SELECT 语句查看 course 表的数据信息，查询结果如图 7-30 所示。

从查询结果可以看出，在数据库中创建了一个 course 表，并成功插入 5 条学生记录，course 表的主键为 s_id。

3. 创建成绩表 stu_mark，插入 5 条记录

使用 CREATE TABLE 语句创建成绩表，SQL 语句如图 7-31 所示。

```
1    #创建stu_mark成绩表
2  ⊟CREATE TABLE stu_mark(
3    s_id INT(11) PRIMARY KEY,
4    s_name VARCHAR (20) NOT NULL,
5    s_cour VARCHAR (50) NOT NULL,
6   └mark INT (11) NOT NULL);
```

图 7-31 创建成绩表

上述 SQL 语句执行成功后，成绩表 stu_mark 创建成功。下面使用 INSERT 语句向 stu_mark 表中插入数据，SQL 语句如图 7-32 所示。

图 7-32　插入表数据

上述 INSERT 语句执行成功后，向表中插入了 5 条记录，分别是学生的学号、姓名、课程名称、成绩，使用 SELECT 语句查看 stu_mark 表的数据信息，查询结果如图 7-32 所示。

从查询结果可以看出，在数据库中创建了一个 stu_mark 表，并成功插入 5 条学生记录，stu_mark 表的主键为 s_id。

4. 创建课程成绩优秀的学生视图

视图名称为 ex_grade_view，视图内容包含优秀等次的学生学号、学生姓名、成绩、课程、学院五个字段。创建 ex_grade_view 视图的语句如图 7-33 所示。

图 7-33　创建视图

上述 SQL 语句执行成功后，使用查询语句查看满足优秀等次的学生信息，执行结果如图 7-33 所示。

从上述查询结果可以看出，符合成绩大于或等于 90 的优秀成绩有两名学生，分别是李四和海龙，并且课程都是 MySQL，他们的成绩分别为 91 分和 95 分。

5. 创建课程成绩良好的学生视图

视图名称为 go_grade_view，视图内容包含优秀等次的学生学号、学生姓名、成绩、课程、学院五个字段，创建 go_grade_view 视图的语句如图 7-34 所示。

上述 SQL 语句执行成功后，使用查询语句查看满足良好等次的学生信息，查询结果如图 7-34 所示。

从上述查询结果可以看出，符合成绩小于 90 且大于或等于 70 的良好等次有三名学生，分别是张三、王五和赵六，并且课程有软件工程和 MySQL，他们的成绩分别为 85 分、87 分和 88 分。

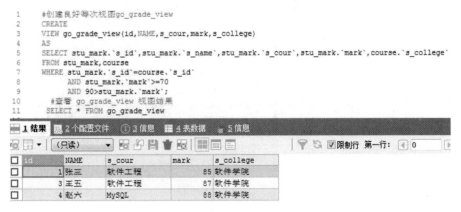

```
1    #创建良好等次视图go_grade_view
2    CREATE
3    VIEW go_grade_view(id,NAME,s_cour,mark,s_college)
4    AS
5    SELECT stu_mark.`s_id`,stu_mark.`s_name`,stu_mark.`s_cour`,stu_mark.`mark`,course.`s_college`
6    FROM stu_mark,course
7    WHERE stu_mark.`s_id`=course.`s_id`
8        AND stu_mark.`mark`>=70
9        AND 90>stu_mark.`mark`;
10   #查看 go_grade_view 视图结果
11   SELECT * FROM go_grade_view
```

图 7-34 创建视图

不再单独罗列合格和不及格两个等次的代码,根据上面两个等次的方法,学生自行编写完成合格和不及格两个等次的代码,并熟练掌握创建视图的方法。

6. 更新视图

在核对成绩的过程中,发现张三的成绩在汇总计算时少加了 5 分,下面修改张三的成绩。在视图中,可以使用 UPDATE 语句更新基本表 stu_mark 的数据,更新的 SQL 语句如下。

UPDATE stu_mark SET mark=mark-5 WHERE stu_mark.'s_name'='张三';

图 7-35 所示为更新前的成绩表。

```
1    #查看修改前张三的成绩
2    SELECT * FROM stu_mark
3    #为张三同学成绩加上5分
4    UPDATE stu_mark SET mark=mark-5 WHERE stu_mark.`s_name`='张三';
```

s_id	s_name	s_cour	mark
1	张三	软件工程	85
2	李四	MySQL	91
3	王五	软件工程	87
4	赵六	MySQL	88
5	海龙	MySQL	95

图 7-35 更新前的成绩表

图 7-36 所示为更新后的成绩表。

```
1    #查看修改前张三的成绩
2    SELECT * FROM stu_mark
3    #为张三同学成绩加上5分
4    UPDATE stu_mark SET mark=mark+5 WHERE stu_mark.`s_name`='张三';
5    #修改后查看stu_mark表记录
6    SELECT * FROM stu_mark
```

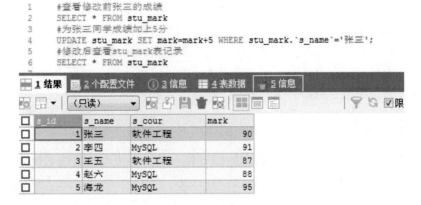

s_id	s_name	s_cour	mark
1	张三	软件工程	90
2	李四	MySQL	91
3	王五	软件工程	87
4	赵六	MySQL	88
5	海龙	MySQL	95

图 7-36 更新后的成绩表

从图 7-35 和图 7-36 的显示结果可以看出,张三的成绩由之前的 85 分变为 90 分。下面查看优秀学生视图 ex_grade_view 的信息情况,执行结果如图 7-37 所示。

```
1    #查看修改前张三的成绩
2    SELECT * FROM stu_mark
3    #为张三同学成绩加上5分
4    UPDATE stu_mark SET mark=mark+5 WHERE stu_mark.`s_name`='张三';
5    #修改后查看stu_mark表记录
6    SELECT * FROM stu_mark
7    #查看 ex_grade_view视图结果
8    SELECT * FROM ex_grade_view
```

id	NAME	s_cour	mark	s_college
1	张三	软件工程	90	软件学院
2	李四	MySQL	91	软件学院
5	海龙	MySQL	95	软件学院

图 7-37　查看视图

从查询结果可以看出，张三的信息从之前的良好等次变为显示在优秀等次视图 ex_grade_view 表中，使用 UPDATE 语句更新基本表，视图数据也会更新。

7.3　索　引

任务描述

在现实生活中，为了方便、快捷地在一堆数据中查找到我们需要的工作内容，解决工作中快速查找的问题，实习生海龙通过学习 MySQL 数据库知识，发现可以用索引完成快捷、方便、快速的查询。针对 MySQL 提供的索引功能，海龙深入学习索引的分类、索引的创建、索引的查看、索引的删除等内容，能够使用索引完成实际工作中数据库的设计。

任务要求

数据库的索引好比新华字典的音序表，是对数据库表中一列或多列的值进行排序后的一种结构，其作用是提高表中数据的查询速度，进而提高软件质量。在数据库的设计中，理解和运用索引概念和基本操作，在实际开发中，本着精益求精、创新思维，注重数据库开发中的集体意识和团队合作精神，完成对索引概念和操作的学习和应用。

知识链接

在现实生活中，为了方便、快速地在书籍中找到待查找的内容，会在书籍的开始添加一个目录，用户可根据目录的内容与指定的页码快速定位到要查看的内容。同理，为了快速在大量数据中找到指定的数据，可以使用 MySQL 提供的索引功能，用户执行查询操作时，可以根据字段中建立的索引快速地定位到具体位置。

7.3.1　索引概述

索引概念及创建

索引可以提高查询效率，与我们查阅图书目录是一个道理：首先定位到章，然后定位到该章下的一个小节，最后找到页码。相似的例子还有查字典、查火车车次、查飞机航班等。

索引的本质是通过不断地缩小数据范围来筛选出最终想要的结果，同时把随机事件变成顺序事件，也就是说，利用这种索引机制，我们可以总是用相同查找方式锁定数据。

索引的基本原理是对创建索引列的内容进行排序，对排序的结果生成倒排表，在倒排表内容中拼接数据行地址。查询数据时，先得到倒排表内容，再取出数据行地址，从而得到具体的数据。

根据索引实现语法的不同，MySQL 中的常见索引大致可以分为如下五种。

1. 普通索引

普通索引是 MySQL 中的基本索引类型，由 KEY 或 INDEX 定义，可以创建在任何数据类型中。其值是否唯一和非空由字段本身的约束条件决定，其作用是提高对数据的访问速度。

2. 唯一性索引

唯一性索引由 UNIQUE INDEX 定义，创建唯一性索引的字段需要添加唯一性约束，用于防止用户添加重复的值。

3. 主键索引

主键索引是由 PRIMARY KEY 定义的一种特殊的唯一性索引，用于根据主键自身的唯一性标识每条记录，防止添加主键索引的字段值重复或为 NULL。另外，若 InnoDB 表中的数据保存顺序与主键索引字段的顺序一致，则这种主键索引称为"聚簇索引"。由于一般聚簇索引指的都是表的主键，因此，一张数据表中只能有一个聚簇索引。

4. 全文索引

全文索引由 FULLTEXT 定义，可根据查询字符提高数据量较大的字段查询速度。定义全文索引时字段类型可以是 CHAR、VARCHAR 或 TEXT。

5. 空间索引

空间索引是由 SPATIAL 定义在空间数据类型字段上的索引，只能创建在空间数据类型的字段上，用于提高系统获取空间数据的效率。MySQL 中的空间数据类型有四种，分别是 GEOMETRY、POINT、LINESTRING 和 POLYGON。创建空间索引的字段时，必须将其声明为 NOT NULL，并且只能在存储引擎为 MyISAM 的表中创建空间索引。

对于以上讲解的五种索引，根据创建索引的字段数，还可以将它们分为单列索引和复合索引。单列索引指的是在表中单个字段上创建的索引，可以是普通索引、唯一索引、主键索引或者全文索引，只需保证该索引对应表中一个字段即可。复合索引是在表的多个字段上创建一个索引，且只有在查询条件中使用这些字段中的第一个字段时，才使用该索引。

虽然索引可以提高数据的查询速度，但会占用一定的磁盘空间，并且创建和维护索引时，其消耗的时间随着数据量的增大而增加。因此，使用索引时，应该综合考虑索引的优点和缺点。

7.3.2　创建索引

使用索引来提高数据表的访问速度，首先要创建一个索引。创建索引有如下三种方式。

创建表时，可以直接创建索引，这种方式最简单、方便，其基本语法格式如下。

```
CREATE TABLE 表名(字段名 数据类型 [完整性约束条件],
字段名 数据类型[完整性约束条件],
…
字段名 数据类型
[ UNIQUE | FULLTEXT | SPATIAL ] INDEX | KEY
 ［别名] (字段名 1 [(长度)] [ASC | DESC ])
);
```

关于上述语法的相关解释如下。

（1）UNIQUE：可选参数，表示唯一索引。

（2）FULLTEXT：可选参数，表示全文索引。

（3）SPATIAL：可选参数，表示空间索引。

（4）INDEX 和 KEY：表示字段的索引，二者选一即可。

（5）别名：可选参数，表示创建的索引名称。

（6）字段名 1：指定索引对应字段的名称。

（7）长度：可选参数，表示索引的长度。

（8）ASC 和 DESC：可选参数，ASC 表示升序排列，DESC 表示降序排列。

7.3.3 查看索引

对于已经创建的索引，可以使用多种方法查看和分析索引语句，查看方法有以下三种。

语法格式 1：

SHOW CREATE TABLE 表名;

语法格式 2：

SHOW { INDEXES | INDEX |KEYS } FROM 表名;

语法格式 3：

{ EXPLAIN | DESCRIBE |DESC }
{ SELECT | DELETE | INSERT | REPLACE | UPDATE } statement;

在上述语法中，语法格式 2 通常用于查看指定表中的索引信息，如索引名称、添加索引的字段、索引类型等。语法格式 3 通常用于分析执行的 SQL 语句，且 SQL 语句只能是以上语法。

此外，虽然对于 MySQL 而言，EXPLAIN、DESCRIBE 和 DESC 的含义相同，但是在实际应用中，通常使用 DESCRIBE 和 DESC 获取表结构相关的信息，EXPLAIN 用于获取执行查询的相关数据，如是否引用索引、可能用到的索引等。

7.3.4 删除索引

由于索引占用一定的磁盘空间，因此，为了避免影响数据库性能，应该及时删除不再使用的索引，进而提高数据库性能。删除索引的方式有以下两种。

1. 使用 ALTER TABLE 删除索引

使用 ALTER TABLE 删除索引的基本语法格式如下。

ALTER TABLE 表名 DROP INDEX 索引名;

2. 使用 DROP INDEX 删除索引

使用 DROP INDEX 删除索引的基本语法格式如下。

DROP INDEX 索引名 ON 表名;

任务实施

在实际操作中，通过创建索引来提高数据表的访问速度，进而提高数据库的性能，通过学习索引概念和语法，完成索引的创建、查看和删除操作。

1. 创建普通索引

在 t1 表中的 id 字段上建立索引，SQL 语句如图 7-38 所示。

```
1    #创建t1表，并在id字段建立索引
2  ☐CREATE TABLE t1 (id INT,
3                    NAME VARCHAR(20),
4                    score FLOAT,
5                    INDEX(id)
6                    );
```

图 7-38　建立索引

上述语句执行成功后，使用 SHOW CREATE TABLE 语句查看表的结构，如图 7-39 所示。

图 7-39　查看表结构

从查询结果可以看出，id 字段已经创建了一个名称为 id 的索引。为了查看索引是否被使用，可以使用 EXPLAIN 语句查看，SQL 代码和查询结果如图 7-40 所示。

```
1    #创建t1表，并在id字段建立索引
2  ☐CREATE TABLE t1 (id INT,
3                    NAME VARCHAR(20),
4                    score FLOAT,
5                    INDEX(id)
6                    );
7    #查看t1表结构
8    SHOW CREATE TABLE t1;
9    #查看索引是否被使用
10   EXPLAIN SELECT * FROM t1 WHERE id=1;
```

id	select_type	table	partitions	type	possible_keys	key	key_len	ref	rows	filtered	Extra
1	SIMPLE	t1	(NULL)	ref	id	id	5	const	1	100.00	(NULL)

图 7-40　查看索引使用情况

从查询结果可以看出，possible_keys 和 key 的值都为 id，说明 id 索引已经存在，并且已经被使用了。

2. 创建唯一性索引

创建一个表名为 st2 的表，在表中的 id 字段上建立索引名为 unique_id 的唯一性索引，并且按照升序排列，SQL 语句如图 7-41 所示。

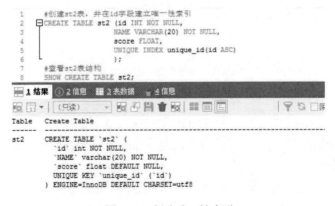

图 7-41　创建唯一性索引

上述 SQL 语句执行成功后，使用 SHOW CREATE TABLE 语句查看表结构的结果可以看出，在 id 字段上建立了一个名词为 unique_id 的唯一性索引。

3. 创建全文索引

创建一个表名为 st3 的表，在表中的 name 字段上建立索引名为 fulltext_name 的全文索引，SQL 语句如图 7-42 所示。

```
1    #创建st3表，并在name建立全文索引
2  ┌CREATE TABLE st3 (id INT NOT NULL,
3                     NAME VARCHAR(20) NOT NULL,
4                     score FLOAT,
5                     FULLTEXT INDEX fulltext_name(NAME)
6                     )ENGINE=MYISAM;
7    #查看st3表结构
8    SHOW CREATE TABLE st3;
```

```
Table    Create Table
------   ------------------------------------------------
st3      CREATE TABLE `st3` (
           `id` int NOT NULL,
           `NAME` varchar(20) NOT NULL,
           `score` float DEFAULT NULL,
           FULLTEXT KEY `fulltext_name` (`NAME`)
         ) ENGINE=MyISAM DEFAULT CHARSET=utf8
```

图 7-42　创建全文索引

上述 SQL 语句执行成功后，使用 SHOW CREATE TABLE 语句查看表结构的结果可以看出，在 name 字段上建立了一个名为 fulltext_name 的全文索引。由于之前只有 MyISAM 存储引擎支持全文索引，InnoDB 存储引擎还不支持全文索引，因此，建立全文索引时，应注意表存储引擎的类型，对于经常需要索引的字符串、文字数据等信息，可以考虑存储到 MyISAM 存储引擎的表中。

4. 创建单列索引

创建一个表名为 st4 的表，在表中的 name 字段上建立索引名为 single_name 的单列索引，SQL 语句如图 7-43 所示。

```
1    #创建st4表，并在name字段建立单列索引
2  ┌CREATE TABLE st4 (id INT NOT NULL,
3                     NAME VARCHAR(20) NOT NULL,
4                     score FLOAT,
5                     INDEX single_name(NAME(20))
6                     );
7    #查看st4表结构
8    SHOW CREATE TABLE st4;
```

```
Table    Create Table
------   ------------------------------------------------
st4      CREATE TABLE `st4` (
           `id` int NOT NULL,
           `NAME` varchar(20) NOT NULL,
           `score` float DEFAULT NULL,
           KEY `single_name` (`NAME`)
         ) ENGINE=InnoDB DEFAULT CHARSET=utf8
```

图 7-43　创建单列索引

上述 SQL 语句执行成功后，使用 SHOW CREATE TABLE 语句查看表结构的结果可以看出，在 name 字段上建立了一个名称为 single_name 的单列索引，索引的长度为 20。

5. 创建多列索引

创建一个表名为 st5 的表，在表中的 id 和 name 字段上建立索引名为 multi 的多列索引，SQL 语句如图 7-44 所示。

```
1    #创建st5表，并在id和name字段建立多列索引
2  ⊟CREATE TABLE st5 (id INT NOT NULL,
3                     NAME VARCHAR(20) NOT NULL,
4                     score FLOAT,
5                     INDEX multi(id,NAME(20))
6                     );
7    #查看st5表结构
8    SHOW CREATE TABLE st5;
```

| 📇 1 结果 | ① 2 信息 | ▦ 3 表数据 | 📄 4 信息 |

Table   Create Table
------   ---
st5   CREATE TABLE `st5` (
           `id` int NOT NULL,
           `NAME` varchar(20) NOT NULL,
           `score` float DEFAULT NULL,
           KEY `multi` (`id`,`NAME`)
) ENGINE=InnoDB DEFAULT CHARSET=utf8

图 7-44　创建多列索引

上述 SQL 语句执行成功后，使用 SHOW CREATE TABLE 语句查看表结构的结果可以看出，在 id 和 name 字段建立了一个名为 multi 的多列索引。在多列索引中，只有查询条件中使用了这些字段中的第一个字段，多列索引才会被使用。下面验证一下，将 id 字段作为查询条件，使用 EXPLAIN 语句查看索引的使用情况，执行结果如图 7-45 所示。

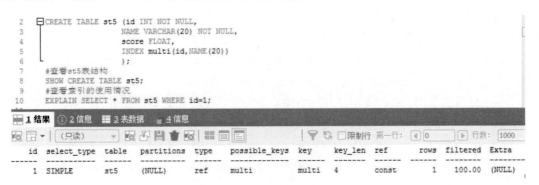

```
2  ⊟CREATE TABLE st5 (id INT NOT NULL,
3                     NAME VARCHAR(20) NOT NULL,
4                     score FLOAT,
5                     INDEX multi(id,NAME(20))
6                     );
7    #查看st5表结构
8    SHOW CREATE TABLE st5;
9    #查看索引的使用情况
10   EXPLAIN SELECT * FROM st5 WHERE id=1;
```

id	select_type	table	partitions	type	possible_keys	key	key_len	ref	rows	filtered	Extra
1	SIMPLE	st5	(NULL)	ref	multi	multi	4	const	1	100.00	(NULL)

图 7-45　查看索引使用情况

从执行结果可以看出，possible_keys 和 key 的值都为 multi，说明 multi 索引已经存在，并且已经被使用了。只以 name 字段作为查询条件的执行结果如图 7-46 所示。

```
1    #创建st5表，并在id和name字段建立多列索引
2  ⊟CREATE TABLE st5 (id INT NOT NULL,
3                     NAME VARCHAR(20) NOT NULL,
4                     score FLOAT,
5                     INDEX multi(id,NAME(20))
6                     );
7    #查看st5表结构
8    SHOW CREATE TABLE st5;
9    #查看索引的使用情况
10   EXPLAIN SELECT * FROM st5 WHERE NAME='hailong';
```

id	select_type	table	partitions	type	possible_keys	key	key_len	ref	rows	filtered	Extra
1	SIMPLE	st5	(NULL)	ALL	(NULL)	(NULL)	(NULL)	(NULL)	1	100.00	Using where

图 7-46　查看索引使用情况

从执行结果可以看出，possible_keys 和 key 的值都为 NULL，说明 multi 索引还没有被使用。

6. 创建空间索引

创建一个表名为 st6 的表，在空间类型为 GEOMETRY 的字段上创建空间索引，SQL 语句如图 7-47 所示。

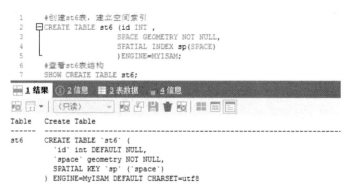

图 7-47   创建空间索引

上述 SQL 语句执行成功后，使用 SHOW CREATE TABLE 语句查看表结构的结果可以看出，在 st6 表中的 space 字段上建立了一个名称为 sp 的空间索引。创建空间索引时，所在字段的值不能为空值，并且表的存储引擎为 MyISAM。

7. 在存在的表上创建索引

若想在一个存在的表上创建索引，则可以使用 CREATE INDEX 语句。使用 CREATE INDEX 语句创建索引的具体语法格式如下。

```
CREATE [ UNIQUE | FULLTEXT | SPATIAL ] INDEX 索引名
ON 表名(字段名[(长度)][ ASC | DESC ]);
```

其中，UNIQUE、FULLTEXT 和 SPATIAL 都是可选参数，分别用于表示唯一性索引、全文索引和空间索引；INDEX 用于指明字段为索引。

为了便于读者学习使用 CREATE INDEX 语句在存在的表上创建索引的方法，下面创建一个 book 表，其中没有建立任何索引。创建 book 表的 SQL 语句如图 7-48 所示。

```
1   #创建book表
2   CREATE TABLE book (bookid INT NOT NULL,
3                      bookname VARCHAR(255) NOT NULL,
4                      AUTHORS VARCHAR(255) NOT NULL,
5                      info VARCHAR(255)  NULL,
6                      COMMENT VARCHAR(255) NULL,
7                      publicyear YEAR  NOT NULL
8                      )
```

图 7-48   创建 book 表

创建数据表 book 表后，通过操作演示使用 CREAT INDEX 语句在存在的数据表中创建索引的方法，具体如下。

（1）在 book 表上创建普通索引。在 book 表中的 bookid 字段上创建一个名称为 index_id 的普通索引，SQL 语句如图 7-49 所示。

```
1   #在book表上创建普通索引
2   CREATE INDEX index_id ON book(bookid);
3   #查看book表结构
4   SHOW CREATE TABLE book;
```

```
Table   Create Table
------  --------------------------------------------
book    CREATE TABLE `book` (
          `bookid` int NOT NULL,
          `bookname` varchar(255) NOT NULL,
          `authors` varchar(255) NOT NULL,
          `info` varchar(255) DEFAULT NULL,
          `comment` varchar(255) DEFAULT NULL,
          `publicyear` year NOT NULL,
          KEY `index_id` (`bookid`)
        ) ENGINE=InnoDB DEFAULT CHARSET=utf8
```

图 7-49   创建普通索引

从执行结果可以看出，在 book 表中的 bookid 字段上创建了一个名称为 index_id 的普通索引。

（2）在 book 表上创建唯一性索引。在 book 表中的 bookid 字段上创建一个名称为 uniqueidx 的唯一性索引，SQL 语句如图 7-50 所示。

图 7-50 创建唯一性索引

从执行结果可以看出，在 book 表中的 bookid 字段上创建了一个名称为 uniqueidx 的唯一性索引。

（3）在 book 表上创建单列索引。在 book 表中的 comment 字段上创建了一个名称为 singleidx 的单列索引，SQL 语句如图 7-51 所示。

图 7-51 创建单列索引

从执行结果可以看出，在 book 表中的 comment 字段上创建了一个名称为 singleidx 单列索引。

8. 删除创建的索引

使用 ALTER TABLE 语句删除索引。删除表 book 中名称为 singleidx 的单列索引。删除索引之前，使用 SHOW CREATE TABLE 语句查看 book 表，结果如图 7-52 所示。

删除索引的执行语句如下。

ALTER TABLE book DROP INDEX singleidx;

上述语句执行成功后，使用 SHOW CREATE TABLE 语句查看表结构，如图 7-52 所示。

```
1    #删除book表中的索引
2    ALTER TABLE book DROP INDEX singleidx;
3    #查看book表结构
4    SHOW CREATE TABLE book;
```

Table   Create Table
------   ---
book   CREATE TABLE `book` (
           `bookid` int NOT NULL,
           `bookname` varchar(255) NOT NULL,
           `authors` varchar(255) NOT NULL,
           `info` varchar(255) DEFAULT NULL,
           `comment` varchar(255) DEFAULT NULL,
           `publicyear` year NOT NULL,
           UNIQUE KEY `uniqueidx` (`bookid`),
           KEY `index_id` (`bookid`)
) ENGINE=InnoDB DEFAULT CHARSET=utf8

图 7-52   删除索引

可以看出，book 表中名称为 singleidx 的索引被成功删除。

通过学习前面的内容可知，虽然使用索引可以提高查询速度，降低服务器的负载，但是索引也会占用物理空间，给数据的维护造成很多麻烦，并且创建和维护索引时，其消耗的时间会随着数据量的增大而增加，因此，使用索引时需要遵从一些基本原则。

（1）查询条件中频繁使用的字段适合建立索引。建立索引的目的是快速定位指定数据的位置，所以创建索引时，要选择在 WHERE 子句、GROUP BY 子句、ORDER BY 子句或表与表之间连接时频繁使用的字段。例如，由于商品表中的价格字段经常用于筛选操作等，因此实际开发时可酌情考虑是否给该字段添加索引，而提示字段基本不会出现在查询语句中，因此一般不在该字段上建立索引，避免消耗系统的空间。

（2）数字型字段适合建立索引。建立索引的字段类型也会影响查询和连接的性能。例如，处理数字型字段与字符串字段时，前者仅需比较一次就可以了，而后者需要逐个比较字符串中的所有字符。与数字型字段相比，字符串字段的执行时间更长，复杂程度也更高。开发时，一般建议尽可能地选择数字类型字段建立索引。

（3）存储空间较小的字段适合建立索引。MySQL 中适用于存储数据的对应类型有多种，对于建立索引的字段来说，占用存储空间越小的越合适。例如，存储大量文本信息的 TEXT 类型与存储指定长度字符串的 CHAR 类型相比，显然 CHAR 类型更有利于提高检索效率。所以建立索引时，推荐选择占用存储空间较小的字段。

（4）重复值较高的字段不适合建立索引。建立索引时，若字段中保存的数据重复值较高，即使该字段（如性别字段）在查询时会频繁使用，也不适合建立索引。以 InnoDB 为例，非主键索引在查询时需要先获取其对应的聚簇索引再完成数据的检索。因此当重复值较高时，需要重复获取相同聚簇索引检索数据的次数也会急剧增加，影响查询效率。开发时，一般不推荐在重复值较高的字段建立索引。

（5）更新频繁的字段不适合建立索引。对于建立索引的字段，更新数据时，为了保证索引数据的准确性，还要更新索引。当频繁更新字段时，会造成 I/O 访问量增大，影响系统的资源消耗，加重了存储的负载。

另外，对于已经创建索引的数据表来说，要想查询该表时使用索引，需要注意以下几点，否则 MySQL 可能不会使用索引检索数据。

（1）查询时，保证字段独立。对于建立索引的字段，查询时要保证该字段在关系运算符（如=、>等）的一侧独立。独立指的是索引字段不能是表达式的一部分或函数的参数。

（2）模糊查询中通配符的使用。模糊查询时，若匹配模式中的最左侧含有通配符（%），则表示只要数据中含有"%后指定的内容"就符合要求，会导致 MySQL 全表扫描，而不会使用设置的索引。

（3）分组查询时排序的设置。在 MySQL 中，默认分组查询对分组的字段进行排序。开发时，若要避免分组排序对性能的消耗，则可以在分组后使用 ORDER BY NULL 语句禁止排序。

以上介绍的创建与使用索引的原则不是一成不变的，需要结合开发经验设计出最符合开发需求的方式实现。

能 力 拓 展

学习数据库在于多看、多学、多思考、多动手，将理论知识与实际问题结合，以更深刻地理解数据库开发与管理的重要性，展现知识学习的价值。结合本单元所学的知识，熟悉视图和索引在实际工作中的应用。

视图是一种查看数据库中一个或多个表中数据的方法。视图是一种虚拟表，通常是作为来自一个或多个表的行或列的子集创建的。

在视图的使用过程中，通常有哪些操作呢？

（1）筛选表中的行。

（2）防止未经许可的用户访问敏感数据。

（3）将多个物理数据表抽象为一个逻辑数据表。

在实际开发中，使用视图对用户和开发人员有哪些好处呢？

（1）对最终用户的好处。

1）更容易理解结果。创建视图时，可以将列名称改为有意义的名称，使用户更容易理解列所代表的内容。在视图中修改列名称不会影响基本表的列名称。

2）获得数据更容易。由于很多人不太了解 SQL，因此对他们来说，创建对多个表的复杂查询很困难，通过创建视图可以方便用户访问多个表中的数据。

（2）对开发人员的好处。

1）限制数据检索更容易。开发人员有时需要隐藏某些行或列中的信息。使用视图，用户可以灵活地访问他们需要的数据，同时保证同一个表或其他表中的其他数据的安全性。要实现该目标，可以在创建视图时将对用户保密的列排除在外。

2）维护应用程序更方便。调试视图比调试查询容易，跟踪视图中各步骤的错误更容易，因为所有步骤都是视图的组成部分。

在实际开发中，使用视图时应该注意哪些事项呢？

（1）在每个视图中，可以使用一个或多个表。

（2）与查询类似，一个视图可以嵌套另一个视图，但最好不要超过三层。

（3）对视图数据进行添加、更新和删除操作直接影响基本表中的数据。

（4）当视图数据来自多个表时，不允许添加和删除数据。

使用索引可提高数据检索速度，但没有必要为每个列都建立索引。因为索引自身也需要维护，并占用一定的资源。在实际应用中，可以从以下几个角度考虑创建索引。

（1）经常用作查询选择条件的列创建索引。

（2）经常排序、分组的列创建索引。

（3）经常用作连接的列（主键/外键）创建索引。

（4）尽量不在仅包含几个不同值的列创建索引。

（5）尽量不在仅包含几行的表中创建索引。小型表创建索引可能不太实用，因为在索引中搜索数据花费的时间可能比在表中逐行搜索花费的时间长。

在 SQL 语句中，特别是在 SELECT 语句中，正确使用索引可以大大提高查询速度，从而提升应用程序的运行性能。软件工程师编写和调试 SQL 语句时，要具有优化 SQL 语句的意识。在实际工作中，可以遵循以下几条经验。

（1）查询时减少使用*返回全部列，不要返回不需要的列。

（2）索引应该尽量小，在字节数小的列上建立索引。

（3）当 WHERE 子句中有多个条件表达式时，应将包含索引列的表达式置于其他条件表达式之前。

（4）避免在 ORDER BY 子句中使用表达式。

（5）根据业务数据发生频率，定期重新生成或重新组织索引，进行碎片整理。

单 元 小 结

本单元主要讲解了数据库中视图的创建、查看、修改、更新、删除，以及索引的概念、创建、查看、删除等操作。其中视图的操作和索引的操作是本单元的重要内容，需要进行更多的操作练习，在实践操作中熟练掌握。视图创建、修改、删除和索引的创建、删除是本单元难点。结合实际情况，学生应学会灵活运用视图和索引解决学习中的实际问题。

在实际开发当中，应注重数据库开发当中的标准和规范。在数据库设计中，应注重质量意识、信息素养、创新思维和团队合作意识，提升数据库设计、管理和应用能力，解决工作中遇到的数据库问题。

单 元 测 验

一、填空题

1. 视图是从一个或多个表中导出来的表，它的数据依赖_____。
2. 在 MySQL 中，创建视图使用_____语句。
3. 在 MySQL 中，删除视图使用_____语句。
4. 在 MySQL 中，创建索引使用_____语句。
5. 在 MySQL 中，删除索引使用_____语句。

二、判断题

1. 查看视图要有 SHOW VIEW 权限。　　　　　　　　　　　　　　　（　　）
2. CREATE OR REPLACE VIEW 语句不会替换已经存在的视图。　　　（　　）
3. 删除视图时，也会删除相应基本表中的数据。　　　　　　　　　　（　　）

三、简答题

1. 简述视图和基本表的区别。
2. 简述修改视图的两种方式，并分别写出其基本语法。
3. 简述创建索引的方法及基本语法格式。

4. 请简述创建索引应遵循的原则。

课 后 一 思

在 MySQL 数据库应用中，视图功能方便了对数据表字段的操作，索引功能提高了查询速度。在视图功能和索引功能操作的过程中，发现对多个不同名称的表和数据进行操作，在实际的软件开发当中，需要组成一个团队共同开发数据库，共同设计数据库中使用的表格，团队成员间的协同合作非常重要。在团队开发中，执行《MySQL 数据库开发规范》也是非常重要的。

在对视图和索引功能练习的过程中，注意代码的书写格式、合理添加注释、合理规划程序工程文件，养成良好的开发习惯，注重编写代码的可读性。从练习开始规范操作，发挥工匠精神，精益求精地设计好视图和索引。作为软件开发领域技术人员，只有夯实知识、精技强能，才能在今后工作中本领过硬，进而促进我国软件行业整体的高水平、优质化发展。

思考一下，一名优秀软件开发技术人员应该掌握哪些技术规范和标准？在开发过程中应该具备哪些特质？

单元 8 事务与存储过程

学习目标

1. 能说出事务的概念和作用。
2. 能理解并运用事务的 ACID 特性解决实际问题。
3. 会运用存储过程进行条件定义和程序处理。
4. 会调用、查看、修改、删除存储过程。
5. 培养集体意识和团队合作精神，质量意识，创新思维能力。

8.1 事 务 管 理

任务描述

在实际开发中会用到一些比较特殊的高级数据处理，特别是有些操作需要执行数据库的并发操作，以及多用户同时操作数据库系统的数据，此时数据的安全和同步性尤为重要，用什么机制能够处理这类操作呢？实习生海龙通过学习数据库知识，了解到有一种事务机制可以做到把一系列操作捆绑成一个整体进行统一管理，操作时作为一个整体处理，确保了事务内操作执行的一致性。

任务要求

在数据库设计过程中，事务处理机制能够解决多用户并发操作数据库系统数据的一致性问题。数据库事务管理是作为单个逻辑工作单元执行的一系列操作，要么完全执行，要么完全不执行，通过这种方法确保数据安全。

应理解和掌握事务的原子性、一致性、隔离性、持久性等特性，运用事务语句处理问题，运用对事务隔离级别的操作，注重团队精神和合作意识。

知识链接

使用数据库时，只要发生数据传输、数据存储、数据交换等操作，就可能产生数据故障，如果没有很好地处理，就会导致数据丢失或错误，运用事务处理机制能够避免同一系列的操作数据的安全性。

事务（Transaction）是指将一系列数据操作捆绑成一个整体进行统一管理。如果某事务执行成功，则提交所有在该事务中进行的数据更改，成为数据库中的永久组成部分；如果事务执行时遇到的错误且必须取消或回滚，则数据全部恢复到操作前的状态，取消所有数据更改。

8.1.1 事务的概念

事务是一种机制、一个操作序列，包含一组数据库操作命令，并且把所有命令作为一个整体一起向系统提交或撤销操作请求，即该组数据库命令要么都执行，要么都不执行。因此，事务是一个不可分割的工作逻辑单元，在数据库系统中执行并发操作时，事务作为最小的控制单元，特别适用于多用户同时操作的数据库系统。例如，网上商城购物系统、银行、保险公司及证券交易系统等。

事务的 ACID 特性

8.1.2　事务的 ACID 特性

事务是作为单个逻辑工作单元执行的一系列操作。一个逻辑工作单元必须具有四个属性，即原子性（Atomicity）、一致性（Consistency）、隔离性（Isolation）及持久性（Durability），这些特性通常简称为 ACID。

（1）原子性。事务是一个完整的操作。事务的各元素是不可分的（原子的）。事务中的所有元素必须作为一个整体提交或回滚。如果事务中的任何元素失败，则整个事务就失败。

以"学生选课管理系统"成绩修改事务为例，如果该事务提交了，则学生账号和教师账号的数据就会更新。如果由于某种原因，事务在成功更新这两个账号之前终止了，则不会更新这两个账号的学生成绩，并且撤销对任何账号成绩的修改，事务不能部分提交。

（2）一致性。当事务完成时，数据必须处于一致状态。也就是说，在事务开始之前，数据库中存储的数据处于一致状态。在正在进行的事务中，数据可能处于不一致的状态，如部分数据可能被修改。当事务完成时，数据必须再次回到已知的一致状态。通过事务对数据所做的修改不能损坏数据，或者说事务不能使数据存储处于不稳定的状态。

以"学生选课管理系统"学生成绩修改事务为例。在事务开始之前，所有学生账号和教师账号都处于一致状态。在事务进行的过程中，一个账号变化了，而另一个账号数据尚未修改。因此，学生账号和教师账号处于不一致状态。事务完成后，学生账号和教师账号再次恢复到一致状态。

（3）隔离性。修改数据的所有并发事务是彼此隔离的，表明事务必须是独立的，它不应以任何方式依赖或影响其他事务。修改数据的事务可以在另一个使用相同数据的事务开始之前访问这些数据，或者在另一个使用相同数据的事务结束之后访问这些数据。当事务修改数据时，如果任何其他进程正在使用相同的数据，则直到该事务成功提交之后，数据修改才能生效。

（4）持久性。事务的持久性是指无论系统是否发生故障，事务处理的结果都是永久的。

事务成功完成之后，它对数据库的改变是永久性的，即使系统出现故障也是如此。也就是说，一旦事务被提交，事务的效果就会被永久地保留在数据库中。

8.1.3　事务处理语句

在默认情况下，用户执行的每条 SQL 语句都会被当成单独的事务自动提交。如果将一组 SQL 语句作为一个事务，则需要先执行以下语句，显式地开启一个事务。

```
START TRANSACTION;
```

执行上述语句后，每条 SQL 语句都不再自动提交，用户需要使用以下语句手动提交。只有事务提交后，其中的操作才会生效。

```
COMMIT;
```

如果不想提交当前事务，则可以使用如下语句取消事务（回滚）。

```
ROLLBACK;
```

ROLLBACK 只能针对未提交的事务回滚，已提交的事务无法回滚。执行 COMMIT 或 ROLLBACK 后，当前事务自动结束。

8.1.4　事务的隔离级别

在 MySQL 中，事务隔离级别有 READ UNCOMMITTED（读取未提交）、READ COMMITTED（读取提交）、REPEATABLE READ（可重复读）和 SERIALIZABLE（可串行化）四种。

1. READ UNCOMMITTED（读取未提交）

READ UNCOMMITTED 是事务中的最低级别，在该级别下的事务可以读取到其他事务中未提交的数据，这种读取方式称为脏读（Dirty Read)。简而言之，脏读是指一个事务读取了另一个事务未提交的数据。

例如，客户要给供应商转账 10 万元购买商品，客户开启事务后转账，但不提交事务，通知供应商查询，如果供应商的隔离级别较低，就会读取客户事务中未提交的数据，若发现客户确实给自己转了 10 万元，则给客户发货。供应商发货成功后，客户将事务回滚，供应商就会受到损失，这就是由脏读造成的。

2. READ COMMITTED（读取提交）

READ COMMITTED 是大多数 DBMS（如 SQL Server、Oracle）的默认隔离级，但不包括 MySQL。在该隔离级下，只能读取其他事务已经提交的数据，避免出现脏读现象。但是在该隔离级别下，会出现不可重复读（NON-REPEATABLE READ）的问题。

不可重复读是指在一个事务中多次查询结果不一致，原因是查询过程中数据发生了改变。例如，在网站后台统计所有用户的总金额，第 1 次查询 userA 有 900 元，为了验证查询结果，第 2 次查询 userA 有 800 元，两次查询结果不同，原因是第 2 次查询前 userA 取出了 100 元。

3. REPEATABLE READ（可重复读）

REPEATABLE READ 是 MySQL 的默认事务隔离级别，它解决了脏读和不可重复读的问题，确保了同一事务的多个实例在并发读取数据时，会看到相同的结果。

在理论上，该隔离级别会出现幻读（PHANTOM READ）现象。幻读又称虚读，是指在一个事务内两次查询的数据条数不一致，幻读和不可重复读有些类似，都发生在两次查询过程中。不同的是，幻读是因其他事务做了插入记录的操作而导致记录数增加。MySQL 的 InnoDB 存储引擎通过多版本并发控制机制解决了幻读的问题。

例如，在网站后台统计所有用户的总金额时，假如当前只有两个用户，总金额为 20000 元，若新增一个用户并且存入 10000 元，则再次统计时总金额变为 30000 元，出现了幻读情况。

4. SERIALIZABLE（可串行化）

SERIALIZABLE 是最高级别的隔离级别，它在每个读取的数据行上加锁，使之不会发生冲突，从而解决了脏读、不可重复读和幻读的问题。但是由于加锁可能导致超时（Timeout）和锁竞争（Lock Contention）现象，因此 SERIALIZABLE 也是性能最低的一种隔离级别。只有在为了保证数据的稳定性而强制减少并发情况时，才选择此种隔离级别。

如果事务使用了 SERIALIZABLE 隔离级别，则在这个事务没有被提交前，其他会话只能等到当前操作完成后才能进行操作，非常耗时，而且会影响数据库的并发性能，通常不使用。

任务实施

在"网上商城系统"中，用户经常进行购物转账操作。在转账过程中，为了更好地保障资金的安全性，运用事务处理机制，在转账操作中，其可以分为两个部分——转入和转出，只有这两个操作全部完成才认为转账成功。在数据库中，这个过程是使用两条语句完成的，如果其中任一条语句出现异常而没有执行，就会导致两个账户的金额不同步，从而造成错误，影响购物体验。

为了防止上述情况的发生，在 MySQL 中引入了事务机制。下面根据本节的任务设置，完成事务的基本操作和事务隔离级别的设置。

1. 事务的基本操作

通过"网上商城系统"中的转账操作，完成事务机制的使用操作。

选择创建的 e_shop 数据库，查看 sh_user 表中用户 tom 和 Lily 的账户数据，具体如图 8-1 所示。

图 8-1　查看用户账户数据

开启一个事务，通过 UPDATE 语句将 tom 用户的 100 元钱转给 Lily 用户，然后提交事务，事务操作如图 8-2 所示。

图 8-2　事务操作

从图 8-2 中的显示结果可以看出，通过事务操作成功地完成了转账功能。下面测试事务的回滚，开启事务后，将 Lily 的金额扣除 100 元，具体操作如图 8-3 所示。

从图 8-3 可以看出，Lily 的账户金额变为 1000 元。下面执行回滚操作，再查询 Lily 的账户金额，结果如图 8-4 所示。

图 8-3   回滚前查询

图 8-4   事务回滚

从图 8-4 中的显示结果可以看出，Lily 的金额又恢复成 1100 元，说明事务回滚成功。也就是说，在操作一个事务时，如果发现当前事务中的操作是不合理的，只要还没有提交事务，就可以通过回滚来取消当前事务。

2. 查看和修改隔离级别

（1）查看隔离级别。MySQL 提供了多种方式查看隔离级别，可根据实际需求选择，具体如图 8-5 所示。

```
1    #①查看全局隔离级
2    SELECT @@global.transaction_isolation;
3    #②查看当前会话中的隔离级
4    SELECT @@session.transaction_isolation;
5    #③查看下一个事务的隔离级
6    SELECT @@transaction_isolation;
```

图 8-5   查看隔离级别

在以上语句中，全局隔离级别影响的是所有连接 MySQL 的用户；当前会话中的隔离级别只影响当前登录 MySQL 服务器的用户，不会影响其他用户；下一个事务的隔离级别只对当前用户的下一个事务操作有影响。

在默认情况下，上述三种方式返回的结果都是 REPEATABLE-READ，表示隔离级别为可重复读。以第③种方式为例，查看结果如图 8-6 所示。

图 8-6   查看隔离级别

（2）修改隔离级别。在 MySQL 中，可以通过 SET 语句设置隔离级别，具体语法如下。

SET [SESSION | GLOBAL) TRANSACTION ISOLATION LEVEL 参数值

其中，SET 后的 SESSION 表示当前会话；GLOBAL 表示全局，若省略，则表示设置下一个事务的隔离级；TRANSACTION 表示事务；ISOLATION 表示隔离；LEVEL 表示级别，参数值可以是 READ UNCOMMITTED、READ COMMITTED、REPEATABLE READ 或 SERIALIZABLE。下面将事务的隔离级别修改为 READ UNCOMMITTED，以了解隔离级别的修改方法。当前会话事务的隔离级别如图 8-7 所示。

图 8-7 查看当前隔离级别

下面将事务的隔离级别修改为 READ UNCOMMITTED，具体操作如图 8-8 所示。

图 8-8 修改隔离级

从图 8-8 可以看出，当前事务的隔离级别已经修改为 READ UNCOMMITTED。

3. 四种隔离级别的操作

（1）READ UNCOMMITTED（读取未提交）。为了便于理解 READ UNCOMMITTED 隔离级别，下面对数据库 e_shop 进行操作，使用两个窗口分别模拟 tom 和 Lily 转账操作，为了便于理解，分别将其称为客户端 A 和客户端 B。设置客户端 B 的事务隔离级别。由于 MySQL 默认的隔离级别 REPEATABLE READ，可以避免脏读，因此把客户端 B 的隔离级别设置为 READ UNCOMMITTED，如图 8-9 所示。

图 8-9 设置客户端 B 的隔离级别

在客户端 B 中查询 Lily 的当前金额，如图 8-10 所示。

图 8-10　查询账户金额

在客户端 A 中开启事务，并执行转账操作，如图 8-11 所示。

```
1    #客户端A
2    START TRANSACTION;
3    UPDATE sh_user SET money=money-100 WHERE NAME ='tom';
4    UPDATE sh_user SET money=money+100 WHERE NAME ='Lily';
```

图 8-11　在客户端 A 中执行转账

此时客户端 A 未提交事务，查询客户端 B 金额，可以看到金额增加，如图 8-12 所示。

图 8-12　查询客户端 B 的账户金额

为避免客户端 B 的脏读，将客户端 B 的事务隔离级别设为 READ COMMITTED。设置后，再次查询 Lily 的账户金额，如图 8-13 所示。

图 8-13　再次查询客户端 B 的账户余额

从上述结果可以看出，由于客户端 A 没有提交事务，因此客户端 B 读取了客户端 A 提交前的结果，说明 READ COMMITTED 级别可以避免脏读。

脏读在实际应用中会带来很多问题，除非用户有很好的理由，否则，为了保证数据的一致性，几乎不会使用这个隔离级别。

（2）READ COMMITTED（读取提交）。为了便于理解 READ COMMITTED 隔离级别，下面对 e_shop 数据库进行操作，演示和解决不可重复读的情况。假设客户端 A 是 tom 用户，客户端 B 是网站后台，具体操作如下。

1）演示客户端 B 的不可重复读。当客户端 B 的事务隔离级别为 READ COMMITTED 时，出现不可重复读的情况。首先在客户端 B 中开启事务，查询 tom 的账户金额，然后在客户端 A 中将 tom 的账户金额扣除 100 元，最后客户端 B 再次查询 tom 的金额，具体如图 8-14 所示。

图 8-14　客户端 B 查询 tom 的账户金额

从图 8-14 可以看出，tom 的账户金额是 900 元。客户端 A 执行语句后，执行结果如图 8-15 所示，显示 tom 的账户金额是 800 元。

图 8-15　客户端 A 查询 tom 的账户金额

从图 8-15 可以看出，tom 的账户金额减去 100 元后为 800 元。然后在客户端 B 执行查询语句，如图 8-16 所示，tom 的账户金额是 800 元。

图 8-16　客户端 B 查询 tom 的账户金额

图 8-14 和图 8-16 显示的金额分别是 900 元和 800 元，可以看出，客户端 B 在同一个事务中，两次查询结果不一致，这就是不可重复读的情况。

2）避免网站后台的不可重复读。完成图 8-16 的操作后，提交客户端 B 的事务，以免影响后面演示。将客户端 B 的事务隔离级别设为默认级别 REPEATABLE READ，可以避免不可重复读的情况。在该级别下，按照上述方式重新测试，如图 8-17 所示。

图 8-17　客户端 B 查询 tom 的账户金额

从图 8-17 可以看出，tom 的账户金额为 800 元，在客户端 A 查询 tom 的账户金额（图 8-18），客户端 A 显示 tom 的账户金额为 900 元，图 8-19 显示在客户端 B 显示的账户金额为 800 元。从图 8-17 和图 8-19 可以看出，客户端 B 两次查询的结果相同，说明 REPEATABLE READ 可以避免不可重复读的情况。

图 8-18　客户端 A 查询 tom 的账户金额

图 8-19　客户端 B 查询 tom 的账户金额

（3）REPEATABLE READ（可重复读）。在"网上商城系统"网站后台统计所有用户的总金额时，假设当前只有两个用户，总金额为 2000 元，若新增一个用户并且存入 1000元，则再次统计时发现总金额变为 3000 元，造成了幻读的情况。

为了使读者更好地理解，下面通过案例演示和避免上述幻读的情况。假设客户端 A 用于新增用户，客户端 B 用于统计金额，具体操作步骤如下。

演示客户端 B 的幻读。由于客户端 B 的当前隔离级别为 REPEATABLE READ，可以避免幻读，因此需要将级别降低为 READ COMMITTED。降低后，开启事务，统计总金额，然后在客户端 A 中插入一条新记录 sam 用户，再次统计总金额。具体过程如图 8-20 至图8-22 所示。

图 8-20　客户端 B 账户总金额

图 8-21　客户端 A 账户总金额

图 8-22　客户端 B 账户总金额

从图 8-20 可以看出，客户端 B 查询的总金额为 2000 元。从图 8-21 可以看出，新增 sam 用户后，客户端 A 的总金额为 3000 元。从图 8-22 可以看出，客户端 B 查询的总金额为 3000 元。从图 8-20 和图 8-22 可见，两次统计结果不同，出现幻读的情况。

避免客户端 B 的幻读。将客户端 B 的隔离级别设置为 REPEATABLE READ，可避免幻读。具体过程如图 8-23 至图 8-25 所示。

```
1   #客户端B
2  SET SESSION TRANSACTION ISOLATION LEVEL REPEATABLE READ;
3   START TRANSACTION;
4   SELECT SUM(money) FROM sh_user;
```

图 8-23　客户端 B 账户总金额

```
1   #客户端A
2   INSERT INTO sh_user (id,NAME,money) VALUES (4,'lilei',1000);
3   SELECT SUM(money) FROM sh_user;
```

图 8-24　客户端 A 账户总金额

```
1   #客户端B
2   SELECT SUM(money) FROM sh_user;
```

图 8-25　客户端 B 账户总金额

从图 8-23 可以看出，客户端 B 查询的总金额为 3000 元。从图 8-24 可以看出，新增 lilei 用户后，客户端 A 的总金额为 4000 元。从图 8-25 可以看出，客户端 B 查询的总金额为 3000 元。从图 8-23 和图 8-25 可见，两次统计结果相同，说明 REPEATABLE READ 级别可以避免幻读的情况。

（4）SERIALIZABLE（可串行化）。在"网上商城系统"中，通过案例演示超时的情况。假设客户端 B 执行查询操作，客户端 A 执行更新操作。

图 8-26 所示为客户端 B 开启事务。在客户端 B 开启事务后查看 tom 的账户金额，可以看出 tom 的金额为 900 元，如图 8-27 所示。

```
1   #客户端B
2   SET SESSION TRANSACTION ISOLATION LEVEL SERIALIZABLE;
3   START TRANSACTION;
```

图 8-26　客户端 B 开启事务

图 8-27　客户端 B 查看 tom 的账户金额

在客户端 A 中将 tom 的账户金额增加 100 元，会发现一直缓冲等待，而不是立即成功处理。提交客户端 B 的事务后，客户端 A 的操作执行，执行结果如图 8-28 所示。

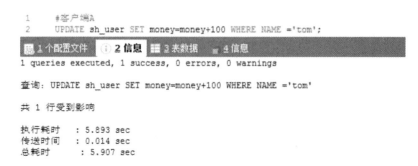

图 8-28　客户端 A 缓冲等待处理

客户端 B 一直未提交事务，客户端 A 的操作一直等待，直到超时后，出现图 8-29 所示的提示信息，表示锁等待超时，尝试重新启动事务。

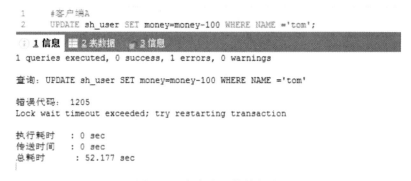

图 8-29　客户端 A 等待超时

从上述情况可以看出，如果一个事务使用 SERIALIZABLE 隔离级别，则该事务没有被提交前，其他会话只能等到当前操作完成后才能进行操作，非常耗时，而且会影响数据库的并发性能，通常不使用。

8.2　存储过程的创建

任务描述

实习生海龙在实际开发中，经常遇到需要重复使用某个功能的情况，在数据库操作中发现存储过程能够解决重复使用的操作，存储过程将这些复杂的操作封装成一个代码块，大大减少了实习生海龙在数据库开发中的工作量。实习生海龙深入学习了数据库操作中的变量使用、光标使用、流程控制等内容，提高了工作效率。

任务要求

在数据库设计中，对于频繁重复的操作，使用存储过程在数据库中将其封装成代码块的方式，方便操作，可以减少数据库管理人员的工作量，提高工作效率。

创建存储过程时，应熟悉存储过程的创建方法、存储过程中变量的使用方法、定义条件和处理程序的方法、光标的使用方法、流程控制的使用等，本着精益求精的原则，全面掌握存储过程的操作，提升数据库管理工作效能。

知识链接

在数据库管理中，除使用函数外，还可以使用存储过程在数据库中进行一系列复杂的操作。使用时，只需将复杂的 SQL 语句集合封装成一个代码块，就可以重复使用，减少数据库管理人员的工作量。

8.2.1　存储过程概述

存储过程

存储过程（Stored Procedure）是一种在数据库中存储复杂程序，以便外部程序调用的数据库对象。

存储过程是为了完成特定功能的 SQL 语句集，经编译创建并保存在数据库中，用户可通过指定存储过程的名字并给定参数来调用执行，再次调用时无须重复编译，执行效率比较高。存储过程的思想很简单，就是数据库 SQL 语言层面的代码封装与重用。

存储过程可以理解为封装的一个方法，只是这个方法是用 SQL 实现的，而且存储在 MySQL 中，也只能在 SQL 语句中调用。

存储过程与函数的相同点和不同点如下。

（1）存储过程与函数的相同点在于，它们的目的都是可重复地执行数据库 SQL 语句的集合，并且都经过一次编译，再次需要时可以直接执行。

（2）存储过程与函数的不相同点有四个，具体如下。

● 语法中实现的标识符不同，存储过程使用 PROCEDURE，函数使用 FUNCTION。

● 创建存储过程时没有返回值，而定义函数时必须设置返回值。

● 存储过程没有返回值类型，且不能将结果直接赋值给变量；而函数定义时需要设置返回值类型，且调用时必须将返回值赋给变量。

● 存储过程必须通过 CALL 语句进行调用，不能使用 SELECT 语句调用；而函数可在 SELECT 语句中直接使用。

在使用存储过程的过程中，能够通过封装的方式处理重复的代码段。使用存储过程时要对其自身的优缺点有全面的理解。

存储过程的优点如下。

● 存储过程可封装，并隐藏复杂的商业逻辑。

● 存储过程可以回传值，并可以接收参数。

● 存储过程无法使用 SELECT 语句运行，因为它是子程序，与查看表，数据表或用户定义函数不同。

● 存储过程可以用于数据检验、强制执行商业逻辑等。

存储过程的缺点如下。

● 存储过程往往定制化于特定的数据库上，因为支持的编程语言不同，当切换到其他厂商的数据库系统时，需要重写原有的存储过程。

● 存储过程的性能调校与撰写受限于各种数据库系统。

8.2.2　创建存储过程

创建存储过程与创建函数相同，先临时修改语句结束符号，再利用 CREATE 语句创建，其基本语法格式如下。

```
DELIMITER //
CREATE PROCEDURE 过程名字（[[ IN | OUT | INOUT] 参数名称 参数类型] ) BEGIN
过程体
END //
DELIMITER;
```

其中，"DELIMITER //"语句的作用是将 MySQL 的结束符设置为//，为了避免与存储过程中 SQL 语句结束符冲突，需要使用 DELIMITER 改变存储过程的结束符，并以"END //"结束存储过程。存储过程定义完毕后，使用"DELIMITER;"恢复默认结束符。创建存储过程的关键字为 CREATE PROCEDURE，设置存储过程参数时，还可以在参数名前指定参数的来源及用途，可选值分别为 IN（默认值）、OUT 和 INOUT，三者的区别如下。

- IN：表示输入参数，即参数是在调用存储过程时传入存储过程使用。传入的数据可以是直接数据（如 6），也可以是保存数据的变量。
- OUT：表示输出参数，初始值为 NULL，将存储过程中的值保存到 OUT 指定的参数中，返回给调用者。
- INOUT：表示输入输出参数，即参数在调用时传入存储过程，同时在存储过程中操作后返回调用者。

为了便于理解，结合"网上商城系统"，在 e_shop 数据库中创建存储过程，具体操作语句如图 8-30 所示。

```
1    #创建存储过程
2    DELIMITER //
3    CREATE PROCEDURE e_proc(IN sid INT)
4   ┌BEGIN
5   │    SELECT id,NAME FROM sh_goods_category WHERE id>sid;
6   └END //
7    DELIMITER;
```

图 8-30　创建存储过程

在图 8-30 中，sid 表示调用存储过程时传递的参数，根据此参数，在存储过程体内，从 sh_goods_category 表中获取 id 大于此值的数据。创建存储过程与自定义函数相同，都需要指定与其关联的数据库，若默认没有选择数据库，则程序给出相关的信息提示。

8.2.3　变量的使用

编写存储过程时，有时需要使用变量保存数据处理过程中的值。在 MySQL 中，变量可以在子程序中声明并使用。这些变量的作用范围是在 BEGIN END 程序中，针对变量的定义和赋值进行详细分析。

在存储过程中使用变量前，需要定义变量。在存储过程中，使用 DECLARE 语句定义变量，具体语法格式如下。

```
DECLARE var_name [, varname ]…date_type ( DEFAULT value ];
```

其中，var_name 为局部变量的名称；DEFAULT value 子句给变量提供一个默认值，该值除可以被声明为一个常数外，还可以被指定为一个表达式，如果没有 DEFAULT 子句，则变量的初始值为 NULL。

下面定义一个名称为 myvariable 的变量，其为 INT 类型，默认值为 10，示例代码如下。

```
DECLARE myvariable INT DEFAULT 10;
```

定义变量后，为变量赋值可以改变变量的默认值。在 MySQL 中，使用 SET 语句为变量赋值，语法格式如下。

```
SET var_name=expr [, var_name=expr ];
```

在存储过程中的 SET 语句是一般 SET 语句的扩展版本。被参考变量可以是子程序内声明的变量，也可以是全局服务器变量，如系统变量或者用户变量。

8.2.4　定义条件和处理程序

在实际开发中，需要经常处理特定的条件，这些条件可以联系到错误以及子程序中的一般流程控制。定义条件是事先定义程序执行过程中遇到的问题，处理程序定义了在遇到这些问题时应当采取的处理方式，并且保证存储过程遇到警告或错误时能继续执行。

1. 定义条件

编写存储过程时，定义条件使用 DECLARE 语句，语法格式如下。

```
DECLARE condition_name CONDITION FOR [ condition_type ];
```

其中，condition_type 表示条件的类型，有 SQLSTATE（VALUE）sqlstate_value 和 mysql_error_code 两种可选值，前者是长度为 5 的字符串类型错误代码，如 SQLSTATE'42000'；后者是数值类型表示的错误代码，如 1148。

在 ERROR1148(42000)中，SQLSTATE（VALUE）sqlstate_value 的值是 42000，mysql_error_code 的值是 1148。

为了便于理解，下面为 ERROR1148(42000)服务器错误代码声明一个名称，具体 SQL 语句如图 8-31 所示。

```
1    DELIMITER //
2    CREATE PROCEDURE proc()
3  ┌ BEGIN
4  │     DECLARE command_not_allowed CONDITION FOR SQLSTATE '42000';
5  └ END //
6    DELIMITER;
```

图 8-31　声明错误代码名称

在图 8-31 中的语句中，DECLARE…CONDITION FOR 将为需要处理的错误代码 42000 命名为 command_not_allowed，该名称用于定义此错误的处理程序语句中。

2. 定义处理程序

定义条件后，还需要定义针对此条件的处理程序。在 MySQL 中，用 DECLARE 语句定义处理程序，具体语法格式如下。

```
DECLARE handler_type HANDLER FOR condition_value [,...] sp_statement
handler_type:
CONTINUE | EXIT | UNDO
condition_value:
SQLSTATE [VALUE] sqlstate_value
| condition_name
| SQLWARNING
| NOT FOUND
| SQLEXCEPTION
| mysql_error_code
```

其中，handler_type 为错误处理方式，参数值有 CONTINUE、EXIT 和 UNDO。

CONTINUE 表示遇到错误不处理，继续执行；EXIT 表示遇到错误后退出；UNDO 表示遇到错误后撤销之前的操作，MySQL 暂时不支持这种操作。sp_statement 参数为程序语句段，表示遇到定义的错误时需要执行的存储过程。condition_value 表示错误类型，可以有以下取值。

（1）SQLSTATE [VALUE] sqlstate_value 包含 5 个字符的字符串错误值。

（2）condition_name 表示 DECLARE CONDITION 定义的错误条件名称。

（3）SQLWARNING 匹配所有以 01 开头的 SQLSTATE 错误代码。

（4）NOT FOUND 匹配所有以 02 开头的 SQLSTATE 错误代码。

（5）SQLEXCEPTION 匹配所有没有被 SQLWARNING 或 NOT FOUND 捕获的 SQLSTATE 错误代码。

（6）mysql_error_code 匹配数值类型错误代码。

8.2.5　光标的使用

1. 光标的作用

在数据库的管理过程中，通过前面学习的 SELECT 语句只能返回符合指定条件的结果集，不能对结果集中的数据进行下一行检索或每次一条记录一条记录地单独处理等。此时，就可以利用 MySQL 提供的光标机制进行处理。

光标的本质是一种能从 SELECT 结果集中每次提取一条记录的指针，它主要用于交互式的应用程序，用户可以根据需要浏览或修改结果集中的数据。

2. 光标的使用

在 MySQL 中，光标应用于函数和存储过程中，使用时需要符合操作流程，一般分为四个步骤：声明光标、打开光标、利用光标检索数据和关闭光标。下面将对这四个操作步骤进行详细讲解。

（1）声明光标。使用光标之前，必须先声明光标。光标必须声明在声明变量、条件之后，声明处理程序之前，与指定的 SELECT 语句关联，目的是确定光标要操作的 SELECT 结果集对象。其基本语法格式如下。

```
DECLARE 光标名称 CURSOR FOR SELECT 语句
```

在上述语法中，光标名称必须唯一，因为在存储过程或函数中可以存在多个光标，而光标名称是唯一用于区分不同光标的标识。另外，在 SELECT 语句中不能含有 INTO 关键字。

根据上述语法格式，声明一个名为 cursor_student 的光标，示例代码如下。

```
DECLARE cursor_student CURSOR FOR
SELECT s_name,s_gender FROM student;
```

使用 DECLARE…CURSOR FOR 语句定义光标后，与光标关联的 SELECT 语句并没有执行。此时，MySQL 服务器的内存中没有 SELECT 语句的查询结果集。

（2）打开光标。光标声明完成后，要想使用光标，首先打开光标，使 SELECT 语句根据查询条件将数据存储到 MySQL 服务器的内存中。其基本语法格式如下。

```
OPEN 光标名称
```

（3）利用光标检索数据。打开光标之后，可以利用 MySQL 提供的 FETCH 语句检索 SELECT 结果集中的数据。每访问一次 FETCH 语句就获取一行记录，获取数据后，光标的内部指针向前移动指向下一条记录，保证每次获取的数据都不同。其基本语法格式如下。

```
FETCH [[NEXT] FROM] 光标名称 INTO 变量名 [,变量名]...
```

在上述语法中，FETCH 语句根据指定的光标名称，将检索出来的数据存放到对应的变量中。另外，变量名的数量必须与声明光标时通过 SELECT 语句查询的结果集的字段数量保持一致。

使用名称为 cursor_student 的光标。将查询出来的信息存入 s_name 和 s_gender，示例代码如下。

```
FETCH cursor_student INTO s_name,s_gender;
```

（4）关闭光标。光标检索完数据后，利用 MySQL 提供的语法关闭光标，释放光标占用的服务器的内存资源。其基本语法格式如下。

```
CLOSE  光标名称
```

在上述语法中，利用 CLOSE 关闭光标后，若再次需要利用光标检索数据，则仅需使用 OPEN 打开光标即可，不需要再次重新声明光标。如果没有利用 CLOSE 关闭光标，它也会在到达程序最后的 END 语句的地方自动关闭。

8.2.6　流程控制的使用

通过前面的学习，我们了解了创建存储过程时所用到的基本知识，编写存储过程时还有一个非常重要的部分——流程控制。流程控制语句用于将多个 SQL 语句划分或组合成符合业务逻辑的代码块。MySQL 提供了多种流程控制语句，如 IF 语句、CASE 语句、LOOP 语句、REPEAT 语句和 WHILE 语句。

1. 判断语句

判断语句用于根据一些条件作出判断，从而决定执行指定的 SQL 语句。在 MySQL 中，常用的判断语句有 IF 语句和 CASE 语句两种。

（1）IF 语句。IF 语句是指如果满足某种条件，就根据判断的结果为 TRUE 或 FALSE 执行相应的语句，语法格式如下。

```
IF  条件表达式 1 THEN  语句列表
[ELSEIF  条件表达式 2 THEN  语句列表]...[ELSE  语句列表]
END IF
```

在上述语法格式中，当条件表达式 1 为真时，执行对应 THEN 子句的语句列表；当条件表达式 1 为假时，继续判断条件表达式 2 是否为真，若为真，则执行其对应的 THEN 子句后的语句列表，依此类推。若所有表达式都为假，则执行 ELSE 子句后的语句列表。

在 MySQL 中还有一个 IF() 函数，它不同于这里描述的 IF 语句。

（2）CASE 语句。在 MySQL 中，CASE 是另一个进行条件判断的语句，有如下两种语句格式。

语句格式一：

```
CASE  条件表达式  WHEN  表达式 1 THEN  语句列表
[WHEN  表达式 2 THEN 语句列表]...[ELSE  语句列表]
END CASE;
```

语句格式二：

```
CASE WHEN  条件表达式 1 THEN  语句列表
[WHEN  表达式 2 THEN 语句列表]...[ELSE  语句列表]
END CASE
```

用于存储过程的 CASE 语句与"控制流程函数"中描述的 SQL CASE 表达式中的 CASE 语句不同，其用 END CASE 替代 END 终止。

2. 循环语句

循环语句指的是在符合指定条件的情况下，重复执行一段代码。例如，计算给定区间内数据的累加求和。MySQL 提供的循环语句有 LOOP 语句、REPEAT 语句和 WHILE 语句三种。

（1）LOOP 语句。LOOP 循环语句用来重复执行某些语句，LOOP 只是创建一个循环操作，并不进行条件判断，其基本格式如下。

```
[标签:] LOOP
语句列表
END LOOP [标签];
```

在上述语法中，LOOP 用于重复执行语句列表，在语句列表中需要给出结束循环的条件，否则会出现死循环。通常情况下，使用判断语句进行条件判断，使用"LEAVE 标签"语句退出循环。其中，标签的定义只需符合 MySQL 标识符的定义规则即可。

（2）REPEAT 语句。MySQL 提供的 REPEAT 语句用于循环执行符合条件表达式的语句列表，其基本语法格式如下。

```
[标签:] REPEAT
语句列表
UNTIL 条件表达式 END REPEAT [ 标签];
```

在上述语法中，程序会无条件地执行一次 REPEAT 的语句列表，再判断 UNTIL 后的条件表达式是否为真，若为真，则结束循环；否则继续循环 REPEAT 的语句列表。

（3）WHILE 语句。WHILE 语句用于创建一个带条件判断的循环过程，与 REPEAT 语句不同的是，执行 WHILE 语句时，只有满足条件表达式的要求，才会执行对应的语句列表，其基本语法格式如下。

```
[标签:] WHILE 条件表达式 DO
语句列表
END WHILE [标签]
```

在上述语法中，只要 WHILE 的条件表达式为真，就会重复执行 DO 后的语句列表。因此，如无特殊需求，一定要在 WHILE 的语句列表中设置循环出口，避免出现死循环。

任务实施

在数据库管理中，存储过程可以在数据库中进行一系列复杂的操作。使用时，只需将复杂的 SQL 语句集合封装成一个代码块，即可重复使用。在创建存储过程的过程中，使用存储过程中的变量和光标、定义条件和处理程序、使用流程控制显得尤为重要。下面结合实际案例，对上述概念进行深入理解。

1. 创建存储过程

通过学习存储过程的创建语法格式，在"学生选课系统"中的 student_course 数据库中创建的 student 表中，创建一个查看 student 表的存储过程，具体操作如图 8-32 所示。

```
1    #创建查看student表的存储过程
2    DELIMITER //
3    CREATE PROCEDURE s_proc()
4    BEGIN
5      SELECT * FROM student;
6    END //
7    DELIMITER;
```

图 8-32　创建查看表的存储过程

在图 8-32 中创建了一个存储过程 s_proc，每次调用这个存储过程都会执行查询语句 SELECT 查看表的内容。调用存储过程 s_proc 查看结果，如图 8-33 所示。

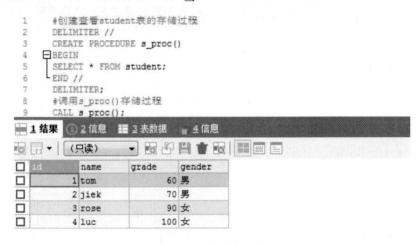

图 8-33　调用存储过程

2. 应用变量

编写存储过程时，有时需要使用变量保存数据处理过程中的值。下面在"学生选课系统"student_course 数据库中声明变量 s_grade 和 s_gender，通过 SELECT…INTO 语句查询指定记录并为变量赋值，具体操作如图 8-34 所示。

```
1    #对变量s_grade和s_gender赋值
2    #定义变量s_grade
3    DECLARE s_grade FLOAT;
4    #定义变量s_gender
5    DECLARE s_gender CHAR(2);
6    SELECT grade,gender INTO s_grade,s_gender
7    FROM student WHERE NAME = 'luc';
```

图 8-34　声明变量

3. 定义条件和处理程序

在存储过程执行期间，需要经常对特定的条件进行处理，可以定义特定的错误代码、警告或异常，处理程序定义了在遇到这些问题时应采取的处理方式，保证存储过程在遇到警告或错误时继续执行。在"网上商城系统"中结合实际操作进行演示，具体操作如图 8-35 所示。

```
1    DELIMITER //
2    CREATE PROCEDURE proc_demo4()
3    BEGIN
4    DECLARE CONTINUE HANDLER FOR SQLSTATE'23000'
5    SET @num =1;
6    INSERT INTO sh_goods_category(id,NAME) VALUES (22,'大衣');
7    SET @num =2;
8    INSERT INTO sh_goods_category(id,NAME) VALUES (22,'大衣');
9    SET @num =3;
10   END //
11   DELIMITER;
```

图 8-35　定义条件

在上述语句中，错误处理的语句要定义在 BEGIN…END 中，在程序代码之前。其中，SQLSTATE 错误代码 23000 表示表中含有重复的键时不能插入数据。SET 语句用于设置会话变量。

下面通过调用存储过程，查询当前会话变量 num 的值，执行结果如图 8-36 所示。

图 8-36　调用存储过程

从图 8-36 中可以看出，变量 num 的值是 3，当执行存储过程向表中插入重复的主键时，利用语句 DECLARE…HANDLER 跳过此错误，继续执行程序，因此最后变量 num 的值为 3。

4. 应用光标

在 MySQL 中，光标应用于函数和存储过程中，使用时需要符合操作流程，通过定义光标、打开光标、使用光标检索数据和关闭光标等操作完成光标的应用。下面结合"网上商城系统"案例，演示光标检索数据的应用。

假设在网上商城某节日到来前，将系统中 5 星评分商品低于 400 件的商品的库存增加到 1000 件，以满足用户的购买需求，利用 e_shop 数据库下的 e_sh_goods 表进行操作，SQL 语句及执行结果如图 8-37 所示。

```
1    DELIMITER //
2    CREATE PROCEDURE sh_goods_proc_cursor4()
3   ┌BEGIN
4    DECLARE mark,cur_id,cur_num INT DEFAULT 0;
5    #定义光标
6    DECLARE cur CURSOR FOR
7    SELECT id,stock FROM e_sh_goods WHERE score=5;
8    #定义条件处理程序，结束光标的遍历
9    DECLARE CONTINUE HANDLER FOR SQLSTATE'02000' SET mark=1;
10   #打开光标
11   OPEN cur;
12   #遍历光标
13  ┌REPEAT
14   #利用光标获取一行记录
15   FETCH cur INTO cur_id,cur_num;
16   #处理光标检索数据
17   IF cur_num <=400 THEN
18   SET cur_num=1000;
19   UPDATE e_sh_goods SET stock = cur_num WHERE id=cur_id;
20   END IF;
21  └UNTIL mark END REPEAT;
22   #关闭光标
23   CLOSE cur;
24  └END //
25   DELIMITER;
```

图 8-37　应用光标

在上述程序中，光标 cur 与 e_sh_goods 表中 5 星评分商品的信息关联。打开光标后，通过 REPEAT 遍历光标，FETCH 取出光标的一行记录，并存入局部变量 cur_id 和 cur_num 中；然后判断 5 星商品的库存是否不足 400 件，若符合要求，则将 cur_num 的值修改为 1000；接着更新 e_sh_goods 表中对应的字段。直到所有数据都获取完成后，再次循环执行 FETCH 会发生代码为 02000 的错误，利用 DECLARE…HANDLER FOR 处理，并将局部变量 mark 设置为 1，结束 REPEAT 循环；最后关闭光标。

下面在调用存储过程 sh_goods_proc_cursor4 之前，查看 e_shop 数据库中 e_sh_goods 中 5 星评分商品的库存信息，以便对比查看。具体操作如图 8-38 所示。

图 8-38　查看 5 星评分商品信息

从图 8-38 中的执行结果可以看出，id 号为 4 的 stock 库存为 20 件，不足 400 件。下面调用存储过程，修改库存信息，如图 8-39 所示。

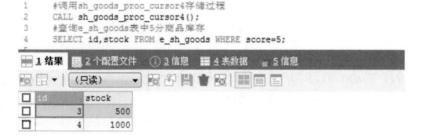

图 8-39　修改库存信息

从上述操作结果可以看出，e_sh_goods 表中 5 星评分商品的库存由之前的 20 件变为 1000 件。

5. 使用 IF 语句

IF 语句是指如果满足某种条件，就根据判断的结果为 TRUE 或 FALSE 执行相应的语句。下面通过一个简单的案例，演示存储过程中 IF 语句的使用，具体操作及执行结果如图 8-40 所示。

```
1   #IF语句的使用
2   DELIMITER //
3   CREATE PROCEDURE ISNULL( IN val INT)
4   BEGIN
5     IF val IS NULL
6       THEN SELECT 'THE parameter is NULL';
7     ELSE
8       SELECT 'THE parameter is not NULL';
9     END IF;
10    END //
11   DELIMITER;
12   #调用存储过程
13   CALL ISNULL(1);
```

| THE parameter is not NULL |
| THE parameter is not NULL |

图 8-40　使用 IF 语句

在上述代码中，IF 语句用于判断存储程序 ISNULL 的参数是否为空，当调用存储过程传递的参数为 NULL 时，输出"THE parameter is NULL"；当传递非 NULL 值（如 1）时，输出"THE parameter is not NULL"。因图 8-40 调用存储过程时传递了 1 个参数，故输出"THE parameter is not NULL"。

6. 使用 CASE 语句

CASE 语句是一种适用于 SQL 语句的条件判断语句，下面通过一个简单的案例演示存储程序中使用 CASE 语法的方法。在"学生选课系统"中，使用评分等级的功能评定"优秀""良好""中等""及格""不及格"等等级。下面运用 CASE 语句演示等级评定，具体操作如图 8-41 所示。

```
1     #CASE语句的使用
2     DELIMITER //
3     CREATE PROCEDURE proc_level( IN score DECIMAL(5,2))
4     BEGIN
5     CASE
6     WHEN score>89 THEN SELECT'优秀';
7     WHEN score>79 THEN SELECT'良好';
8     WHEN score>69 THEN SELECT'中等';
9     WHEN score>59 THEN SELECT'及格';
10    ELSE SELECT'不及格';
11    END CASE;
12    END //
13    DELIMITER;
```

图 8-41　使用 CASE 语句

在上述代码中，利用 CASE 语句完成指定分数的级别判断。当传递的 score 参数值大于或等于 90 时，显示结果为"优秀"；当传递的 score 参数值大于或等于 80 且小于 90 时，显示结果为"良好"；当传递的 score 参数值大于或等于 70 且小于 80 时，显示结果为"中等"；当传递的 score 参数值大于或等于 60 且小于 70 时，显示结果为"及格"；当传递的 score 参数值小于 60 时，显示结果为"不及格"。

7. 使用 LOOP 循环语句

LOOP 循环语句通常用于实现一个简单的循环，用来重复执行某些语句。下面运用 LOOP 语句计算 1～9 的和，具体操作如图 8-42 所示。

图 8-42　使用 LOOP 循环语句

在上述代码中，局部变量 i 和 sum 的初始值都为 0，然后在 LOOP 语句中判断 i 的值是否大于或等于 10，若是，则输出当前 i 和 sum 的值，并退出循环；若不是，则将 i 的值累加到 sum 变量中，并对 i 进行加 1，再次执行 LOOP 语句。

从执行结果可以看出，当 i 等于 10 时，不再对 sum 进行累加。因此，最后 sum 中保存的是 1～9 的累加和 45。

8. 使用 WHILE 循环语句

WHILE 语句用于创建一个带条件判断的循环过程，执行语句时，只有满足条件表达式的要求，才会执行对应的语句列表。下面运用 WHILE 语句完成 1～10 的偶数求和，具体操作如图 8-43 所示。

```
1    #WHILE循环语句的使用
2    DELIMITER //
3    CREATE PROCEDURE proc_even1( )
4   ┌BEGIN
5   │ DECLARE i,SUM INT DEFAULT 0;
6   └WHILE i<=10 DO
7       IF i%2=0
8         THEN SET SUM=SUM+i;
9       END IF;
10        SET i=i+1;
11    END WHILE;
12    SELECT i,SUM;
13    END //
14    DELIMITER;
15    #调用存储过程proc_even
16    CALL proc_even1();
```

图 8-43　使用 WHILE 循环语句

在上述代码中，局部变量 i 的初始值小于 10，执行 DO 后的语句列表，当 i 是偶数时，将其累加到 sum 局部变量中，否则不累加。然后改变 i 的值，再次判断其是否小于 10，若还满足，则继续重复以上的步骤，否则退出循环。

从上述结果可以看出，局部变量 i 在 WHILE 循环结束后变为 11，1～10 的偶数累加和为 30。

8.3　存储过程的使用

任务描述

实习生海龙通过学习存储过程的概念，理解了存储过程是在大型数据库系统中完成特定功能的 SQL 语句集，存储过程可以将一些复杂重复的操作封装成一个代码块，以便重复使用。为了更好地处理数据库开发工作中的问题，实习生海龙对调用存储过程、查看存储过程、修改和删除存储过程等进行深入的学习。

任务要求

在实际数据库开发中，对存储过程的使用减少了重复且复杂的操作，避免操作过程中出现人为错误，提高数据库开发的质量。在实际开发中，本着精益求精、创新思维，注重数据库开发中的集体意识和团队合作精神，完成对调用、查看、修改和删除存储过程的学习。

知识链接

通过学习存储过程的概念，能够快速创建存储过程，对创建完成的存储过程是否正确、能否按照操作需要完成存储过程的调用、对创建的存储过程如何查看、如果出现创建错误如何修改、如何删除等问题进行深入分析和掌握，便于对存储过程进行完整操作。

8.3.1　调用存储过程

创建存储过程后，想要发挥作用，必须使用 MySQL 提供的 CALL 语句调用。另外，由于存储过程与数据库相关，因此，如果要执行其他数据库中的存储过程，则调用时需要指定数据库名称，基本语法格式如下。

```
CALL   数据库名.存储过程名称([实参列表]);
```

在上述语法中，实参列表传递的参数需要与创建存储过程的形参对应。当形参被指定为 IN 时，实参值可以为变量或直接数据；当形参被指定为 OUT 成 INOUT 时，调用存储过程传递的参数必须是一个变量，用于接收返回给调用者的数据。

8.3.2　查看存储过程

创建存储过程后，可以使用 MySQL 专门提供的语句查看存储过程，实现方式与查看函数的相同，区别在于实现的关键字不同。MySQL 存储了存储过程的状态信息，用户可以使用 SHOW STATUS 语句或 SHOW CREATE 语句查看。

方法一：

```
SHOW { PROCEDURE | FUNCTION } STATUS [ LIKE 匹配模式]；
```

方法二：

```
SHOW CREATE { PROCEDURE | FUNCTION } 过程名;
```

8.3.3　修改存储过程

在实际开发中，更改业务需求的情况时有发生，不可避免地需要修改存储过程的特性。在 MySQL 中，可以使用 ALTER 语句修改存储过程的特性，其基本语法格式如下。

```
ALTER { PROCEDURE | FUNCTION } sp_name [ characteristic…]
```

在上述语法格式中，sp_name 表示存储过程或函数的名称；characteristic 表示要修改存储过程的部分，其取值具体如下。

（1）CONTAINS SQL 表示子程序包含 SQL 语句，但不包含读或写数据的语句。

（2）NO SQL 表示子程序不包含 SQL 语句。

（3）READS SQL DATA 表示子程序包含读数据的语句。

（4）MODIFIES SQL DATA 表示子程序包含写数据的语句。

（5）SQL SECURITY { DEFINER | INVOKER }指明执行权限。

（6）DEFINER 表示只有定义者才能执行。

（7）INVOKER 表示调用者可以执行。

（8）COMMENT 'string'表示注释信息。

8.3.4　删除存储过程

当数据库中存在废弃不用的存储过程时，需要删除。在 MySQL 中，可以使用 DROP 语句删除存储过程，其基本语法格式如下。

```
DROP { PROCEDURE | FUNCTION } [ IF EXISTS ] sp_name;
```

在上述语法格式中，sp_name 为要移除的存储过程的名称；IF EXISTS 表示如果程序不存在，则可以避免发生错误，产生一个警告，可以使用 SHOW WARNINGS 查询该警告。

任务实施

查看、调用、修改
与删除存储过程

在"网上商城系统"中设计 e_shop 数据库时，为了把重复操作使用的程序集合放在存储过程中，以便调用和重复使用，下面通过案例演示查看、调用、修改、删除存储过程。

1.   查看存储过程

下面以在"网上商城系统"中的 e_shop 数据库下查看 e_proc 存储过程的状态为例进行演示，具体操作如图 8-44 所示。

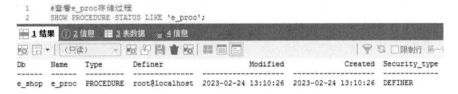

图 8-44   查看存储过程

从上述执行结果可以看出，存储过程的状态信息与自定义函数的相同，区别在于自定义函数 Type 为值 FUNCTION，而存储过程的对应值为 PROCEDURE。

2.   调用存储过程

调用在"网上商城系统"中的 e_shop 数据库下创建的 e_proc 存储过程，获取 sh_goods_category 表中 id 大于指定值的记录，具体操作如图 8-45 所示。

图 8-45   调用存储过程

3.   修改与删除存储过程

在实际数据库管理中，更改业务需求的情况时有发生。在 MySQL 中，可以使用 ALTER 语句修改存储过程的特性。下面以修改 e_shop 数据库下的 e_proc 存储过程为例，将存储过程的执行者改为调用者，并设置注释信息，具体操作如图 8-46 所示。

```
1    #修改e_proc存储过程
2    ALTER PROCEDURE e_proc
3    SQL SECURITY INVOKER
4    COMMENT '从商品分类表中获取大于指定id值的数据';
5    #查看存储过程
6    SHOW PROCEDURE STATUS LIKE 'e_proc';
```

Db	Name	Type	Definer	Modified	Created	Security_type	Comment
e_shop	e_proc	PROCEDURE	root@localhost	2023-02-26 14:01:25	2023-02-24 13:10:26	INVOKER	从商品分类表中获取大于指定id值的数据

图 8-46   修改存储过程

从上述结果可以看出，查询的 Security_type 字段和 Comment 字段保存的信息从默认值修改为修改后的数据。

如果使用存储过程后，不再使用或需要废弃，可以使用 MySQL 提供的 DROP 语句删除存储过程。下面以 e_shop 数据库的存储过程 e_proc 为例，具体操作如图 8-47 所示。

图 8-47   删除存储过程

从上述执行结果可以看出，从 e_shop 数据库中已经删除 e_proc 存储过程。

能 力 拓 展

在实际开发中，可以通过事务处理机制处理复杂的数据操作过程。在运用事务处理机制的过程中，结合实际开发，应注意以下几个方面。

（1）MySQL 中的事务不允许嵌套，若在执行 START TRANSACTION 语句前，上一个事务还未提交，则隐式地执行提交操作。

（2）事务处理主要是针对数据表中数据的处理，不包括创建或删除数据库、数据表，修改表结构等操作，而且执行这类操作时会隐式地提交事务。

（3）在 MySQL 中，还可以使用 START TRANSACTION 的别名 BEGIN 或 BEGIN WORK 显式地开启一个事务。但由于 BEGIN 与 MySQL 编程中的 BEGIN...END 冲突，因此不推荐使用 BEGIN。

1. 自动提交事务

MySQL 默认自动提交模式，如果没有显式开启事务（START TRANSACTION），则每条 SQL 语句都会自动提交（COMMIT）。如果想要控制事务的自动提交方式，则可以通过更改 AUTOCOMMIT 变量实现，将其值设为 1 表示开启自动提交，设为 0 表示关闭自动提交。若要查看当前会话的 AUTOCOMMIT 值，则使用图 8-48 所示的语句。

```
1    查询autocommit变量的值
2    SELECT @@autocommit;
```

图 8-48　自动提交事务

从查询结果可以看出，当前会话开启了自动提交事务。若要关闭当前会话的事务自动提交，则可以使用如下语句。

```
SET AUTOCOMMIT=0;
```

执行上述语句后，只有手动执行提交（COMMIT）操作，才会提交事务；若直接终止 MySQL 会话，则 MySQL 自动回滚。

2. 综合运用存储过程

下面通过一个应用案例，掌握创建并使用存储过程的完整过程。

首先在 student 数据库中创建 stu 表，并向表中添加数据，具体操作如图 8-49 所示。

```
1    #创建stu表
2    CREATE TABLE stu(id INT,NAME VARCHAR(20),class VARCHAR(20));
3    INSERT  INTO stu VALUE (1,'Lucy','一班'),(2,'Lily','二班'),(3,'Rose','三班');
4    #查看表数据
5    SELECT * FROM stu;
```

id	name	class
1	Lucy	一班
2	Lily	二班
3	Rose	三班

图 8-49　创建数据表

然后创建一个存储过程 addcount 获取表视图中的记录及 id 的和，具体操作代码如图 8-50 所示。

图 8-50　创建和调用存储过程

从调用存储过程的结果可以看出，stu 表中有三条数据，id 的和为 6。该存储过程创建了一个 cur_id 的光标，使用该光标获取每条记录的 id，使用 REPEAT 循环语句实现求所有 id 的和。

上述案例演示了一个完整的存储过程，从设计表结构、创建表、创建存储过程到调用存储过程达到预期查询结果。编写存储过程不是简单的事情，可能需要根据不同的业务需求使用复杂的 SQL 语句，并且要有创建存储过程的权限。但是使用存储过程可以在实际开发中简化操作，减少冗余的操作步骤，还可以减少失误，提高效率。因此，存储过程的实用性非常强，应该学会并熟练运用。

单 元 小 结

本单元主要讲解了事务管理、创建存储过程和使用存储过程。通过本单元的学习，读者可以掌握事务的概念、事务的 ACID 特性以及事务的处理语句和隔离级别，还可以掌握存储过程的概念、存储过程中变量的使用、定义条件和处理程序、光标的使用、流程控制的使用等内容。

在实际开发中，事务管理非常重要，而存储过程可以简化数据中重复的操作、提高效率。在本单元的学习过程中，读者应多加练习，熟练掌握事务的处理和存储过程的编写。

在实际开发当中，要更加注重数据库开发中的标准和规范。在数据库设计过程中，应具有质量意识、信息素养、创新思维和团队合作意识，提升数据库设计、管理和应用能力。

单 元 测 验

一、填空题

1. 事务是针对_____的一组操作。
2. "每个事务都是完整不可分割的最小单元"体现出事务的_____性。
3. 开启事务的语句是_____。
4. 创建存储过程时，需要使用_____语句。
5. 编写存储过程时，定义条件使用_____语句。

二、判断题

1. MySQL 中的默认操作是自动提交模式。   （   ）
2. 数据库的隔离级别越高，并发性能越低。   （   ）
3. 事务执行时间越短，并发性能越高。   （   ）
4. 使用 ALTER 语句修改存储过程，能够更改存储过程的参数或主体。   （   ）
5. 可以使用 DROP 语句删除存储过程。   （   ）

三、简答题

1. 简述事务的概念。
2. 简述存储过程的概念。
3. 简述事务的 ACID 特性。

课 后 一 思

杨芙清：中国
软件业的居里夫人

杨芙清：中国软件业的居里夫人（扫码查看）

单元 9 函数、触发器及事件

学习目标

1. 能按照需求调用系统函数。
2. 学会创建、调用、修改、删除自定义函数。
3. 学会创建、使用、删除触发器。
4. 理解事件的原理。
5. 学会创建、修改、删除事件。

9.1 函 数

任务描述

实习生海龙在实际使用数据的过程中，经常遇到给出某个传递过来的参数，需要得到一个处理的结果，而具体的处理操作过程封装成一个代码块，可以重复使用，该功能在 MySQL 数据库中可以用函数实现。

函数可以看成一个"加工作坊"，首先接收调用者传递过来的"原料"（函数的参数），然后将这些"原料"加工处理成"产品"（函数的返回值），最后把产品返回给调用者。

实习生海龙熟悉了系统函数的作用，并创建调用自定义函数来加工处理数据，提高了工作效率。

任务要求

在 MySQL 中使用数据库时，丰富的系统函数减少了数据库管理人员的工作量，提高了工作效率。需要了解系统函数的分类，并熟悉常用系统函数的使用方法。

在自定义函数的使用过程中，需要熟悉函数的创建方法，函数中参数的使用方法，函数体中返回值的方法，函数的调用、修改、删除等方法。本着精益求精的原则，全面掌握函数的操作，并对存储过程和函数进行区别。

知识链接

函数就像预定的公式一样存放在数据库里，输入值后得到相应的输出结果。函数中封装了复杂的处理代码块，可以重复调用，极大地提高了数据库管理人员的工作效率。MySQL 功能强大的一个重要因素是内置的功能丰富的系统函数和灵活多变的自定义函数。

9.1.1 函数概述

函数就是输入值后得到相应的输出结果，输入值称为参数（Parameter），输出值称为返回值（Return）。函数就像预定的公式一样存放在数据库里，每个用户都可以调用存在的函数来完成某些功能。

函数可以很方便地实现业务逻辑的重用，正确使用函数可让数据库管理人员在编写

SQL 语句时起到事半功倍的效果。

MySQL 数据库函数分为自定义函数和系统函数,自定义函数需要数据库开发人员定义后调用,MySQL 提供的丰富的系统函数 [如 now()、convert() 函数等] 无须定义可以直接调用。

自定义函数是用户自己创建的函数,用来对数据表中的数据进行相应的处理,以便得到用户希望得到的数据,以适应实际的业务操作,使 MySQL 数据库的功能更加强大。

MySQL 系统函数包括数学函数、字符串函数、日期和时间函数、条件判断函数、系统信息函数和加密函数等。这些函数不仅能帮助用户做很多事情,比如字符串的处理、数值的运算、日期的运算等,还可以帮助开发人员编写简单快捷的 SQL 语句。

在 SELECT、INSERT、UPDATE 和 DELETE 语句及其子句(如 WHERE、ORDER BY、HAVING 等)中都可以使用 MySQL 函数。例如,数据表中的某个数据是负数,如果需要将这个数据显示为整数,就可以在 SELECT 语句中使用绝对值函数。

下面介绍这几类系统函数的使用范围和作用。

数值型函数主要用于处理数字,见表 9-1。

表 9-1 MySQL 数值型函数

函数名称	作用
ABS(x)	返回 x 的绝对值
SQRT(x)	求 x 的二次方根
MOD(N,M)	返回 N 被 M 除的余数
CEIL(x) 和 CEILING	两个函数的功能相同,都是返回不小于 x 的最小整数,即向上取整
FLOOR(x)	向下取整,返回不大于 x 的最大整数值,返回值转换为一个 BIGINT
RAND()	生成一个 0~1 的随机数
ROUND(x)	返回参数 x 经四舍五入的整数
SIGN	返回参数的符号
POW 和 POWER	两个函数的功能相同,都是所传参数的次方的结果值
SIN	求正弦值
ASIN	求反正弦值,与函数 SIN 互为反函数
COS	求余弦值
ACOS	求反余弦值,与函数 COS 互为反函数
TAN	求正切值
ATAN	求反正切值,与函数 TAN 互为反函数
COT	求余切值
SIGN(x)	返回 x 的符号,当 x 是负数、0、正数时分别返回-1、0 和 1

字符串函数主要用于处理字符串,见表 9-2。

表 9-2 MySQL 字符串函数

函数名称	作用
LENGTH(str)	返回字符串 str 的字节长度
CONCAT(s1,s2,…,sn)	合并字符串函数,返回结果为连接参数产生的字符串,可以使一个或多个参数
INSERT(s1,x,len,s2)	字符串 s2 替换 s1 的 x 位置开始长度为 len 的字符串

函数名称	作用
LOWER(s)	将字符串 s 中的字母转换为小写
UPPER(s)	将字符串 s 中的字母转换为大写
LEFT(s,len)	返回字符串 s 的最左面 len 个字符
RIGHT(s,len)	返回字符串 s 的最右面 len 个字符
TRIM(s)	删除字符串 s 左右两侧的空格
REPLACE(str,from_str,to_str)	字符串替换函数，返回字符串 str，其字符串 from_str 的所有出现由字符串 to_str 代替
SUBSTR(s, start, length) SUBSTRING(s, start, length)	截取字符串，从字符串 s 的 start 位置截取长度为 length 的子字符串
LOCATE(s1,s)	从字符串 s 中获取 s1 的开始位置
REPEAT(s,n)	将字符串 s 重复 n 次
REVERSE(s)	将字符串 s 的顺序反过来
STRCMP(s1,s2)	字符串比较函数，若 s1>s2，则返回 1；若 s1=s2，则返回 0；若 s1<s2，则返回-1

日期和时间函数主要用于处理日期和时间，见表 9-3。

表 9-3 MySQL 日期和时间函数

函数名称	作用
CURDATE 和 CURRENT_DATE	两个函数功能相同，返回当前系统的日期值
CURTIME 和 CURRENT_TIME	两个函数功能相同，返回当前系统的时间值
NOW 和 SYSDATE	两个函数功能相同，返回当前系统的日期和时间值
UNIX_TIMESTAMP	获取 UNIX 时间戳函数，返回一个以 UNIX 时间戳为基础的无符号整数
FROM_UNIXTIME	将 UNIX 时间戳转换为时间格式，与 UNIX_TIMESTAMP 互为反函数
MONTH	获取指定日期中的月份
MONTHNAME	获取指定日期中的月份英文名称
DAYNAME	获取指定日期对应的星期几的英文名称
DAYOFWEEK	获取指定日期对应的一周的索引位置值
WEEK	获取指定日期是一年中的第几周，返回值范围是 0~52 或 1~53
DAYOFYEAR	获取指定日期是一年中的第几天，返回值范围是 1~366
DAYOFMONTH	获取指定日期是一个月中的第几天，返回值范围是 1~31
YEAR	获取年份，返回值范围是 1970~2069
TIME_TO_SEC	将时间参数转换为秒数
SEC_TO_TIME	将秒数转换为时间，与 TIME_TO_SEC 互为反函数
DATE_ADD 和 ADDDATE	两个函数功能相同，都是向日期添加指定的时间间隔
DATE_SUB 和 SUBDATE	两个函数功能相同，都是向日期减去指定的时间间隔
ADDTIME	时间加法运算，在原始时间上添加指定的时间
SUBTIME	时间减法运算，在原始时间上减去指定的时间
DATEDIFF	获取两个日期之间的间隔，返回参数 1 减去参数 2 的值
DATE_FORMAT	格式化指定的日期，根据参数返回指定格式的值
WEEKDAY	获取指定日期在一周内对应的工作日索引

聚合函数主要用于在 SQL 语句中查询最大值、最小值和统计求和等，见表 9-4。

表 9-4　MySQL 聚合函数

函数名称	作用
MAX	查询指定列的最大值
MIN	查询指定列的最小值
COUNT	统计查询结果的行数
SUM	求和，返回指定列的总和
AVG	求平均值，返回指定列数据的平均值

条件判断函数主要用于在 SQL 语句中控制条件选择，见表 9-5。

表 9-5　MySQL 条件判断函数

函数名称	作用
IF(expr1,expr2,expr3)	判断，流程控制。如果 expr1 是 TRUE，则 IF()的返回值为 expr2；否则返回值为 expr3
IFNULL(v1,v2)	判断是否为空，如果 v1 值为 NULL，则函数返回 v2 的值；如果 v1 不为空，则返回 v1 的值

系统信息函数主要用于获取 MySQL 数据库的系统信息，见表 9-6。

表 9-6　MySQL 系统信息函数

函数名称	作用
VERSION	返回数据库的版本号
CONNECTION_ID	返回服务器的连接数，也就是到现在为止 MySQL 服务的连接次数
DATABASE()和 SCHEMA()	返回当前数据库名
USER() SYSTEM_USER() SESSION_USER() CURRENT_USER()和 CURRENT_USER	可以返回当前用户的名称
CHARSET(str)	返回字符串 str 的字符集，一般该字符集就是系统的默认字符集
COLLATION(str)	返回字符串 str 的字符排列方式
LAST_INSERT_ID	返回最后生成的 AUTO_INCREMENT 值

加密函数主要用于对字符串进行加密解密，见表 9-7。

表 9-7　MySQL 加密函数

函数名称	作用
PASSWORD(str)	对字符串 str 进行加密，主要用来为用户的密码加密
MD5(str)	对字符串 str 进行加密，主要为普通的数据加密
ENCODE(str,pswd_str)	可以使用字符串 pswd_str 加密字符串 str。加密的结果是一个二进制数，必须使用 BLOB 类型的字段保存
DECODE(crypt_str,pswd_str)	可以使用字符串 pswd_str 为 crypt_str 解密。crypt_str 是通过 ENCODE(str,pswd_str)加密后的二进制数据，字符串 pswd_str 应该与加密时的字符串 pswd_str 相同

其他函数主要包括格式化函数和锁函数等，见表 9-8。

表 9-8　MySQL 其他函数

函数名称	作用
FORMAT(x,n)	对数字 x 进行格式化，将 x 保留到小数点后 n 位
ASCII(s)	返回字符串 s 的第一个字符的 ASCII 码
BIN(x)	返回 x 的二进制编码
HEX(x)	返回 x 的十六进制编码
OCT(x)	返回 x 的八进制编码
CONV(x,f1,f2)	将 x 从 f1 进制数变成 f2 进制数
GET_LOCT(name,time)	定义一个名称为 name、持续时间为 time 秒的锁。如果锁定成功，返回 1；如果尝试超时，则返回 0；如果遇到错误，则返回 NULL
RELEASE_LOCK(name)	解除名称为 name 的锁。如果解锁成功，则返回 1；如果尝试超时，则返回 0；如果解锁失败，则返回 NULL
BENCHMARK(count,expr)	将表达式 expr 重复执行 count 次，然后返回执行时间，该函数可以用来判断 MySQL 处理表达式的速度

9.1.2　创建函数

MySQL 自定义函数与存储过程类似，也需要在数据库中创建并保存。它与存储过程相同，都是由 SQL 语句和控制语句组成的代码片段，可以被应用程序和其他 SQL 语句调用。

创建 MySQL 自定义函数使用 CREATE　FUNCTION 命令，其基本语法命令格式如下。

```
DELIMITER  自定义结束符号
CREATE FUNCTION   函数名 ( [ 参数 1   类型 1 [，参数 2  类型 2] ] … )
RETURNS <返回值数据类型>
[函数选项]
BEGIN
函数体
RETURN <值>
END  自定义结束符号
DELIMITER;
```

说明如下。

- 自定义函数是数据库对象，创建自定义函数时，需要打开（选择）数据库，指定定义的函数隶属的数据库。
- DELIMITER 自定义结束符号：修改默认的命令结束符，例如可以是||或者$$（本节自定义结束符号用$$），函数以[END 定义结束符号]结束，[DELIMITER;]恢复默认的结束符为[;]。
- 函数名：在同一个数据库内，函数名不允许重名（包括系统函数名），不允许是关键字，建议在函数名中统一加前缀"fn_"或后缀"_fn"。
- 函数参数：无须使用 declare 命令定义参数，但仍然是局部变量，且必须指定数据类型。若函数无参数，则是空参数函数，使用空参数"()"即可。多个参数之间用"，"隔开。参数不能指定关键字 in、out 和 inout。
- 返回值类型：函数必须指定返回值数据类型，且必须与 return 语句中的返回值数据类型一致（字符串类型的长度可以不同）。

● [函数选项]：指定使用 SQL 语句的限制。函数选项由以下一项或多项组成。

```
language sql
| [not] deterministic
| {contains sql | no sql | reads sql data | modifies sql data}
sql security {definer | invoker}
comment '注释'
```

函数选项说明如下。

（1）第一个选项 language sql：默认选项，说明函数体使用 SQL 语言编写。

（2）第二个选项 deterministic（确定性）：用于防止"复制"时的不一致性。如果函数总是对相同的输入参数产生相同的结果，则被认为是"确定的"，否则就是"不确定的"，默认是 not deterministic。

（3）第三个选项包括四种选择，不选或只能选一项。

● CONTAINS SQL（默认值）：表示子程序包含 SQL 语句，但不包含读数据或者写数据的语句。

● NO SQL：表示子程序不包含 SQL。

● READS SQL DATA：表示子程序包含读数据的语句，但不包含写数据的语句。

● MODIFIES SQL DATA：表示子程序包含写数据的语句。contains sql 是默认选项，表示函数体中不包含读或写数据的语句（如 set 命令）。

（4）第四个选项 sql security：用于指定函数的执行许可。

● definer：默认选项，表示该函数只能由创建者调用。

● invoker：表示该函数可以被其他数据库用户调用。

（5）第五个选项 comment：为函数添加功能说明等注释信息。

函数体：所有在存储过程中使用的 SQL 语句在自定义函数中同样适用，包括前面介绍的局部变量、SET 语句、流程控制语句、游标等。除此之外，自定义函数体还必须包含一个 RETURN <值>语句，其中<值>用于指定自定义函数的返回值。

注意：当 RETURN <值>语句中包含 SELECT 语句时，SELECT 语句的返回结果只能是一行且只能有一列值。

9.1.3　调用函数

成功创建自定义函数后，可以像调用系统内置函数一样，使用关键字 SELECT 调用用户自定义的函数，语法格式如下。

```
SELECT <自定义函数名>([<参数>[,...]])
```

说明如下。

（1）如果自定义函数有参数，则需要传入参数，并且参数的数量和数据类型需要与定义函数时保持一致。

（2）空参数函数不需要传递参数，但是函数名后的()不能省略。

例如：

```
select sname_fn('2206030636');
```

9.1.4　查看函数

想要查看数据库中的自定义函数，可以用以下三种方法。

1. 查看函数详细定义语句

查看某个自定义函数的详细信息，可以使用如下语句。

```
SHOW CREATE FUNCTION 函数名;
```

说明如下。

- 需要先选择或打开函数所在的数据库。
- 建议结尾符使用\G。
- 可以查看详细的函数定义语句。

2. 查看函数的状态

查看数据库所有自定义函数的状态信息，可以使用如下语法格式。

```
SHOW FUNCTION STATUS [WHERE db='数据库名'] | [LIKE <模式>];
```

说明如下。

- 查看数据库中自定义函数的状态信息，包括函数名、创建时间、字符集、函数执行许可等，但不包括函数定义语句。
- 查看时，不用先选择或打开函数所在的数据库。
- SHOW FUNCTION STATUS;：查看的当前 MySQL 中所有数据库中的所有自定义函数。
- SHOW FUNCTION STATUS WHERE db='数据库名';：查看指定数据库中的所有自定义函数信息。
- SHOW FUNCTION STATUS LIKE <模式>;：在所有数据库中模糊查询自定义函数。

3. 通过系统表查看函数信息

MySQL 8.0 的存储过程和函数的信息都保存在 information_schema 数据库中的 routines 表中，可以通过查询该表的记录来查询存储过程和函数的信息。其基本语法格式如下。

```
SELECT * FROM information_schema.Routines where ROUTINE_NAME='函数名';
```

说明：查看某个具体函数的信息

```
SELECT * FROM information_schema.Routines WHERE ROUTINE_TYPE= 'FUNCTION';
```

说明：查看所有数据库中的所有函数信息。

9.1.5 修改函数

由于函数保存的只是函数体，而函数体实际上是一些 MySQL 表达式，因此函数自身不保存任何用户数据。当需要更改函数的函数体时，可以先使用 DROP FUNCTION 语句暂时删除函数的定义，再使用 CREATE FUNCTION 语句重新创建相同名字的函数。

9.1.6 删除函数

创建自定义函数后，一直保存在数据库服务器上以供使用，直至被删除。删除自定义函数的方法与删除存储过程的方法基本相同，可以使用 DROP FUNCTION 语句实现。

语法格式如下。

```
DROP FUNCTION [ IF EXISTS ] <自定义函数名>
```

语法说明如下。

- <自定义函数名>：指定要删除的自定义函数的名称。
- IF EXISTS：指定关键字，用于防止因误删除不存在的自定义函数而引发错误。
- 删除函数时，函数名后不带()。

多学一招：自定义函数与存储过程之间存在如下区别。

● 自定义函数不能拥有输出参数，因为自定义函数自身就是输出参数；而存储过程可以拥有输出参数。

● 自定义函数中必须包含一条 RETURN 语句，而这条特殊的 SQL 语句不允许包含在存储过程中。

● 可以直接调用自定义函数而不需要使用 CALL 语句，而对存储过程的调用需要使用 CALL 语句。

自定义函数概念及
创建修改调用

任务实施

MySQL 数据库功能丰富的系统函数无须定义直接使用，自定义函数在"学生选课系统"数据库 choose 中创建。

1. 常用系统函数的应用案例

（1）数学函数。

【例 9-1】绝对值平方根函数：求 5、-2.4、-24、0 的绝对值和 25、120、-9 的二次平方根。输入的 SQL 语句和执行结果如图 9-1 所示。

图 9-1　执行结果

【例 9-2】向上向下取整函数：求小于 5.66、-4、-4.66 的最大整数和大于 5.66、-4、-4.66 的最小整数。输入的 SQL 语句和执行结果如图 9-2 所示。

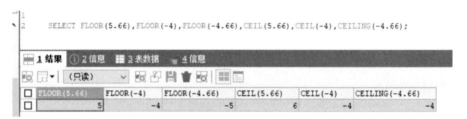

图 9-2　执行结果

【例 9-3】四舍五入函数 round(x,y)：返回对参数 x 进行四舍五入的结果，保留小数点后面指定的 y 位。本案例对-6.6、3.336 这两个数进行四舍五入，y 值分别为取消、1、-1 三种情况。取消 y 值表示对参数 x 的整数部分四舍五入，没有小数；y 值为 1 返回对参数 x 保留 1 位小数的四舍五入结果，y 值为-1 表示对参数 x 的十位数进行四舍五入，个位数为 0。SQL 语句执行结果如图 9-3 所示。

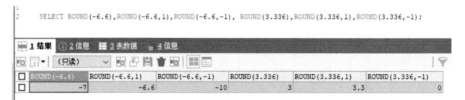

图 9-3　执行结果

【例 9-4】随机函数 RAND()：求 rand()和 rand(1)运行结果的不同，执行结果如图 9-4 所示。

```
SELECT RAND(1),RAND(),RAND(),RAND(1);
```

图 9-4 执行结果

两个 rand(1)产生了重复随机数，两个 rand()产生的随机数不同。

当使用整数作为参数调用时，RAND()使用该值作为随机数的种子发生器。每次种子使用给定值生成，RAND()将产生一个可重复的系列数字。

（2）字符串函数。

【例 9-5】计算字符串"MySql 数据库"的长度，执行结果如图 9-5 所示。

图 9-5 执行结果

从执行结果可以看到，一个汉字占 3 个字节，一个英文字符占 1 个字节。

【例 9-6】使用 CONCAT 函数连接多个字符串，执行结果如图 9-6 所示。

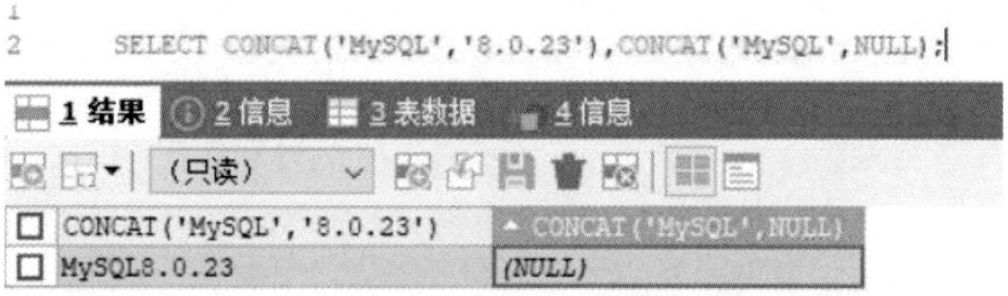

图 9-6 执行结果

从执行结果可知，CONCAT('MySQL','8.0.23')返回两个字符串连接后的字符串；CONCAT('MySQL',NULL)中一个参数为 NULL，因此返回结果为 NULL。

【例 9-7】使用 INSERT 函数和使用 REPLACE 函数进行字符串替换操作，区别格式的不同之处。执行结果如图 9-7 所示。

图 9-7 执行结果

从执行结果可以看出，INSERT('Football',2,4,'Play') 将"Football"从第 2 个字符开始长度为 4 的字符串替换为 Play，结果为"FPlayall"。

使用 REPLACE('aaa.mysql.com','a','w') 将"aaa.mysql.com"字符串的"a"字符替换为"w"字符，结果为"www.mysql.com"。

【例 9-8】使用 SUBSTR 和 SUBSTRING 函数获取指定位置处的子字符串，执行结果如图 9-8 所示。

```
SELECT SUBSTR('computer',3) AS col1,
       SUBSTR('computer',3,4) AS col2,
        SUBSTRING('computer',-3) AS col3,
        SUBSTRING('computer',-5,3) AS col4;
```

col1	col2	col3	col4
mputer	mput	ter	put

图 9-8　执行结果

SUBSTR('computer',3)返回从第 3 个位置开始到字符串结尾的子字符串，结果为"mputer"。

SUBSTR('computer',3,4)返回从第 3 个位置开始长度为 4 的子字符串，结果为"mput"。

SUBSTRING(computer,-3)返回从倒数第 3 个位置到字符串结尾的子字符串，结果为"ter"。

SUBSTRING(computer,-5,3)返回从倒数第 5 个位置开始长度为 3 的子字符串，结果为"put"。

（3）日期函数。

【例 9-9】使用 now()函数、curdate()函数、curtime()函数显示当前的日期和时间，执行结果如图 9-9 所示。

```
SELECT CURDATE(), NOW(),CURTIME();
```

CURDATE()	NOW()	CURTIME()
2023-03-19	2023-03-19 16:26:32	16:26:32

图 9-9　执行结果

【例 9-10】分别返回当前的年、月、日、星期。执行结果如图 9-10 所示。

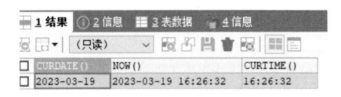

```
SELECT YEAR(NOW()),MONTH(NOW()),DAY(NOW()),WEEKDAY(NOW());
```

year(now())	month(NOW())	day(NOW())	weekday(NOW())
2023	3	19	6

图 9-10　执行结果

（4）流程控制函数。

【例 9-11】使用 IF(expr,v1,v2)函数根据 expr 表达式结果返回相应值。执行结果如图 9-11 所示。

图 9-11　执行结果

由执行结果可以看出，在 c1 中，若表达式 1<2 得到的结果是 TRUE，则返回结果为 v1，即数值 1。

在 c2 中，若表达式 1>5 得到的结果是 FALSE，则返回结果为 v2，即字符串'错'。

在 c3 中，先用 STRCMP(s1,s2)函数比较两个字符串的大小，字符串'abc'和'ab'比较结果的返回值为 1，也就是表达式 expr 的返回结果不等于 0 且不等于 NULL，则返回值为 v1，即字符串'yes'。

【例 9-12】使用 IFNULL(v1,v2)函数根据 v1 的取值返回相应值。执行结果如图 9-12 所示。

图 9-12　执行结果

由执行结果可以看出，IFNULL(v1,v2)函数中的参数 v1=5、v2=8，都不为空，即 v1=5 不为空，返回 v1 的值为 5；当 v1=NULL 时，返回 v2 的值，即字符串'OK'；当 v1=SQRT(-8) 时，SQRT(-8)函数的返回值为 NULL，即 v1=NULL，所以返回 v2 为字符串'false'。

（5）系统信息函数。

【例 9-13】查询当前数据库名称、MySQL 版本、用户信息。执行结果如图 9-13 所示。

图 9-13　执行结果

2. 创建、查看、修改、删除自定义函数

（1）创建并调用自定义函数。

【例 9-14】创建一个函数"get_sum_fn()"，计算 1+2+3+…+n 的和。

该案例用存储过程编写过，用函数编写更加符合程序设计的要求，定义函数和执行函数的语句和执行结果如图 9-14 所示。

```
 2    #定义函数get_sum_fn, 实现计算s=1+2+3+...+n的和
 3    DELIMITER $$
 4
 5    CREATE  FUNCTION get_sum_fn(n INT)
 6    RETURNS INT
 7        NO SQL
 8  BEGIN
 9    DECLARE SUM INT DEFAULT 0;
10    DECLARE START INT DEFAULT 1;
11  WHILE START<=n DO
12    SET START = START + 1;
13    SET SUM = SUM + START;
14   END WHILE;
15    RETURN SUM;
16   END$$
17    DELIMITER ;
18    #调用函数get_sum_fn, 返回求和的值
19    SELECT get_sum_fn(10),get_sum_fn(100);
```

get_sum_fn(10)	get_sum_fn(100)
65	5150

图 9-14　执行结果

说明如下。

● 函数选项为"no sql"，因为函数体内不包括 SQL 语句。

● 创建函数后，可以用 select 函数名（参数）的格式调用，本例调用了两次 get_sum_fn()
函数。

【例 9-15】创建 get_week_fn()函数，使该函数根据服务器的系统时间打印星期。执行
结果如图 9-15 所示。

```
 1    #定义函数, 根据数字返回星期
 2    DELIMITER $$
 3
 4    CREATE  FUNCTION get_week_fn(week_no INT)
 5    RETURNS CHAR(20) CHARSET gbk
 6        NO SQL
 7  BEGIN
 8    DECLARE WEEK CHAR(20);
 9  CASE week_no
10    WHEN 0 THEN SET WEEK = '星期一';
11    WHEN 1 THEN SET WEEK = '星期二';
12    WHEN 2 THEN SET WEEK = '星期三';
13    WHEN 3 THEN SET WEEK = '星期四';
14    WHEN 4 THEN SET WEEK = '星期五';
15    ELSE SET WEEK = '今天休息';
16   END CASE;
17    RETURN WEEK;
18   END$$
19
20    DELIMITER ;
21
22    #执行函数get_week_fn()
23    SELECT get_week_fn(WEEKDAY(NOW()));
```

get_week_fn(weekday(now()))
今天休息

图 9-15　执行结果

说明：MySQL 中的 case 语句与 C 语言、Java 语言等高级程序设计语言的不同，不需
要在每个 case 语句的分支后使用 leave 语句跳出。

【例 9-16】在"学生选课系统"中创建函数"get_choose_number_fn()"，以实现根据
学生学号返回选修课程。

choose 表中存储的是学生选课的数据，包括 choose_no、student_no、course_no、score、
choose_time 字段，在函数体中需要用到 select 语句。

choose 表中的数据如图 9-16 所示。

图 9-16　choose 表中的数据

定义函数和执行函数的语句和执行结果如图 9-17 所示。

```
2      #定义函数
3      DELIMITER $$
4
5      CREATE FUNCTION get_choose_number_fn(student_no1 INT)
6      RETURNS INT
7          READS SQL DATA
8    □BEGIN
9       DECLARE choose_number INT;
10      SELECT COUNT(*) INTO choose_number FROM choose WHERE student_no=student_no1;
11      RETURN choose_number;
12     └END$$
13
14     DELIMITER ;
15     #执行函数get_choose_number_fn
16     SELECT get_choose_number_fn(2022001);
17
```

图 9-17　执行结果

说明如下。

- 此函数选项设置为 read sql data，因为 get_choose_number_fn()函数中存在一条 select 语句。
- 自定义函数的函数体使用 select 语句时，该 select 语句不能产生结果集，否则将产生编译错误。
- 当将查询结果集赋予局部变量或者会话变量时，必须保证结果集中的记录为单行，否则将出现 ERROR 1172(42000):Result consisted of more than one row 错误信息。

（2）查看、修改、删除函数。

【例 9-17】查看 get_choose_number_fn()函数的定义信息。

查看语句如下。

SHOW CREATE FUNCTION get_choose_number_fn;

执行结果如图 9-18 所示。

```
1   #查看函数的定义信息
2   USE choose;
3   SHOW CREATE FUNCTION get_choose_number_fn;
```

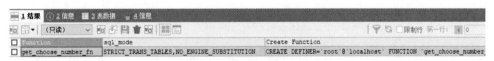

图 9-18　执行结果

【例 9-18】查看当前数据库中的所有自定义函数信息。

SQL 语句如下。

情形 1：查看当前数据库中的所有自定义函数信息。

SHOW FUNCTION STATUS;

情形 2：查看数据库 choose 中的所有自定义函数信息。

SHOW FUNCTION STATUS WHERE db='choose';

情形 3：查看数据库 choose 中的所有名字中带 fn 的自定义函数信息。

SHOW FUNCTION STATUS LIKE '%sum%';

依次执行三种情形，情形 3 的执行结果如图 9-19 所示。

图 9-19　情形 3 的执行结果

【例 9-19】通过系统表 information_schema.Routines 查看数据库中所有函数信息。SQL 语句如下。

SELECT * FROM information_schema.Routines WHERE ROUTINE_TYPE='FUNCTION';

执行结果如图 9-20 所示。

图 9-20　执行结果

【例 9-20】修改 get_sum_fn()函数，以计算偶数和。

修改函数的方法是先删除函数，再定义函数，代码如图 9-21 所示。

```
1
2    USE choose;
3    DROP FUNCTION IF EXISTS get_sum_fn;
4    DELIMITER $$
5    CREATE  FUNCTION get_sum_fn(n INT)
6    RETURNS INT
7        NO SQL
8  ⊟BEGIN
9    DECLARE SUM INT DEFAULT 0;
10   DECLARE START INT DEFAULT 1;
11 ⊟WHILE START<=n DO
12   SET START = START + 1;
13   IF (START %2=0)THEN
14   SET SUM = SUM + START;
15   END IF;
16  END WHILE;
17   RETURN SUM;
18  END$$
19
20    DELIMITER ;
21
22    SELECT get_sum_fn(100) ;
```

get_sum_fn(100)
2550

图 9-21　修改函数的代码

第 3 行代码 DROP FUNCTION IF EXISTS get_sum_fn;用来删除函数 get_sum_fn,第 4~
20 行代码用于重新创建函数 get_sum_fn(), 第 22 代码行用于执行新的函数。

9.2　触　发　器

任务描述

在实际开发中，经常会遇到如下情况：有多个相互关联的表，如"学生选课系统"中的选课表和课程表分别存放在两个数据表中，当我们在选课表中添加一条新学生选课记录时，为了保证数据的完整性，必须同时在课程表中修改该课程的可选人数（减少一名学生）。

我们需要把这两个关联的操作步骤写到程序中，而且要用事务包裹起来，确保这两个操作成为一个原子操作，要么全部执行，要么全部不执行。要是遇到特殊情况，可能还需要手动维护数据，这样就很容易忘记其中的一步，导致数据缺失。

此时可以使用触发器。我们可以创建一个触发器，让学生选课表信息数据的插入操作自动触发课程表数据的更新操作，不用担心因为忘记更新课程数据而导致数据不一致了。

任务要求

当触发事件发生时，触发程序自动运行。我们要透彻理解触发器的运行原理，掌握触发器的创建方法，查看触发器，使用触发器解决实际应用问题，删除触发器的方法。事情都有两面性，虽然使用触发器优势明显，但也要明白触发器的限制和注意事项。

知识链接

触发器（TRIGGER）的原理是由事件（包括 insert 语句、update 语句和 delete 语句）触发某个操作。当数据库系统执行这些事件时，激活触发器，执行相应的操作。

9.2.1　触发器概述

1. 触发器简介

触发器是与表有关的数据库对象，满足触发器的触发条件时，数据库系统执行触发器中定义的程序语句。触发器主要用于监视某个表的 insert、update 和 delete 等事件操作，这些事件可以分别激活该表的 insert、update 和 delete 类型的触发程序运行，以触发某种特定操作。简单地说，触发器是存储 SQL 过程的一种特殊形式，即一张表发生了某件事（插入、删除、更新操作），然后自动触发预先编写好的若干条 SQL 语句的执行。

在 MySQL 数据库中，触发器是由事件驱动的专用过程，由 DBMS 存储和管理。触发事件的操作和触发器里的 SQL 语句是一个事务操作，具有原子性，要么全部执行，要么都不执行。MySQL 触发器能够有效保证数据的完整性，起到对数据约束的作用。

例如，当学生表中增加一条学生信息时，学生的总数必须同时改变。可以创建一个触发器，每次增加一个学生的记录，就执行一次计算学生总数的操作，可以保证每次增加学生的记录后，学生总数与记录数一致。当然触发器不仅能进行插入操作，还能进行修改和删除操作。触发器触发的执行语句可能只有一个，也可能有多个。

2. MySQL 触发器的优点
- 触发器提供了检查数据完整性的替代方法。

- 触发器可以捕获数据库层中的业务逻辑错误。
- 触发器提供了运行计划任务的另一种方法。使用 SQL 触发器，不必等待执行计划的任务，因为在对表中的数据进行更改之前或之后自动调用触发器。
- 触发器对审核表中数据的更改非常有用。

3. MySQL 触发器的缺点

- 触发器只能提供扩展验证，并且无法替换所有验证。一些简单的验证必须在应用层完成。例如，可以使用 JavaScript 或服务器端使用服务器端脚本语言（如 JSP、PHP、ASP.NET、Perl 等）来验证客户端的用户输入。
- 由于从客户端应用程序调用和执行 SQL 触发器不可见，因此很难弄清数据库层中发生的情况。
- 触发器可能会增加数据库服务器的开销。

9.2.2　创建触发器

触发程序是与表有关的命名数据库对象，当表上出现特定事件时，激活该对象。

1. 创建只有一条执行语句的触发器

语法结构如下。

```
CREATE TRIGGER 触发器名称 触发时机 触发事件 ON 表名 FOR EACH ROW 触发器执行语句
```

说明如下。

- 触发器是数据库对象，创建触发器时，需要打开（或选择）数据库，指明创建的触发器隶属于哪个数据库。
- 触发器名称：因为触发器在单表的命名空间内，所以同一个表的触发器名称不能相同。不同表可以有相同的触发器名称，建议在触发器名中统一加前缀"trigger_"或后缀"_trigger"。
- 触发时机，为 BEFORE（事件发生前执行）或者 AFTER（事件发生后执行）。
- 触发事件，为 INSERT、DELETE 或者 UPDATE。
- 表名：在哪张表上建立触发器。
- 触发器执行语句：一条 SQL 语句。
- 由于每个表的每个事件每次都只允许一个触发器，因此每个表最多支持 6 个触发器：BEFORE INSERT、BEFORE DELETE、BEFORE UPDATE、AFTER INSERT、AFTER DELETE、AFTER UPDATE。

2. 创建有多个执行语句的触发器

语法结构如下。

```
DELIMITER 自定义结束符号
CREATE TRIGGER 触发器名称 触发时机 触发事件 ON 表名
FOR EACH ROW
BEGIN
多条触发器执行语句
END 自定义结束符号
DELIMITER;
```

说明如下。

- 当触发器有至少一条执行语句时，执行多条语句需要用 BEGIN 和 END 包裹，分别表示整个代码块的开始和结束，用分号隔开不同语句。
- 一般情况下，MySQL 默认以;作为结束执行符号，与多条触发器执行语句中需要

分行起冲突。为解决此问题，可用 DELIMITER，如 DELIMITER ||或 DELIMITER
$$，可以将结束符号变成||，触发器创建完成后，可以用[DELIMITER;]将结束符
号变成[;]。

● 触发事件指明触发器的类型，如图 9-22 所示

触发器类型	激活触发器的语句
INSERT型触发器	INSERT,LOAD DATA,REPLACE
UPDATE型触发器	UPDATE
DELETE型触发器	DELETE,REPLACE

图 9-22　触发器事件指明触发器的类型

除常用的 INSERT、DELETE 或者 UPDATE 三种事件外，LOAD DATA 语句是将文件
的内容插入表，相当于 INSERT 语句，而 REPLACE 语句在一般情况下与 INSERT 差不多。
但是如果表中存在 PRIMARY 或者 UNIQUE 索引，插入的数据与原来的 PRIMARY KEY 或
者 UNIQUE 相同，则删除原来的数据，然后增加一条新的数据，所以有时执行一条
REPLACE 语句相当于执行一条 DELETE 和 INSERT 语句。

9.2.3　查看触发器

想要查看数据库中创建的触发器，可以使用以下三种方法。
方式 1：查看当前数据库的所有触发器的定义。

SHOW TRIGGERS;

说明如下。
● SHOW TRIGGERS 命令后添加\G，显示信息比较有条理。
● 由该语句的运行结果可以看到当前创建的所有触发器的基本，比如触发器的名称、
　激活触发器的事件、激活触发器的操作对象表、触发器执行的操作、触发器触发
　的时间、触发器的创建时间、SQL 的模式、触发器的定义账户和字符集。
● 因为该语句无法查询指定的触发器，所以在触发器较少的情况下使用该语句很方
　便。当要查看特定触发器的信息或者数据库中触发器较多时，可以用"SHOW
　TRIGGERS LIKE 模式\G"命令查看与模式模糊匹配的触发器信息。
方式 2：查看当前数据库中某个触发器的定义。

SHOW CREATE TRIGGER 触发器名

方式 3：从系统库 information_schema 的 TRIGGERS 表中查询触发器的信息。
MySQL 中所有触发器的定义都存放在 information_schema 数据库下的 triggers 表中，
查询 triggers 表可以查看数据库所有的触发器的详细信息，语句如下。

SELECT * FROM information_schema.TRIGGERS　[WHERE trigger_name= '触发器名'];

可以不指定触发器名称，这样将查看所有的触发器，SQL 语句如下。

SELECT * FROM information_schema.triggers \G

9.2.4　使用触发器

触发器针对的是数据库中的所有记录，每行数据在操作前后都会有一个对应的状态，
触发器将操作之前的状态保存到 OLD 关键字中，将操作后的状态保存到 NEW 中，如图 9-23
所示。

触发器类型	NEW和OLD的使用
INSERT型触发器	NEW表示将要或者已经增加的数据
UPDATE型触发器	OLD用来表示将要或者已经被删除的语句,NEW表示将要或者已经修改的数据
DELETE型触发器	OLD表示将要或者已经被删除的数据

图 9-23   NEW 和 OLD 的使用

可以采用以下格式来使用相应的数据。

NEW.columnname:新增行的某列数据。

OLD.columnname:删除行的某列数据。

下面通过简单的案例演示使用触发器的方法。

1. 数据库准备

在数据库 choose 中新建一个 account2 表,表中有两个字段,分别为 act_num 字段(定义为 int 类型)和 amount 字段(定义为浮点类型)。

```
USE choose;
CREATE TABLE account2(
act_num INT,
amount DECIMAL(10,2)
);
```

2. 编写触发器

创建一个名为 ins_sum_trigger 的触发器,触发的条件是向数据表 account2 插入数据前,对新插入的 amount 字段值进行求和计算。

```
CREATE TRIGGER ins_sum_trigger BEFORE INSERT ON account2
FOR EACH ROW    SET @sum=@sum+new.amount;
```

触发器 ins_sum_trigger 的触发时机是 BEFORE,触发事件是 INSERT,触发表是 account2,对表 account2 执行 INSERT 操作前,触发执行语句 SET @sum=@sum+new.amount,new.amount 指的是新插入的 account2 表记录的 amount 数据。

3. 执行 insert 事件,查看触发器结果

执行下面的语句。

```
SET @sum = 0;
INSERT INTO account2 VALUES(1,1.00),(2,2.00);
SELECT @sum;                                   #结果为 3.00
```

定义用户会话变量@sum,赋初值为 0,当向 account2 表中插入新数据时,激活触发器 ins_sum_trigger,先执行 SET @sum=@sum+new.amount 语句,再插入记录,将新数据中的 amount 字段值加到变量@sum 上。

new.amount 是指每次插入的 amount 字段的值,在该案例中插入了两条记录,amount 字段的值分别是 1.00 和 2.00,最后的结果就是对这两个字段值进行求和计算。

SELECT @sum 输出的结果为 3.00。

9.2.5   删除触发器

删除触发器的方法与删除存储过程和自定义函数的方法基本相同,可以使用 DROP 语句实现。语法格式如下。

```
DROP TRIGGER [ IF EXISTS ] <触发器名>;
```

如果只指定触发器名称，则数据库系统在当前数据库查找该触发器。如果找到，就删除。如果指定数据库，则数据库系统到指定的数据库查找触发器。例如，job.worker_trigger 表示 job 数据库下的触发器 worker_trigger。

注意：当不再需要某个触发器时，一定要删除这个触发器。如果没有删除这个触发器，那么每次执行触发器事件时，都会执行触发器中的执行语句。执行语句会对数据库中的数据进行某些操作，造成数据变化。因此，一定要删除不需要的触发器。

触发器的概念及
创建使用和删除

任务实施

下面用实际案例演示创建、查看和删除触发器的方法。

【例 9-21】使用触发器自动维护"学生选课系统"数据库 choose 中课程表 course 中的 available 字段值，该字段值代表该课程剩余的学生名额。当某名学生选修了某课程时，该课程 available 的字段值应该执行减一操作；当某名学生放弃选修某课程时，该课程 available 的字段值应该执行加一操作。

1. 数据准备

使用"学生选课系统"choose 数据库中的选课表 choose 表和课程表 course 表，它们在执行触发器之前的表结构和数据分别如图 9-24 和图 9-25 所示。

choose_no	student_no	course_no	score	choose_time
1	2022001	2	40	2023-03-19 22:02:08
2	2022001	1	50	2023-03-19 22:02:08
3	2022002	1	60	2023-03-19 22:02:09
4	2022002	2	70	2023-03-19 22:02:08
5	2022003	1	80	2023-03-19 22:02:08
6	2022004	2	90	2023-03-19 22:02:08
7	2022005	3	(NULL)	2023-03-19 22:02:08
8	2022005	1	(NULL)	2023-03-19 22:02:08
9	2022001	3	(NULL)	2023-03-20 12:29:03
10	2022002	3	(NULL)	2023-03-20 12:30:04
18	2022003	2	(NULL)	2023-03-19 22:02:09

图 9-24　选课表 choose 的原始数据

course_no	course_name	up_limit	description		status	teache...	available
1	Java语言程序设计	60	H4A H61 H7...	177B	已审核	001	56
2	MySQL数据库	150	H4D H79 H5...	261B	已审核	002	146
3	C语言程序设计	230	H43 HD3EF ...	231B	已审核	003	227
6	PHP程序设计	60	H50 H48 H5...	173B	已审核	004	60
(Auto)	(NULL)	60	(NULL)		0K	(NULL)	0
*					未审核		

图 9-25　课程表 course 的原始数据

目前课程号 course_no 为 6 的课程还没有学生选修，可选修人数为 60。

2. 创建触发器

（1）创建触发器 choose_insert_before_trigger，当某名学生选修某课程时，触发器激活实现让该课程 available 的字段值执行减一操作。触发器创建语句如下。

```
DELIMITER $$
CREATE TRIGGER 'choose_insert_before_trigger' BEFORE INSERT ON 'choose'
    FOR EACH ROW
```

```
BEGIN
UPDATE course SET available=available-1 WHERE course_no=new.course_no;
END; $$
DELIMITER ;
```

对 choose 执行 INSERT 添加操作，激活触发器 choose_insert_before_trigger，通过新添加选修记录的课程号 new.course_no 找到 course 表中对应的课程，执行 update 更新操作，对该课程的 available 字段进行减一操作。

（2）创建触发器 choose_delete_before_trigger，当某名学生放弃某课程时，触发器激活，实现对该课程 available 的字段值进行加一操作。触发器创建语句如下。

```
DELIMITER $$
CREATE TRIGGER 'choose_delete_before_trigger' BEFORE DELETE ON 'choose'
    FOR EACH ROW
BEGIN
UPDATE course SET available=available+1 WHERE course_no=old.course_no;
END;  $$
DELIMITER ;
```

old.course_no 表示要放弃选修的课程号。

3. 对选修表 choose 执行增加和删除操作，观察 course 表中 available 字段值的变化

执行两条 INSERT 语句后，course 表中的数据变化如图 9-26 所示。

图 9-26　course 表中的数据变化

删除一条 DELETE 语句后，course 表中数据变化如图 9-27 所示。

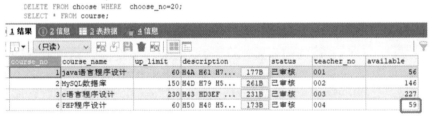

图 9-27　course 表中的数据变化

4. 查看数据库中的触发器

语句 1：查看数据库中所有的触发器信息，执行结果如图 9-28 所示。

SHOW TRIGGERS;

图 9-28　执行结果

语句 2：查看数据库中的触发器 choose_delete_before_trigger 的详细信息，执行结果如图 9-29 所示。

```
SELECT * FROM information_schema.triggers WHERE trigger_name = 'choose_delete_before_trigger' ;
```

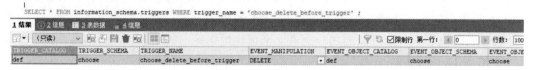

图 9-29 执行结果

语句 3：用下面的语句也可以查看数据库中的触发器 choose_delete_before_trigger 的详细信息。

```
SHOW CREATE TRIGGER choose_delete_before_trigger;
```

5．删除触发器

触发器不能修改，只能删除，一定要删除不用的触发器。

删除触发器 ins_sum_trigger 的语句如下。

```
DROP TRIGGER ins_sum_trigger;
```

9.3 事 件

任务描述

实习生海龙在管理数据库的过程中，每周日下午 5:00 都要优化数据库表，每个月末都清理一次日志，每天下午下班前要归档数据，这些重复的工作有固定的间隔时间，每次做都要花费一定的时间，有时还会忘记。实习生海龙想 MySQL 数据库中能不能像操作系统的计划任务一样，安排好时间和任务，时间到了就自动启动执行优化数据库表、清理日志、归档数据呢？

其实 MySQL 数据库中有类似计划任务的功能，即事件，事件是用来执行定时任务的一组 SQL 集，时间到时触发。将复杂的 SQL 语句使用存储过程封装好，然后周期性地调用存储过程完成一定的任务。

任务要求

对于每隔一段时间就有固定需求的操作，如创建表、删除数据等，可以使用事件 EVENT 来处理。作为数据库管理人员，要理解事件的概念，掌握事件的创建语句格式，能对数据库中的事件进行查看、删除等操作。做到精益求精，使自己的数据库管理水平更扎实。

知识链接

事件是用来执行定时任务的一组 SQL 集，时间到时触发。一个事件可调用一次，也可周期性启动，由一个特定的事件调度器线程管理。

事件取代了原先只能由操作系统的计划任务执行的工作，而且 MySQL 的事件调度器可以精确到每秒执行一个任务，而操作系统的计划任务（如 Linux 下的 CRON 或 Windows 下的任务计划）只能精确到每分钟执行一次。

9.3.1　事件概述

1. 事件简介

由于 MySQL 事件是根据指定时间表执行的任务，因此 MySQL 事件称为计划事件。MySQL 事件是包含一个或多个 SQL 语句的命名对象。它们存储在数据库中，并以一个或多个时间间隔执行。例如可以创建一个事件来优化数据库中的所有表，该事件在每个星期日的 5:00 AM 运行。

MySQL 事件也称"时间触发器"，因为它们是由时间触发的，而不是由 DML 事件（如常规触发器）触发的。MySQL 事件在许多情况下非常有用，如优化数据库表、清理日志、归档数据或在非高峰时间生成复杂的报告。

简单理解，事件的代码相当于操作者规定一个定时任务，然后按时运行任务。事件代码包括两部分：一是安排日程，二是运行内容。

2. 事件的优点

- 对数据的定时性操作不再依赖外部程序，而直接使用数据库本身提供的功能。
- 可以实现每秒执行一个任务，在一些对实时性要求较高的环境下非常实用。
- 事件比较好的应用是做周期性的维护任务、重建缓存、数据统计、保存监测和诊断的状态值等任务。

3. 事件的缺点

- 定时触发，不可以调用。
- 事件增加了 MySQL 服务端的额外工作。虽然事件本身的负荷很小，但是事件调用的 SQL 语句可能对性能产生严重的影响。

9.3.2　创建事件

事件就是一个与计划相关联的存储程序，计划会定义事件执行的时间和次数，并且定义事件强行退出（如处理无人值守的系统管理任务、报告定期更新、旧数据过期清理、日志表轮换等）的时间。事件的创建语句格式如下。

```
[DELIMITER 自定义结束符号]
CREATE  EVENT  [IF NOT EXISTS] 事件名
ON SCHEDULE   计划任务调度规则
[ON COMPLETION [NOT] PRESERVE]
[ENABLE | DISABLE | DISABLE ON SLAVE]
[COMMENT 'comment']
DO
[BEGIN]
事件体语句
[END] 自定义结束符号
[DELIMITER ;]
```

说明如下。

- 事件名：事件名称在数据库模式中必须是唯一的。
- ON SCHEDULE 计划任务调度规则：计划任务后面的调度规则，规定事件的执行时间与执行规则。决定 EVENT 的执行时间和频率（时间必须是将来的时间，使用过去的时间会出错），有 AT 和 EVERY 两种形式，即一次性事件或重复事件。
  - ➢ 如果事件是一次性事件，则使用语法 AT timestamp [+ INTERVAL]。

> 如果事件是重复循环事件，则使用 EVERY　子句 EVERY interval STARTS timestamp [+INTERVAL] ENDS timestamp [+INTERVAL]。

> 时间戳可以是任意 TIMESTAMP 和 DATETIME 数据类型，时间戳需要大于当前时间。

> 在重复的计划任务中，时间（单位）的数量可以是任意非空（Not Null）的整数式，时间单位是关键词 YEAR、MONTH、DAY、HOUR、MINUTE 或者 SECOND。

> AT timestamp 一般用于只执行一次，一般可以使用当前时间加上延后的一段时间，例如 AT CURRENT_TIMESTAMP + INTERVAL 1 HOUR 表示从现在开始 1 个小时后；也可以定义一个时间常量，例如：AT '2023-05-10 23:59:00'; EVERY interval 一般用于周期性执行，可以设定开始时间和结束时间。

- ON COMPLETION [NOT] PRESERVE：事件到期后的操作，默认事件到期后自动删除。如果想保留事件，则使用 ON COMPLETION PRESERVE；如果不想保留事件，则设置 ON COMPLETION NOT PRESERVE。

- [ENABLE | DISABLE]：参数 Enable 和 Disable 表示设定事件的状态。Enable 表示系统将执行事件，Disable 表示系统不执行事件。

- [COMMENT 'comment']：增加注释，注释会出现在元数据中，存储在 information_schema 表的 COMMENT 列，最大长度为 64 个字节。'comment'表示将注释内容放在单引号之间，建议使用注释以表达更全面的信息。

- 事件体语句：事件体，可以是单行 SQL 语法，或是 BEGIN…END 语句块，或是存储过程，放在 DO 关键字之后。

9.3.3　查看事件

一个事件可以是活动（打开）的或停止（关闭）的，活动意味着事件调度器检查事件动作是否必须调用，停止意味着事件的声明存储在目录中，但调度器不会检查它是否应该调用。

创建一个事件后，它立即变为活动的，一个活动的事件可以执行一次或者多次。

1. 开启/关闭事件调度器

MySQL 默认关闭事件调度器。

- 先查看事件调度器是否开启。

```
SHOW GLOBAL VARIABLES LIKE '%event_scheduler%';
```

如果开启，则 event_scheduler 的值为 ON；如果关闭，则值为 OFF。

如果未启用事件调度程序，则可以将 event_scheduler 系统变量设置为启用并启动它。

```
SET GLOBAL event_scheduler = ON;
```

并在 MySQL 的 my.cnf 配置文件中修改。

```
event_scheduler = ON
```

要禁用和停止事件调度程序线程，将 event_scheduler 系统变量设置为 OFF。

查看事件调度程序线程的状态：

```
SHOW PROCESSLIST;
```

2. 查看当前数据库中的所有事件

```
SHOW EVENTS;
```

3. 通过 information_schema 数据库中的 events 表查看事件

```
SELECT * FROM information_schema.events;
```

9.3.4　修改事件

修改事件的语法格式如下。

```
ALTER EVENT [IF NOT EXISTS] 事件名
ON SCHEDULE    计划任务调度规则
[ON COMPLETION [NOT] PRESERVE]
[ENABLE | DISABLE | DISABLE ON SLAVE]
[COMMENT 'comment']
DO
[BEGIN]
事件体语句
[END] 自定义结束符号
```

可以通过"ALTER EVENT 事件名 DISABLE;"暂停运行中的事件。

9.3.5　删除事件

要删除现有事件，使用 DROP EVENT 语句。

```
DROP EVENT [IF EXIST] 事件名;
```

创建、查看、删除事件

任务实施

【例 9-22】创建自动添加表记录的事件。

1. 查看事件调度器是否开启

```
SHOW GLOBAL VARIABLES LIKE '%event_scheduler%';
```

执行结果如图 9-30 所示。

图 9-30　执行结果

从执行结果看出，事件调度器已经开启。

2. 在"学生选课系统"数据库 choose 中创建一个 event_massage 表

```
CREATE TABLE event_message(
    id INT PRIMARY KEY AUTO_INCREMENT,
    message VARCHAR(255) NOT NULL,
    created_at DATETIME NOT NULL
    );
```

3. 创建一个一次性事件，事件运行后立即插入一次记录

```
CREATE EVENT insert_into_event1
ON SCHEDULE AT CURRENT_TIMESTAMP
DO INSERT INTO event_message VALUES(NULL,'mysql 事件',CURRENT_TIMESTAMP);
```

立即查看表 event_message，发现表中已经插入一条记录。执行结果如图 9-31 所示。

图 9-31 执行结果

AT CURRENT_TIMESTAMP 表示创建事件语句运行后立即执行 DO 后面的事件体语句
"INSERT INTO event_message VALUES(NULL,'mysql 事件',CURRENT_TIMESTAMP);"，而
且 AT 形式的计划调度是一次性的，执行后该事件自动删除。

使用语句"SHOW EVENTS;"查看事件列表，发现事件 insert_into_event1 已经不存在，
如图 9-32 所示。

图 9-32 查询结果

4. 创建一个重复性事件，每隔一定时间插入一次记录

```
CREATE EVENT insert_into_event2
ON SCHEDULE EVERY 1 SECOND
DO INSERT INTO event_message VALUES(NULL,'mysql 事件',CURRENT_TIMESTAMP);
```

创建一个事件 insert_into_event2，每隔 1 秒插入一条记录，过一段时间查看插入记录，
event_message 表中已经每隔 1 秒自动添加一条记录，一直持续下去。执行结果如图 9-33
所示。

```
CREATE EVENT  insert_into_event2
ON SCHEDULE EVERY 1 SECOND
DO INSERT INTO event_message VALUES(NULL,'mysql事件',CURRENT_TIMESTAMP);

SELECT * FROM event_message;
```

id	message	created_at
1	mysql事件	2023-03-20 17:06:39
2	mysql事件	2023-03-20 17:19:21
3	mysql事件	2023-03-20 17:19:22
4	mysql事件	2023-03-20 17:19:23
5	mysql事件	2023-03-20 17:19:24
6	mysql事件	2023-03-20 17:19:25
7	mysql事件	2023-03-20 17:19:26
8	mysql事件	2023-03-20 17:19:27

图 9-33 执行结果

使用语句"SHOW EVENTS;"查看事件列表，insert_into_event2 事件仍存在，执行结
果如图 9-34 所示。

图 9-34　执行结果

事件一直执行下去，表 event_message 中很快添加多条记录，首先停止事件。

ALTER EVENT insert_into_event2　DISABLE;

然后删除事件。

DROP EVENT insert_into_event2;

最后清空表。

TRUNCATE　TABLE　event_message;

5. 创建一个一次性事件，事件创建时间 1 分钟后执行，执行后不会被删除

CREATE EVENT insert_into_event3
ON SCHEDULE AT CURRENT_TIMESTAMP + **INTERVAL** 1 MINUTE
ON COMPLETION PRESERVE
DO INSERT INTO event_message VALUES(NULL,'mysql 事件',CURRENT_TIMESTAMP);

等待 1 分钟后，查看 event_message 表，添加了另一条记录，执行结果如图 9-35 所示。

图 9-35　执行结果

如果再次执行 SHOW EVENTS 语句，则看到事件受 ON COMPLETION PRESERVE 子句的影响，如图 9-36 所示。

图 9-36　执行结果

删除事件：

DROP EVENT insert_into_event3;

清空表：

TRUNCATE　TABLE　event_message;

6. 创建一个循环的事件，每 10 秒执行一次，并在其创建时间的 1 分钟内过期

CREATE EVENT insert_into_event4
ON SCHEDULE EVERY 10 SECOND
STARTS CURRENT_TIMESTAMP

ENDS CURRENT_TIMESTAMP + INTERVAL 1 MINUTE
DO INSERT INTO event_message VALUES(NULL,'mysql 事件',CURRENT_TIMESTAMP);

使用 STARTS 和 ENDS 子句定义事件的有效期。等待 1 分钟后查看 event_message 表数据，如图 9-37 所示。

```
    CREATE EVENT insert_into_event4
ON SCHEDULE EVERY 10 SECOND
STARTS CURRENT_TIMESTAMP
ENDS CURRENT_TIMESTAMP + INTERVAL 1 MINUTE
DO INSERT INTO event_message VALUES(NULL,'mysql事件',CURRENT_TIMESTAMP);

    SELECT * FROM event_message;
```

id	message	created_at
1	mysql事件	2023-03-20 18:02:58
2	mysql事件	2023-03-20 18:03:08
3	mysql事件	2023-03-20 18:03:18
4	mysql事件	2023-03-20 18:03:28
5	mysql事件	2023-03-20 18:03:38
6	mysql事件	2023-03-20 18:03:48
7	mysql事件	2023-03-20 18:03:58

图 9-37　执行结果

查看事件，重复性事件过期后自动删除。

SHOW EVENTS;

清空表：

TRUNCATE　TABLE　event_message;

7. 创建一个事件，3 小时后开启，每天都定时清空表，一个月后停止执行

CREATE EVENT insert_into_event5
ON SCHEDULE EVERY 1 DAY
STARTS CURRENT_TIMESTAMP + INTERVAL 3 HOUR
ENDS CURRENT_TIMESTAMP + INTERVAL 1 MONTH
ON COMPLETION PRESERVE
DO TRUNCATE TABLE event_message;

能 力 拓 展

自定义函数的函数体中可以使用 MySQL 编程语句实现复杂的操作。

【拓展案例】新建一个函数，根据学号和身份返回姓名，如果是学生,则从学生表 student 中查询；如果是教师，则从教师表 teacher 中查询。

1. 准备数据

student 表结构和表数据如图 9-38 所示。

自定义函数创建执行

student_no	password	student...	student_con...	class_no
2022001	68db000bb446e1b1	张三	15000000000	1
2022002	acdac3528c008e1b	李四	16000000000	1
2022003	6b5573003deee1c0	王五	17000000000	3
2022004	819087b4824deee3	马六	18000000000	2

图 9-38　student 表结构和表数据

teacher 表结构和表数据如图 9-39 所示。

图 9-39　teacher 表结构和表数据

2. 编写函数 get_name_fn()，根据编号和身份返回姓名

执行结果如图 9-40 所示。

```
DELIMITER $$
CREATE  FUNCTION `get_name_fn`(NO INT,role CHAR(20))
RETURNS CHAR(20) CHARSET gbk
    READS SQL DATA
BEGIN
DECLARE NAME CHAR(20);
IF('student'=role) THEN
SELECT student_name INTO NAME FROM student WHERE student_no=NO;
ELSEIF('teacher'=role) THEN
SELECT teacher_name INTO NAME FROM teacher WHERE teacher_no=NO;
ELSE SET NAME='输入有误！';
END IF;
RETURN NAME;
END$$
```

图 9-40　执行结果

3. 执行函数

执行结果如图 9-41 所示。

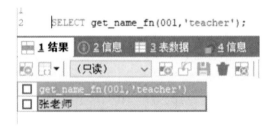

图 9-41　执行结果

单 元 小 结

本单元主要讲解三个知识点，即系统函数的分类和使用，自定义函数的创建、查看、删除，通过应用案例理解函数传递参数得到结果的过程；触发器的原理是由表的 insert 语句、update 语句和 delete 语句事件触发某个操作，讲解了触发器的创建方法，查看触发器，使用触发器解决实际应用问题；事件是用来执行定时任务的一组 SQL 集，时间到时触发，讲解了事件的创建、查看、删除语句格式，对数据库中的事件进行查看、删除等操作。

通过本单元的学习，应该掌握创建、查看、删除函数的方法，创建、查看、修改触发器的方法，创建、查看、修改、删除事件的方法。函数触发器事件都是可以将 SQL 操作封装成代码块的，学会后能极大地提高数据库的管理水平。

单 元 测 验

一、填空题

1．自定义函数用_____命令创建。

2．函数体中用_____命令返回值。

3．触发器主要用于监视某个表的_____、_____和_____等事件，以触发某种特定操作。

4．触发器将操作之前的状态保存到_____关键字中，将操作后的状态保存到_____中。

5．事件代码包括两部分，一是_____，二是运行内容。

二、判断题

1．函数可以没有返回值，只运行语句。   （   ）

2．调用函数的关键字是 SELECT。   （   ）

3．触发器的触发时机有 BEFORE 和 AFTER 两种。   （   ）

4．删除触发器用 SHOW TRIGGER。   （   ）

5．事件执行后自动删除。   （   ）

三、简答题

1．创建函数时，函数选项针对是否包括 SQL 和读写语句的四个选择是什么？

2．触发器使用时 NEW 关键字和 OLD 关键字指什么？

3．什么是 MySQL 事件？

课 后 一 思

细节的重要性（扫码查看）

细节的重要性

单元 10　安全管理与备份 MySQL 数据库

学习目标

1. 学会在数据库中创建、删除用户。
2. 学会对数据库中的权限进行授予、查看和收回操作。
3. 学会对数据库中角色的创建、授予、分配和撤销。
4. 学会对数据库中的数据进行备份和还原操作。

通过前几个单元的学习，读者对数据库的概念以及数据库的基本操作有了一定的了解。在数据库中还有一些高级的操作，如用户管理、权限管理、数据的备份还原等，本单元将详细讲解这些知识。

10.1　用　户　管　理

任务描述

实习生海龙在管理数据库的过程中，想让另一名同事共同管理数据库，同时想限制该同事的数据库管理权限，核心操作只能自己做，确保数据库中数据的安全性。

这些可以通过用户管理实现，为同事创建普通用户，自己为超级管理员，可以进行权限分级。

任务要求

MySQL 是一个多用户数据库，具有功能强大的访问控制系统，可以为不同用户指定允许的权限。透彻理解数据库安全管理的要求，学会创建用户、为用户赋予权限，修改和删除用户的方法，详细掌握用户管理。

知识链接

MySQL 是一个多用户数据库，具有功能强大的访问控制系统，可以为不同用户指定允许的权限。MySQL 权限可以分为普通用户和 root 用户。root 用户是超级管理员，拥有所有权限，包括创建用户、删除用户和修改用户的密码等管理权限；普通用户只拥有被授予的权限。

10.1.1　数据库安全管理概述

对于任何一个公司来说，其数据库系统中保存数据的安全性都是非常重要的，尤其是公司的有些商业数据，数据就是公司的根本，失去了数据就可能失去了一切。

数据库系统安全相关因素有如下四个。

1. 外围网络

让我们的 MySQL 处在一个有保护的局域网中，而不是置于开发的公网中。

2．主机

第二层防线是"主机层防线"，主要拦截网络（包括局域网）或者直连的未授权用户试图入侵主机的行为。

3．数据库

第三道防线"数据库防线"，是 MySQL 数据库系统自身的访问控制授权管理相关模块。这道防线基本上可以说是 MySQL 的最后一道防线，也是最核心、最重要的防线。

MySQL 的访问授权相关模块主要由两部分组成：一个是基本的用户管理模块；另一个是访问授权控制模块。

用户管理模块相对简单，主要是负责用户登录连接相关的基本权限控制，但其在安全控制方面的作用不比任何环节小。它就像 MySQL 的一个"大门门卫"，通过校验每个敲门者给出的进门"暗号"（登录口令），决定是否给敲门者开门。

访问控制模块则是随时随地检查已经进门的访问者，校验他们是否有访问所发出请求需要访问的数据的权限。通过校验的访问者可以顺利拿到数据，而未通过校验的访问者只能收到"访问越权"的相关反馈。

4．代码

（1）SQL 语句相关安全因素。"SQL 注入攻击"指的是攻击者根据数据库的 SQL 语句解析器的原理，利用程序中对客户端提交数据的校验漏洞，通过程序动态提交数据接口提交非法数据，达到攻击者的入侵目的。

"SQL 注入攻击"的破坏性非常强，轻者造成数据被窃取，重者数据遭到破坏，甚至可能丢失全部数据。

（2）程序代码相关安全因素。如果对权限校验不够仔细而存在安全漏洞，则同样可能会被入侵者利用，达到窃取数据等目的。

例如一个存在安全漏洞的信息管理系统很容易窃取其他系统的登录口令，堂而皇之地轻松登录其他相关系统，达到窃取相关数据的目的。甚至还可能通过应用系统中保存不善的数据库系统连接登录口令，从而带来更大的损失。

下面主要讲解第三层数据库防线中的用户管理模块。

10.1.2　查看用户信息

MySQL 用户主要包括两种：root 用户和普通用户。root 用户拥有 MySQL 提供的所有权限，而普通用户的权限取决于该用户在创建时被赋予的权限。在实际开发中，很少直接使用 root 用户，因为权限过大，操作不当会有很大的危险。

在 MySQL 中有一个自带数据库 mysql，其中有多个与用户权限有关的数据库表。user 表中存储了允许连接到服务器的用户信息以及全局级（适用于所有数据库）的权限信息，这是最关键的表。

user 数据表中的用户账号信息在初始状态下存在 root 和一些匿名用户，且所有用户都没有设置密码。该数据表的这些用户信息是通过一个 mysql_install_db 脚本安装的。该表的主要列如下。

- user：连接数据库的用户名。
- host：允许连接到数据库服务器的主机名，"%"通配符代表所有主机。
- authentication_string：连接密码，已加密。
- 其他权限列：以"Y"或"N"标识是否有效。

查询所有用户信息语句。

SELECT * FROM mysql.user \G;

查询所有用户的用户名、主机地址、密码部分信息语句。

SELECT   user,host,authentication_string   FROM mysql.user \G;

显示所有的用户（不重复）语句。

SELECT   DISTINCT user   FROM mysql.user \G;

10.1.3　创建用户

创建用户的语句格式如下。

CREATE USER '用户名'@'来源地址' [IDENTIFIED BY '密码'];

说明如下。

- 用户名：指定将创建的用户名。
- 来源地址：指定新创建的用户可以登录的主机，可使用 IP 地址、网段、主机名等形式，本地用户可用 localhost，允许任意主机登录可用通配符%。
- 若省略 "IDENTIFIED BY" 部分，则用户的密码为空（不建议使用）。

注意：虽然 CREATE USER 可以创建用户，但也只能创建用户，并没有给用户账号分配权限。它们能登录 MySQL，但是不能执行任何数据库操作。所以我们还得单独使用 GRANT 命令为用户授权。

10.1.4　修改用户

创建用户后，我们还可以修改用户的用户名和登录密码。

（1）修改用户名语句格式。

RENAME USER '旧用户名'@'来源地址' TO '新用户名'@'来源地址'；

（2）修改用户登录密码语句格式。

ALTER USER '用户名'@'来源地址' [IDENTIFIED BY '密码'];

10.1.5　删除用户

删除用户的语句格式如下。

DROP USER   '用户名'@'来源地址'；

drop 命令在删除用户的同时删除用户的相关权限。

创建、修改、删除、
查看用户

任务实施

下面通过具体的案例学习创建、修改、查看和删除用户的方法。

【例 10-1】查看数据库中的用户信息，然后创建新用户，并修改用户名和密码，最后删除用户。

（1）查看当前数据库中所有的用户信息。

SELECT * FROM mysql.user \G;

再查询用户的用户名、主机信息。

SELECT USER,HOST FROM mysql.user \G;

执行结果如图 10-1 所示。

图 10-1 执行结果

从执行结果可以看出，主机 host 可以是%，可以是 IP 地址，也可以是主机名 localhost。

（2）创建一个名为 test，本地主机，密码为 123 的用户的 SQL 语句如下。

CREATE USER 'test'@'localhost' IDENTIFIED BY '123';

再创建一个名为 ghost，允许任意主机登录，用通配符%，密码为 abc 的用户的 SQL 语句如下。

CREATE USER 'ghost'@'%' IDENTIFIED BY 'abc';

使用"SELECT USER,HOST FROM mysql.user \G;"查看执行结果，如图 10-2 所示。

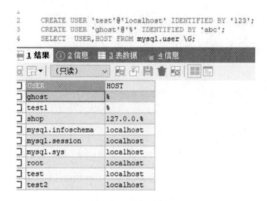

图 10-2 执行结果

（3）修改用户名 test 为 mytest。

RENAME USER 'test'@'localhost' TO 'mytest'@'localhost';

修改用户 ghost 的密码从"abc"改成"123456"，SQL 语句如下。

ALTER USER 'ghost'@'%' IDENTIFIED BY '123456';

使用"SELECT USER,HOST FROM mysql.user \G;"查看执行结果，如图 10-3 所示。

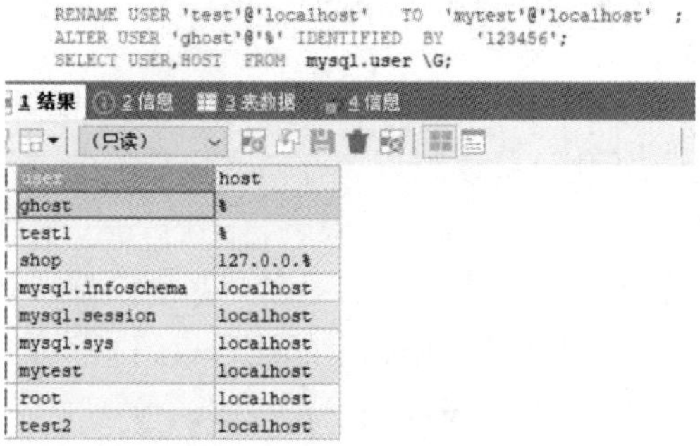

图 10-3 执行结果

（4）删除用户 mytest。

```
DROP USER 'mytest'@'localhost';
```

10.2 权 限 管 理

任务描述

实习生海龙作为数据库管理人员，对于有些数据库和数据表想限制用户访问，比如对于工资表，普通用户只能用 select 操作查看，不能修改和删除；数据库中的某些数据属于机密，只能用单位的特定 IP 地址登录，在其他地方限制用户登录。这些限制可以有效保护数据库的安全，都可以用用户权限管理实现。

任务要求

要真正学好权限管理，需要先明确用户有哪些权限，掌握查看、赋予和回收权限的方法。数据库的权限与数据库的安全息息相关，不当的权限设置可能会导致各种安全隐患，认真学习、正确对待权限管理是数据库管理人员需要具备的基本能力。

知识链接

为了保证数据库中的业务数据不被非授权的用户非法窃取，需要对数据库的访问者进行限制。

10.2.1 MySQL 的权限

1. MySQL 的权限简介

MySQL 的权限简单理解就是 MySQL 允许用户做权利以内的事情，不可以越界。比如只允许用户执行 select 操作，那么用户就不能执行 update 操作；只允许用户从某台机器上连接 MySQL，那么用户就不能从其他机器连接 MySQL。

那么如何实现 MySQL 的权限呢？这就要说到 MySQL 的两阶段的验证。

第一阶段：首先服务器检查是否允许连接。通过用户名、密码、主机地址进行用户身份鉴别。因为创建用户时会加上主机限制，可以限制成本地、某个 IP、某个 IP 段，以及任何地方等，只允许从配置的指定地方登录。

第二阶段：如果能连接，MySQL 会检查发出的每个请求，看是否有足够的权限实施。比如要更新某个表，或者查询某个表，MySQL 会检查对该表或者某个列是否有权限。再比如，要运行某个存储过程，MySQL 会检查对存储过程是否有执行权限等。

2. MySQL 的权限体系

MySQL 服务器通过权限表来控制用户对数据库的访问，权限表存放在 MySQL 数据库中。初始化数据库时，会初始化这些权限表。存储账户权限信息表主要有 user 权限表、db 权限表、tables_priv 权限表、columns_priv 权限表、procs_priv 权限表。

- user 权限表：记录允许连接到服务器的用户账号信息，其权限是全局级的。
- db 权限表：记录各账号在各数据库上的操作权限。
- table_priv 权限表：记录数据表级的操作权限。
- columns_priv 权限表：记录数据列级的操作权限。

　　分配权限时，按照 user→db→table_priv→columns_priv→procs_priv 的顺序分配，即先检查全局权限表 user，如果 user 中对应的权限为 Y，则此用户对所有数据库的权限都为 Y，不再检查 db、tables_priv、columns_priv；如果为 N，则到 db 表中检查此用户对应的具体数据库，并得到 db 中为 Y 的权限；如果 db 中为 N，则检查 tables_priv 中此数据库对应的具体表，取得表中的权限 Y，依此类推。

　　MySQL 权限控制流程如图 10-4 所示。

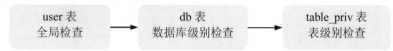

图 10-4　MySQL 权限控制流程

　　3．MySQL 常用的权限

　　（1）usage。连接（登录）权限，建立一个用户，就会自动授予其 usage 权限（默认授予）。该权限只能用于数据库登录，不能执行任何操作；usage 权限不能被回收，即 REVOKE 用户并不能删除用户。

　　（2）select。只有拥有 select 的权限，才可以使用 select table。

　　（3）create。只有拥有 create 的权限，才可以使用 create table

　　（4）create routine。只有拥有 create routine 的权限，才可以使用{create |alter|drop} {procedure|function}，也就是可以创建、修改、删除函数、存储过程等。

　　（5）create temporary tables（注意这里是 tables，不是 table）。只有拥有 create temporary tables 的权限，才可以使用 create temporary tables。

　　（6）create view。只有拥有 create view 的权限，才可以使用 create view。

　　（7）create user。要使用 create user，必须拥有 MySQL 数据库的全局 create user 权限或 insert 权限。

　　（8）insert。只有拥有 insert 的权限，才可以使用 insert into … values…。

　　（9）alter。只有拥有 alter 的权限，才可以使用 alter table。

　　（10）alter routine。只有拥有 alter routine 的权限，才可以使用{alter |drop} {procedure|function}。

　　（11）update。只有拥有 update 的权限，才可以使用 update table。

　　（12）delete。只有拥有 delete 的权限，才可以使用 delete from … where…（删除表中的记录）。

　　（13）drop。只有拥有 drop 的权限，才可以使用 drop database db_name; drop table tab_name;。

　　（14）show database。通过 show database 只能看到你拥有的某些权限的数据库，除非拥有全局 SHOW DATABASES 权限。

　　（15）show view。只有拥有 show view 权限，才能执行 show create view。

　　（16）index。只有拥有 index 权限，才能执行[create |drop] index。

　　（17）excute。执行存在的 Functions、Procedures。

　　（18）lock tables。只有拥有 lock tables 权限，才可以使用 lock tables。

　　（19）references。拥有 references 权限，用户就可以将其他表的一个字段作为某个表的外键约束。

　　（20）reload。只有拥有 reload 权限，才可以执行 flush [tables | logs | privileges]。

（21）replication client。拥有此权限可以查询 master server、slave server 的状态。

（22）replication slave。拥有此权限可以查看从服务器，从主服务器读取二进制日志。

（23）Shutdown。拥有此权限代表允许关闭数据库实例。

（24）grant option。拥有 grant option 权限，就可以将自己拥有的权限授予其他用户（仅限于自己已经拥有的权限）。

（25）file。只有拥有 file 权限，才可以执行 select…into outfile 和 load data infile…操作，但是不要把 file、process、super 权限授予管理员以外的账号，存在严重的安全隐患。

（26）super。super 权限允许用户终止任何查询，修改全局变量的 SET 语句，使用 CHANGE MASTER、PURGE MASTER LOGS。

（27）process。拥有 process 权限，用户可以执行 SHOW PROCESSLIST 和 KILL 命令。默认情况下，每个用户都可以执行 SHOW PROCESSLIST 命令，但是只能查询本用户的进程。

注意：管理权限（如 super、process、file 等）不能指定某个数据库，on 后面必须跟着*.*。

10.2.2　授予权限

使用 CREATE USER 语句创建用户后，可以用 GRANT 语句授予权限，语句格式如下。

```
GRANT  权限  ON database.table TO  用户账号  [WITH GRANT OPTION ];
```

说明如下。

- 权限：新用户的权限可以是上述 27 种权限的一种或多种，多种权限之间用"，"隔开，授予所有的权限用"all"。
- database.table：表示新用户的权限范围，即只能在指定的数据库和表上使用自己的权限，*.*表示全局权限。
- 用户账号：用户名@主机名构成。
- [WITH GRANT OPTION]：表示该用户可以将自己拥有的权限授权给他人。

对用户进行权限变更之后，一定记得重新加载权限，将权限信息从内存中写入数据库。刷新权限语句如下。

```
FLUSH PRIVILEGES;  #刷新权限
```

10.2.3　查看用户权限

要查看用户的所有权限，可以用 SHOW GRANTS 命令。

```
SHOW GRANTS FOR '用户名'@'主机';
```

10.2.4　撤销权限

在 MySQL 中，为了保证数据库的安全性，需要撤销不必要的权限，撤销用户的权限后，该用户就不能执行相应的操作。

撤销权限语句 REVOKE 的语法如下。

```
REVOKE  权限  ON  数据库.数据表   FROM '用户名@主机';
```

如果用户拥有的权限比较多，一项一项撤销比较麻烦，可以一次性收回。

使用 REVOKE 语句收回全部权限的语法如下。

```
REVOKE ALL PRIVILEGES,GRANT OPTION FROM   '用户名@主机';
```

任务实施

下面创建四个用户，并分别为四个用户设置不同的权限。

1. 查看当前数据库的用户信息

SELECT * FROM mysql.user;

执行结果如图 10-5 所示。

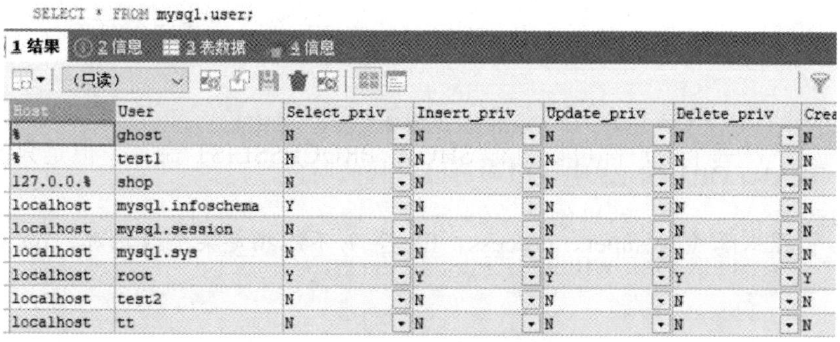

```
SELECT * FROM mysql.user;
```

Host	User	Select_priv	Insert_priv	Update_priv	Delete_priv	Crea
%	ghost	N	N	N	N	N
%	test1	N	N	N	N	N
127.0.0.%	shop	N	N	N	N	N
localhost	mysql.infoschema	Y	N	N	N	N
localhost	mysql.session	N	N	N	N	N
localhost	mysql.sys	N	N	N	N	N
localhost	root	Y	Y	Y	Y	Y
localhost	test2	N	N	N	N	N
localhost	tt	N	N	N	N	N

图 10-5　执行结果

在执行结果中，值为 Y 说明具有该列代表的权限，值为 N 说明没有该权限。

2. 创建四个用户账号

（1）创建本地用户账号 egon1。

CREATE USER "egon1"@"localhost" IDENTIFIED BY "123";
mysql -uegon1 -p123

（2）创建远程用户账号 egon2、egon3。

只能从指定的 IP 地址或 IP 网段登录。

CREATE USER "egon2"@"192.168.31.10" IDENTIFIED BY "123";
登录账号语句 mysql -uegon2 -p123 -h 服务端 IP
CREATE USER "egon3"@"192.168.31.%" IDENTIFIED BY "123";
登录账号语句 mysql -uegon3 -p123 -h 服务端 IP

（3）创建用户账号 egon4，主机为%表示可以用任意主机登录。

create user "egon4"@"%" identified by "123" ;

（4）查看四个用户信息，执行结果如图 10-6 所示。

SELECT * FROM mysql.user WHERE USER LIKE 'egon%' ;

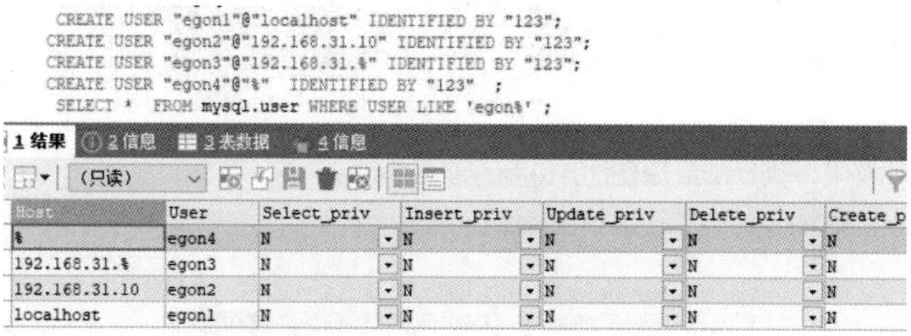

```
CREATE USER "egon1"@"localhost" IDENTIFIED BY "123";
CREATE USER "egon2"@"192.168.31.10" IDENTIFIED BY "123";
CREATE USER "egon3"@"192.168.31.%" IDENTIFIED BY "123";
CREATE USER "egon4"@"%"  IDENTIFIED BY "123"  ;
SELECT *  FROM mysql.user WHERE USER LIKE 'egon%' ;
```

Host	User	Select_priv	Insert_priv	Update_priv	Delete_priv	Create_p
%	egon4	N	N	N	N	N
192.168.31.%	egon3	N	N	N	N	N
192.168.31.10	egon2	N	N	N	N	N
localhost	egon1	N	N	N	N	N

图 10-6　执行结果

（5）查看 egon1 用户权限，执行结果如图 10-7 所示。

SHOW GRANTS FOR "egon1"@"localhost" ;

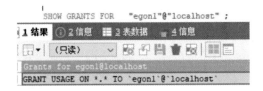

图 10-7 执行结果

新建用户时，只有 usage 权限。

3. 授权

（1）为用户 egon1 授予所有权限，可以对任意数据库任意表进行所有操作，该权限放在表 user 中。

GRANT ALL ON *.* TO "egon1"@"localhost" WITH GRANT OPTION;

WITH GRANT OPTION 说明该用户可以为其他用户授权。

查看权限表 user，执行结果如图 10-8 所示。

SELECT * FROM mysql.user WHERE USER LIKE 'egon%';

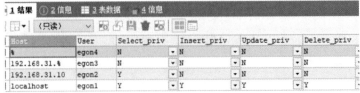

图 10-8 执行结果

执行结果表明用户 egon1 具有所有权限，都为 Y。

（2）为用户 egon2 的所有数据库授予 select 权限，只能查询，不能修改。

GRANT SELECT ON *.* TO "egon2"@"192.168.31.10";

1）查看权限表 user，执行结果如图 10-9 所示。

SELECT * FROM mysql.user WHERE USER LIKE 'egon%';

图 10-9 执行结果

2）查看权限，执行结果如图 10-10 所示。

SHOW GRANTS FOR   "egon2"@"192.168.31.10";

图 10-10 执行结果

执行结果表明 egon2 用户只有 select 权限。

（3）为用户 egon3 授权对 choose 数据库的 select、insert 权限。

GRANT SELECT,INSERT ON choose.* TO "egon3"@"192.168.31.%";

1）查询 user 表，执行结果如图 10-11 所示。

SELECT * FROM mysql.user WHERE USER LIKE 'egon%';

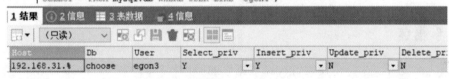

图 10-11　执行结果

执行结果表明对用户 egon3 的权限是数据库级别的权限，user 表中全局权限没有。继续查看 db 表，执行结果如图 10-12 所示。

SELECT * FROM mysql.db WHERE USER LIKE 'egon%';

图 10-12　执行结果

db 表中保存数据库级别的权限信息，egon1 和 egon2 是全局级别的权限，db 表中没有该用户信息。

2）查看权限，执行结果如图 10-13 所示。

SHOW GRANTS FOR　"egon3"@"192.168.31.%" ;

图 10-13　执行结果

（4）为用户 egon4 授权对 choose 数据库 student 表的 select 权限。

GRANT SELECT ON choose.student TO　"egon4"@"%";

该权限针对数据表级别，所以需要在 MySQL 数据库的 tables_priv 表中查看，执行结果如图 10-14 所示。

SELECT * FROM mysql. tables_priv WHERE USER LIKE 'egon%';

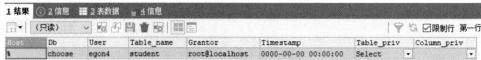

图 10-14　执行结果

4．刷新权限

FLUSH PRIVILEGES;

5．撤销用户 egon1、egon2、egon3、egon4 的权限

REVOKE ALL PRIVILEGES,GRANT OPTION FROM   "egon1"@"localhost";
REVOKE SELECT ON *.* FROM "egon2"@"192.168.31.10";
REVOKE SELECT,INSERT   ON choose.* FROM "egon3"@"192.168.31.%";
REVOKE SELECT ON choose.student FROM "egon4"@"%";

6．删除四个用户

DROP USER   "egon1"@"localhost";
DROP USER   "egon2"@"192.168.31.10";
DROP USER   "egon3"@"192.168.31.%";
DROP USER   "egon4"@"%";

10.3　角色管理

任务描述

实习生海龙开发了一个使用 choose 数据库的应用程序。如果与 choose 数据库进行交互，就为需要完全访问数据库的开发人员创建账户。此外，还要为仅需读取访问权限的用户创建账户，以及为读取/写入访问权限的用户创建账户。

为不同的用户赋予不同权限可以用 10.2 节的权限管理实现，还可以用角色设置不同权限。

任务要求

理解数据库角色的功能，掌握角色的创建、分配权限、指定账户角色、更改当前会话中的活动角色，精通数据库角色管理，提高数据库信息的安全性。

知识链接

MySQL 角色是指定的权限集合。像用户账户一样，角色可以拥有授予和撤销的权限。可以授予用户账户角色，授予该账户与每个角色相关的权限。用户被授予角色权限，则该用户拥有该角色的权限。

10.3.1　创建角色及用户角色授权

要避免单独为每个用户账户授予权限，可以创建一组角色，并为每个用户账户授予相应的角色。为清楚区分角色的权限，将角色创建为所需权限集的名称。通过授权适当的角色，可以轻松地为用户账户授予所需的权限。

1. 创建角色

使用 CREATE ROLE 语句创建角色，语法格式如下。

CREATE ROLE [IF NOT EXISTS] '角色名'[,'角色名',...];

说明：角色名称，类似于由用户和主机部分组成的用户账户；角色名@主机，如果省略主机部分，则默认为"%"，表示任何主机。

2. 授予角色权限

使用 GRANT 语句授予角色权限，语法格式如下。

GRANT 权限 ON database.table TO 角色名;

3. 将角色分配给用户账户

使用 GRANT 语句为用户分配角色，语法格式如下。

GRANT 角色名 TO 用户名@主机;

可以为用户授予多个角色，也可以将角色授予多个用户。

注意：使用 GRANT 分配角色的语法和授权用户的语法不同：用 ON 区分角色和用户的授权，有 ON 的为用户授权，而没有 ON 用来分配角色。

10.3.2 查看用户权限

使用 SHOW GRANTS 语句验证角色分配，显示角色代表的权限，语法格式如下。

SHOW GRANTS FOR 用户名 USING 角色名;

为用户账户授予角色时，当用户账户连接到数据库服务器时，它不会自动使角色变为活动状态。如果调用 CURRENT_ROLE() 函数，则可以查看当前会话中的活动角色。

SELECT current_role();

返回 NONE，意味着没有启用角色。

要在每次用户账户连接到数据库服务器时指定应该处于活动状态的角色，使用 SET DEFAULT ROLE 语句，语法格式如下。

SET DEFAULT ROLE 角色名 TO 用户名;

将当前会话中的活动角色设置为当前账户默认角色的语法如下。

SET ROLE DEFAULT;

10.3.3 撤销权限

正如可以授权某个用户角色一样，可以从账户中撤销角色。

REVOKE 角色 FROM 用户名;

REVOKE 可以用于角色修改角色权限，不仅影响角色本身的权限，还影响任何授予该角色的用户权限。

要恢复角色的修改权限，只需重新授予即可。

10.3.4 删除角色

使用 DROP ROLE 语句删除角色，语法格式如下。

DROP ROLE 角色名[,角色名...];

删除角色会从授权它的每个账户中撤销。

任务实施

创建、撤销、删除角色

【例 10-2】开发程序使用的数据库为 choose，为应用程序的开发人员及管理员账户设置不同的权限，开发人员需要完全访问数据库；有的管理员只需要读取权限，有的管理员需要读取/写入权限。

分析：本案例需要三种权限集合，对应开发人员、读取管理员、写入管理员，我们创建三个角色，并为三种角色赋予不同的权限，然后将角色分配给用户。

1. 创建用户

```
CREATE USER 'dev1'@'localhost' IDENTIFIED BY 'dev1pass';
CREATE USER 'read_user1'@'localhost' IDENTIFIED BY 'read_user1pass';
CREATE USER 'read_user2'@'localhost' IDENTIFIED BY 'read_user2pass';
CREATE USER 'rw_user'@'localhost' IDENTIFIED BY 'rw_user1pass';
```

2. 创建角色

```
CREATE ROLE 'app_developer', 'app_read', 'app_write';
```

3. 为角色赋予权限

```
GRANT ALL ON choose.* TO 'app_developer';
GRANT SELECT ON choose.* TO 'app_read';
GRANT INSERT, UPDATE, DELETE ON choose.* TO 'app_write';
```

4. 刷新权限

```
FLUSH PRIVILEGES;
```

5. 为用户分配角色

```
GRANT 'app_developer' TO 'dev1'@'localhost';
GRANT 'app_read' TO 'read_user1'@'localhost', 'read_user2'@'localhost';
GRANT 'app_read', 'app_write' TO 'rw_user'@'localhost';
```

结合角色所需的读取和写入权限，在 GRANT 中授权 rw_user1 用户读取和写入角色。

6. 检查角色权限

先用 HOW GRANTS 检查有无角色。

```
SHOW GRANTS FOR 'dev1'@'localhost' ;
SHOW GRANTS FOR 'read_user1'@'localhost' ;
SHOW GRANTS FOR 'rw_user1'@'localhost' ;
```

再显示角色权限。

```
SHOW GRANTS FOR 'dev1'@'localhost' USING 'app_developer';
SHOW GRANTS FOR 'read_user1'@'localhost' USING 'app_read';
SHOW GRANTS FOR 'rw_user'@'localhost' USING 'app_read', 'app_write';
```

7. 撤销角色权限

```
REVOKE 'app_developer' FROM 'dev1'@'localhost';
REVOKE 'app_read' FROM 'read_user1'@'localhost' ;
REVOKE 'app_write' FROM 'rw_user'@'localhost' ;
```

8. 删除角色

```
DROP   ROLE   'app_developer', 'app_read', 'app_write';
```

删除角色会从授权它的每个账户中撤销该角色。

9. 删除用户

```
DROP   USER   'dev1'@'localhost','read_user1'@'localhost','rw_user'@'localhost';
```

10.4　备份与恢复数据库

任务描述

操作数据库时难免会遇到突然断电、操作失误等情况，意外造成数据丢失。为了防止数据丢失或者出现错误数据，我们需要定期对数据库进行备份，当遇到数据库中数据丢失或者出错的情况时，可以还原数据，从而最大限度地降低损失。

任务要求

掌握备份单个数据库、多个数据库的方法，还要掌握数据的还原方法。学会数据库的备份和还原，提高数据库管理水平。

知识链接

数据库的备份是相当重要的，尤其是当发生数据文件损坏、MySQL 服务出现错误、系统内核崩溃、计算机硬件损坏或者数据被不小心删除等时，数据备份可以快速解决这些问题。

10.4.1　数据库的备份

MySQL 数据库中提供了许多备份方案，主要包括物理备份和逻辑备份。

1. 物理备份

典型的物理备份就是复制 MySQL 数据库的部分或全部目录，物理备份还可以备份相关的配置文件。但采用物理备份需要 MySQL 处于关闭状态或者对数据库进行锁操作，防止在备份的过程中改变发送数据。

物理备份比逻辑备份速度要快，但是物理备份可移植性较低，例如在 Linux 下备份的文件还原到 Windows 下时就可能会有问题。

2. 逻辑备份

逻辑备份是备份数据库的逻辑信息，如创建的数据库、表及其表内的内容。逻辑备份可以把数据转移到另外的物理机上，也可以修改表的数据或结构，一般生成一个*.sql 文件。

逻辑备份的特点如下。

● 逻辑备份比物理备份慢，且不包括日志或配置文件。

● 进行逻辑备份时，服务器必须是运行状态。

● 逻辑备份的内容可以转移到任意物理机上，具有高度的可移植性。

数据库备份主要采用逻辑备份。逻辑备份的实现分为用命令行模式实现和用图形工具实现两种方式。

第一种用命令行模式实现逻辑备份。逻辑备份使用 mysqldump 命令，语法格式如下。

```
mysqldump -h 主机名 -u 用户名 -p 密码 [--all][--databases]　数据库名 1 [数据库名 2 ...] > 备份文件名.sql
```

注意：

● 备份名称与原数据库名称一致，通常写成备份数据库名_back.sql。

● mysqldump 需要在命令提示符状态下使用，先用 cmd 进入命令提示符窗口，进入 MySQL 目录下的 bin 文件夹，再使用备份命令备份数据库。

逻辑备份分为以下几种情况。

（1）备份单个数据库。

mysqldump -h 主机名 -u 用户名 -p 密码 数据库名 > 备份文件名.sql

（2）备份多个数据库。

mysqldump -h 主机名 -u 用户名 -p 密码 --databases　数据库名 1 数据库名 2 ... > 备份文件名.sql

（3）备份全部数据库。

mysqldump -h 主机名 -u 用户名 -p 密码 --all --databases > 备份文件名.sql

（4）仅备份数据库结构。

mysqldump -no-data　-h 主机名 -u 用户名 -p 密码 数据库名 > 备份文件名.sql

第二种用图形化工具备份数据库（以 SQLyog 为例）。备份数据库的步骤如下：右击要备份的数据库，在弹出的快捷菜单中选择"备份/导出"→"备份数据库，转储到 SQL..."命令，如图 10-15 所示。然后在弹出的"SQL 转储"对话框中的 Export to 下拉列表框中选择保存路径和备份文件名，单击"导出"按钮，如图 10-16 所示。导出成功后，单击"完成"按钮。

图 10-15　选择命令

图 10-16　单击"导出"按钮

10.4.2 数据库的恢复

备份后的数据库可以恢复，数据库恢复有用命令恢复和用图形化工具恢复两种方式。

1. 用命令方式恢复数据库

导入前，创建数据库，再使用命令还原数据库。

（1）创建数据库。

```
CREATE DATABASE 数据库名;
USE 数据库名;
```

（2）执行 cmd 进入命令提示符窗口，进入 MySQL 目录下的 bin 文件夹，然后用 mysql 命令还原数据库。

```
mysql -h 主机名 -u 用户名 -p 密码 数据库名 < 备份文件名.sql
```

2. 图形化工具恢复数据库（以 SQLyog 为例）

恢复数据库的步骤如下：首先创建一个数据库，然后右击创建的数据库，在弹出的快捷菜单中选择"导入"→"执行 SQL 脚本…"命令，如图 10-17 所示，接着在弹出的"从一个文件执行查询"对话框中选择之前备份的数据库路径，单击"执行"按钮，如图 10-18 所示，执行成功后，单击"关闭"按钮。

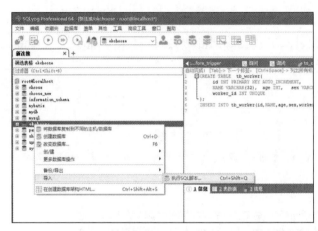

图 10-17　选择命令　　　　　图 10-18　单击"执行"按钮

任务实施

【例 10-3】备份用户名为 root、密码为 123456 的数据库 choose，备份后还原。

（1）在"运行"对话框（图 10-19）中，输入 cmd 命令，进入命令提示符窗口。

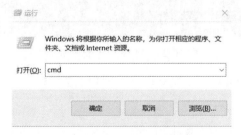

数据库备份导入

图 10-19　"运行"对话框

（2）进入 MySQL 目录下的 bin 文件夹（cd MySQL 中到 bin 文件夹的目录，如 cd C:\Program Files\MySQL\mysql-8.0.23-winx64\bin），或者直接在 Windows 的环境变量 path

中添加该目录，执行结果如图 10-20 所示。

图 10-20 执行结果

（3）在命令行中输入命令 mysqldump-u root-p choose>D:\\choose_back.sql（图 10-21，输入后需要输入进入 MySQL 的密码）。

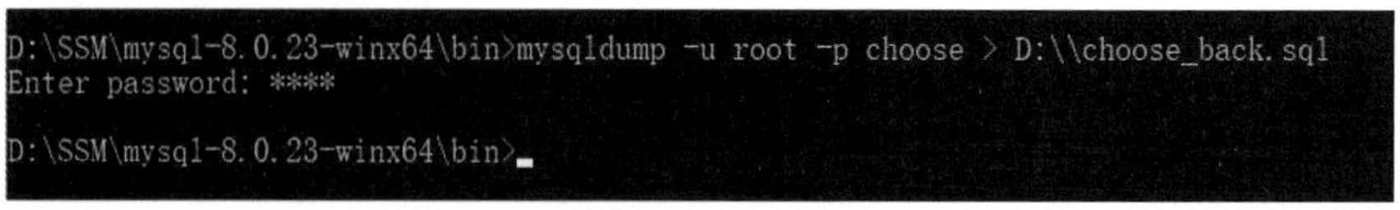

图 10-21 输入命令

这里没有将密码直接输入 mysqldump 后的-p 后，而是进入提示输入密码的方法来输入密码，因为如果带密码的命令行，就会提示不安全警告，禁止运行，如图 10-22 所示。

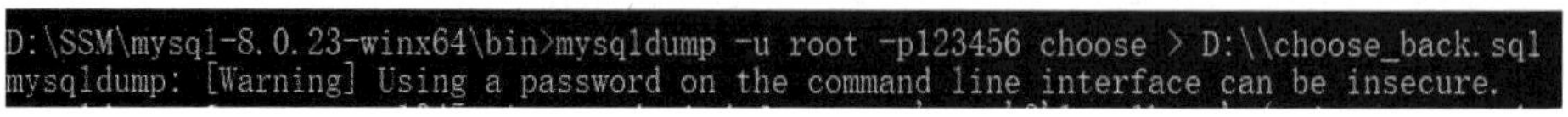

图 10-22 禁止运行

（4）查看备份文件。

第（3）步运行后，在 D 盘的根目录上就会看到自动生成的数据库备份文件 choose back.sql，如图 10-23 所示。

图 10-23 数据库备份文件

（5）进入 MySQL 数据库界面，如图 10-24 所示。

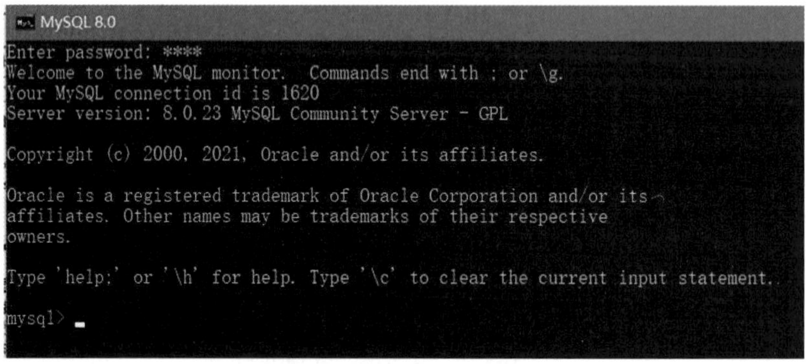

图 10-24 MySQL 数据库界面

或者在图形化工具 SQLyog 中建立连接，用户名为 root，密码为 123456，如图 10-25 所示。

（6）恢复数据库。

```
#先新建一个数据库，并选择它
  CREATE DATABASE   choose_new;
  USE choose_new;
```

执行结果如图 10-26 所示。

图 10-25　建立连接

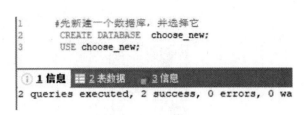

图 10-26　执行结果

打开命令提示符窗口，进入 MySQL 目录下的 bin 文件夹，执行如下命令。

Mysql –u root-p choose_new<choose_back.sql

输入密码，开始恢复数据库，如图 10-27 所示。

```
D:\SSM\mysql-8.0.23-winx64\bin>mysql -u root -p choose_new < D:\\choose_back.sql
Enter password: ****
```

图 10-27　输入命令

（7）查看导入数据库。

在 SQLyog 中展开数据库 choose_new，打开数据表 student，如图 10-28 所示。

图 10-28　打开数据表 student

能 力 拓 展

下面将本单元所有知识点串联起来使用。

（1）创建用户 myroot，密码为"123"。

CREATE USER "myroot"@"localhost" IDENTIFIED BY "123";

（2）为用户 myroot 设置权限，只能查看数据库 choose 的 select，没有其他权限。

GRANT SELECT ON choose.* TO "myroot"@"localhost";

刷新权限语句如下。

FLUSH PRIVILEGES;

（3）用新的用户 myroot 连接数据库。

1）在命令提示符模式下，用 myroot 登录成功。

> mysql -umyroot -p123

2）在 SQLyog 中建立新连接时发现不能连接成功，原因是密码不能连接，如图 10-29 所示。

图 10-29　连接错误

解决方法：修改用户的密码加密方式为之前版本的方式。

ALTER USER 'myroot'@'localhost' IDENTIFIED WITH mysql_native_password BY '123';

再次建立新连接成功。

（4）查看权限和用户。

用户 myroot 登录后发现只能看到 choose 数据库，如图 10-30 所示，并且只能进行查询 select 操作，其他操作会出错。

新建数据表时出现 1142 号错误，如图 10-31 所示。

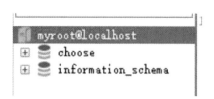

图 10-30　只能看到 choose 数据库　　　　图 10-31　新建数据表错误图

查看当前用户的权限。

SHOW GRANTS FOR 'myroot'@'localhost';

（5）撤销权限。

REVOKE SELECT ON choose.* FROM "myroot"@"localhost";

（6）删除用户。

```
DROP USER "myroot"@"localhost";
```

单 元 小 结

本单元主要讲解四个数据库高级操作的知识，数据库安全相关四个因素，创建、查看、修改、删除用户；创建用户后没有权限，只有通过授予权限才能拥有相应的数据库管理权限；角色创建、分配权限、指定账户角色、更改当前会话中的活动角色等；数据库的备份和恢复。

单 元 测 验

一、填空题

1．MySQL 的访问授权相关模块主要由两部分组成；一部分是基本的用户管理模块；另一部分是_____模块。

2．使用 CREATE USER 语句创建用户后，可以使用_____语句授予权限。

3．为了保证数据库的安全性，需要撤销不必要的权限，撤销用户的权限后，该用户不能执行相应的操作，使用_____语句撤销权限。

4．使用_____语句创建角色。

5．逻辑备份是备份数据库的逻辑信息，一般生成一个_____文件。

二、判断题

1．在 MySQL 自带数据库 mysql 中的 user 表中存储了允许连接到服务器的用户信息以及全局级（适用于所有数据库）的权限信息，这是最关键的表。　　　　　　　（　　）

2．使用 CREATE USER 语句创建用户后，可以直接为该用户分配 select 权限。
　　　　　　　　　　　　　　　　　　　　　　　　　　　　　　　　（　　）

3．对用户进行权限变更后，一定记得重新加载权限，将权限信息从内存中写入数据库。
　　　　　　　　　　　　　　　　　　　　　　　　　　　　　　　　（　　）

4．在 GRANT 中分配角色的语法与为角色授予权限的语法相同。　　　（　　）

5．可以将逻辑备份的内容转移到任意物理机上，具有高度的可移植性。（　　）

三、简答题

1．在数据库安全相关因素中，如何控制第三道防线？

2．MySQL 权限控制流程是什么？

3．有哪些数据库逻辑备份方式？

课 后 一 思

筑牢网络安全防线，维护国家安全（扫码查看）

筑牢网络安全防线
维护国家安全

参 考 文 献

[1] 张华. MySQL 数据库应用[M]. 北京：清华大学出版社，2021.

[2] 张素青，翟慧. MySQL 数据库技术与应用：慕课版[M]. 2 版. 北京：人民邮电出版社，2023.

[3] 张巧荣，王娟，邵超. MySQL 数据库管理与应用：微课版[M]. 北京：人民邮电出版社，2023.

[4] 周德伟，覃国蓉. MySQL 数据库管理基础实例教程[M]. 北京：人民邮电出版社，2017.

[5] 肖睿，程宁，田崇峰. MySQL 数据库应用技术及实战[M]. 北京：人民邮电出版社，2017.